Hérodote

revue de géographie et de géopolitique

n° 174

SOMMAIRE

Hérodote

PROCHAIN NUMÉRO

N° 175 : L'Allemagne trente ans après la chute du mur de Berlin

DERNIERS NUMÉROS D'*HÉRODOTE*

N° 128 : Vers une nouvelle Europe de l'Est ?
N° 129 : Stratégies américaines aux marches de la Russie.
N° 130 : Géographie, guerres et conflits.
N° 131 : Les enjeux de la crise alimentaire.
N° 132 : L'Amérique d'Obama.
N° 133 : Le Golfe et ses émirats.
N° 134 : Pillages et Pirateries.
N° 135 : France, enjeux territoriaux.
N° 136 : Femmes et géopolitiques.
N° 137 : Géopolitique des Îles Britanniques.
N° 138 : Géopolitique de la Russie.
N° 139 : Géopolitique du Pakistan.
N° 140 : Renseignement et intelligence géographique.
N° 141 : Géopolitique de la péninsule coréenne.
N° 142 : Géopolitique du Sahara.
N° 143 : Santé publique et Territoires.
N° 144 : L'extrême droite en Europe.
N° 145 : Géopolitique de l'océan Indien.
N° 146-147 : La géopolitique, des géopolitiques.
N° 148 : Géopolitique de la Turquie.
N° 149 : L'Amérique d'Obama, 2.
N° 150 : Regards géopolitiques sur la Chine.
N° 151 : Économie et géopolitique.
N° 152-153 : Cyberespace : enjeux politiques.
N° 154 : France, pouvoirs et territoires.
N° 155 : Géopolitique de l'énergie.
N° 156 : Géopolitique de l'agriculture.
N° 157 : Géopolitique du Viêt Nam.
N° 158 : Postconflit : entre guerre et paix ?
N° 159 : Géopolitique du Nigéria.
N° 160-161 : Hérodote a 40 ans : spécial monde arabe.
N° 162 : le 9-3, un territoire de la nation.
N° 163 : Mers et océans.
N° 164 : Menaces sur l'Europe.
N° 165 : Géopolitique de l'environnement.
N° 166-167 : Géopolitique de la Russie.
N° 168 : Géopolitique des universités.
N° 169 : Regards géopolitiques sur l'Iran.
N° 170 : La France demain.
N° 171 : Nouvelle géopolitique de l'Amérique latine.
N° 172 : Géopolitique sahélo-saharienne.
N° 173 : L'Inde

Mis en pages par DV Arts Graphiques à La Rochelle – Dépôt légal : septembre 2019

ISBN : 978-2-348-04576-9

Nations et migrations

Béatrice Giblin

Nations et migrations est une question qui préoccupe *Hérodote* depuis longtemps puisqu'en 1993 je publiais un article qui avait pour titre « L'immigration et la nation, une question géopolitique ». Il y a donc vingt-six ans qu'*Hérodote* interroge cette question complexe qui pose des problèmes géopolitiques tels que les rapports entre États du Nord et du Sud, mais aussi entre États du Sud – ce que l'on a parfois tendance à négliger –, des questions de frontières, d'étrangers, de nationaux. L'immigration met aussi en jeu des rivalités de pouvoir sur des territoires et alimente par le biais des médias des débats entre citoyens. Enfin, elle fait l'objet de représentations mobilisatrices. Parmi elles, la menace que ferait planer l'immigration sur l'identité nationale est suffisamment puissante pour en convaincre une partie de l'opinion publique et contraindre les responsables politiques d'adapter leur politique migratoire, en particulier en renforçant le contrôle des frontières. En 2012, constatant la percée des partis nationalistes qualifiés de droite radicale ou d'extrême droite dans plusieurs États de l'UE, percée due au rejet de l'immigration musulmane, *Hérodote* y avait consacré un numéro (n° 144).

Dans ce numéro-ci, nous ne nous sommes pas limités à la situation européenne et nous avons aussi cherché à analyser plus largement la question des migrations afin de prendre en compte les conséquences des départs pour certains pays. Cependant, l'immigration est considérée comme le facteur majeur le plus susceptible de déstabiliser la nation. Il est apparu que ce qui distingue les pays des uns des autres c'est la possibilité ou non d'y acquérir la nationalité, d'en devenir des citoyens de plein droit, même si le parcours pour y arriver n'est pas forcément facile, qu'il s'agisse de réfugiés demandant l'asile ou de migrants économiques. Cette possibilité offerte aux migrants de devenir citoyen est celle qui change du tout au tout l'approche de la question de l'immigration et de la nation car elle permet de passer d'une émigration temporaire de travail à une immigration définitive de peuplement. Toutefois, que l'accueil des migrants soit temporaire avec

Hérodote, n° 174, La Découverte, 3e trimestre 2019.

impossibilité de faire souche ou qu'il puisse être définitif avec intégration dans la nation, on constate que les politiques migratoires choisies sont toutes confrontées à la nécessaire préservation de la cohésion et de l'identité nationales.

Immigration et nation à l'ouest de l'UE

Aux élections européennes de mai 2019, l'immigration a encore été l'un des thèmes de la campagne électorale dans les 28 États de l'UE, les partis nationalistes en en ayant fait leur cheval de bataille avec des succès inégaux, incontestable en Italie, beaucoup plus limité au Danemark ou aux Pays-Bas. Bien que les arrivées de migrants aient beaucoup baissé depuis la « crise » migratoire de 2015 du fait d'une politique de l'UE contestable, celle-ci a durablement accrédité la représentation de l'invasion de l'UE par des flux de migrants, surtout en Hongrie, et surtout en Allemagne et en Italie qui furent les deux pays les plus concernés par les arrivées de migrants. Cette arrivée rapide et massive, au moins dans certains lieux, finit par créer des tensions et, surtout, par susciter des inquiétudes au sein de la population nationale qui éprouve parfois le sentiment de n'être plus chez elle (représentation de l'invasion) voire, plus grave, que son identité nationale est à terme menacée. C'est pourquoi, même dans des pays où la situation économique est favorable et le chômage faible, les partis nationalistes qui prônent la défense de la Nation et les racines chrétiennes de l'Europe – façon de rejeter l'immigration musulmane – sont entendus par une partie des électeurs. Un sondage[1] réalisé auprès de 45 000 personnes dans 14 pays de l'UE montre que les migrations restent un sujet préoccupant qui arrive juste derrière l'islamisme radical, on peut sans doute lier les deux car l'immigration qui pose problème aux différents nationaux, c'est l'immigration musulmane, ce que montraient déjà les articles d'*Hérodote* en 2012, alors que les attentats commandités par l'État islamique n'avaient encore touché ni la France, ni le Royaume-Uni, ni l'Espagne.

Dans un pays qui s'est voulu exemplaire dans son accueil des émigrés comme la Suède, les doutes sur l'intégration des migrants s'accroissent. Actuellement, 20 % de la population est née à l'étranger, contre 11 % il y a vingt ans[2], 160 000 demandes d'asile ont été déposées en 2015 – un record en Europe proportionnellement à sa population (10 millions). En novembre 2015, le Premier ministre annonce la fermeture des frontières et le durcissement des conditions d'accueil. Selon le baromètre de la diversité, 40 % des personnes interrogées en 2016 estiment que

1. *Le Monde*, 2 avril 2019.
2. *Le Monde*, 10 mai 2019.

Hérodote, n° 174, La Découverte, 3e trimestre 2019.

les nouveaux arrivants ne devraient pas disposer des mêmes droits sociaux que les Suédois et moins de la moitié pensent qu'ils devraient pouvoir garder leurs traditions religieuses, trois sur dix envisagent de déménager si des personnes originaires du Proche-Orient s'installent à côté d'eux. Les valeurs suédoises, comme l'égalité des sexes, que les Suédois estiment devoir s'imposer à tous, étrangers compris, semblent fragilisées par la défense du droit à la différence et du respect des autres valeurs culturelles. Dans ce même sondage, 47 % des Suédois interrogés disent être inquiets de l'immigration étrangère dans leur pays (55 % pour les Pays-Bas et 53 % pour le Danemark). C'est donc bien la crainte de voir menacées les valeurs de la nation suédoise, et il en va de même dans la plupart des autres pays de l'ouest de l'Union européenne (UE), qui pousse une partie de la population à souhaiter une diminution, voire un arrêt de l'immigration principalement musulmane.

La France n'a pas été touchée par la crise migratoire de 2015, ou bien peu comparée à l'Allemagne et l'Italie. Néanmoins, la représentation de l'invasion migratoire est bien présente dans une partie de la population. Comme le montrent les articles de Jérémy Robine et de Jérôme Fourquet et Sylvain Manternach, c'est la présence visible des générations de Français issus de l'immigration postcoloniale qui a transformé la France en une nation multiculturelle, sans que les partis politiques en prennent acte et en abandonnant le discours sur la Nation au Front national. La ségrégation sociale et raciale aggrave l'éloignement des uns et des autres et favorise l'entre-soi, ce qui réduit les lieux et les moments d'échanges et de rencontres et, à terme, détruit ce qui aide à faire nation.

La forte émigration de ses ressortissants, surtout depuis les années 1980, a poussé le roi du Maroc à en faire un outil de son *soft power* (*cf.* l'article de Pierre Vermeren) au service de l'image du royaume. Il veille à ce que la réussite de ces Marocains dans les pays étrangers ne les éloigne pas définitivement de leur nation, ce qui nuit à leur bonne intégration en Europe.

À l'est de l'UE, la double crainte de l'immigration et de l'émigration

Dans les États à l'est de l'UE, le rejet des migrants est, on le sait, massif. En 2015, Victor Orban, Premier ministre hongrois, s'est montré particulièrement hostile à l'accueil des migrants qui devaient être répartis dans les pays de l'UE. Son refus s'explique pour partie par le nombre très élevé de migrants arrivés brutalement en Hongrie. « Les chiffres du HCR et d'Eurostat révèlent que le nombre de demandes d'asile en Hongrie augmente dès 2013 (18 000) pour atteindre 42 000 en 2014 et 177 000 en 2015, ce qui situe la Hongrie au deuxième rang derrière l'Allemagne. Avant 2015, ce sont essentiellement des Kosovars, des Afghans, des

Hérodote, n° 174, La Découverte, 3e trimestre 2019.

Pakistanais qui demandent l'asile en Hongrie» [Loyer, 2017]. Ces migrants ont des cultures très différentes de la culture hongroise et arrivent massivement dans un pays sans tradition d'accueil des étrangers, puisque, s'il était difficile de sortir des pays européens communistes, il était tout aussi difficile d'y entrer.

Mais, à l'inverse des pays à l'ouest de l'UE, la population des pays de l'est de l'UE est très inquiète de l'émigration de ses nationaux pour l'avenir du pays. Il est vrai qu'ils connaissent une forte baisse de leur population nationale du fait de l'effondrement du taux de fécondité (1,3 enfant par femme en âge de procréer quand il doit être de 2,08 pour assurer le renouvellement naturel) aggravé par une forte émigration des jeunes adultes souvent les mieux formés et les plus ouverts sur l'extérieur[3]. La Roumanie est le pays le plus touché par cette baisse : – 3,3 millions d'habitants entre 1989 et 2017, soit plus de 10 % de la population. On pourrait y voir un paradoxe. En effet, pourquoi rejeter aussi farouchement les émigrés alors que la population nationale décroît et vieillit et qu'à terme ces pays manqueront de main-d'œuvre ?

Ainsi, il existe une fracture démographique entre l'est et l'ouest des pays de l'UE. À l'ouest, quinze d'entre eux ont eu une croissance démographique positive entre 1990 et 2017 (+ 12 %). Alors qu'elle est négative dans les treize pays situés à l'est de l'UE (– 7 %). En 2018, 15 à 18 millions de citoyens de l'Europe centrale résidaient à l'ouest du fait de la libre circulation au sein de l'UE, principalement en Italie, Allemagne, Espagne et Royaume-Uni où les entreprises profitent de cette main-d'œuvre flexible et pas chère, surtout dans la construction, la santé et l'agriculture[4]. En retour, les pays de l'est de l'UE bénéficient des envois d'argent de leurs nationaux : depuis 2010, 27 milliards d'euros sont entrés en Roumanie grâce aux transferts d'argent[5].

Cette situation démographique contribue sans doute au rejet de l'« Europe » ou du moins à la déception ressentie par les citoyens de ces pays de l'Est vis-à-vis de l'Europe, l'Europe correspondant pour eux aux pays de l'UE situés à l'ouest et membres de l'UE depuis longtemps et qui, avec les travailleurs détachés, ont disposé d'une main-d'œuvre qualifiée et abondante.

Au Royaume-Uni, cette arrivée rapide et massive de travailleurs venus de l'est de l'UE (les Polonais y étant la première nationalité étrangère) voulue par le gouvernement travailliste de Tony Blair a pesé dans le choix du Brexit par une partie des électeurs (*cf.* l'article de Thibaud Harrois). Les Anglais les moins qualifiés ont vu ces travailleurs détachés comme des concurrents dangereux pour

3. « 20 % des actifs roumains travaillent hors de leur pays dans l'UE », *Le Monde,* 10 et 11 mars 2019.

4. *Le Monde*, mai 2019.

5. *Le Monde*, 10 et 11 mars 2019.

Hérodote, n° 174, La Découverte, 3e trimestre 2019.

leurs emplois car ils acceptaient des salaires très bas et des conditions de travail difficiles. Ils ont pensé, à tort, que la sortie de l'UE et la fin des travailleurs détachés suffiraient à régler les problèmes sociaux et économiques qui les touchaient.

En Russie, concilier l'indispensable immigration et le nationalisme

La Russie est depuis 2010, soit vingt ans après l'éclatement de l'URSS, parmi les premiers pays d'immigration du monde. Le nombre de migrants internationaux en 2017 s'élève à environ 12 millions, majoritairement originaires des anciennes républiques soviétiques, principalement d'Asie centrale et du Caucase (*cf.* l'article de Sophie Hohmann). Mais la Russie est aussi un pays d'émigration car l'importance de la baisse de la démographie est comparable à celle des anciens pays communistes de l'UE, même si elle s'est quelque peu ralentie, les départs étant moins nombreux et le taux de mortalité très élevé pendant la terrible crise économique et sociale des années 1990 s'étant amélioré, mais le taux de natalité reste faible. Les travailleurs étrangers sont donc indispensables à l'économie russe. En même temps, Vladimir Poutine s'affiche comme le protecteur de l'identité russe, sa politique migratoire est donc plus ou moins incitative variant selon les besoins de l'économie russe en facilitant ou pas les autorisations de travail, mais elle refuse l'installation durable des étrangers au nom de préoccupations sécuritaires et nationalistes.

L'Ukraine est sans doute, parmi les anciens pays communistes, celui qui est le plus touché par l'émigration au point que plusieurs secteurs sont en difficulté à cause des pénuries de main-d'œuvre, l'agriculture, l'industrie, la construction, la médecine, mais aussi la haute technologie. L'exode des jeunes Ukrainiens est massif, partis travailler par centaines de milliers en Europe, et surtout dans la Pologne voisine. Sur une population de 44 millions d'habitants, 3 à 6 millions d'Ukrainiens travailleraient à l'étranger, de façon intermittente ou permanente. Selon le ministère des Affaires étrangères, 100000 personnes quitteraient chaque mois le pays[6]. Les causes de cette émigration massive sont bien sûr la faiblesse des salaires mais aussi la corruption qui décourage les entrepreneurs et les jeunes ukrainiens les mieux formés. Cette main-d'œuvre est une aubaine pour la Pologne confrontée elle aussi à l'émigration de sa jeunesse vers les autres pays européens. Alors que l'État polonais refuse d'accueillir des migrants du Moyen-Orient, il a étendu la durée des permis de travail à cinq ans et facilité le regroupement familial. Les travailleurs ukrainiens surtout les mieux formés sont accueillis à bras

6. *Le Monde*, 19 avril 2019.

Hérodote, n° 174, La Découverte, 3e trimestre 2019.

ouverts tant en Allemagne qu'en Hongrie, République tchèque, Roumanie et Slovaquie.

Politiques migratoires et protection de la nation

Des pays où devenir citoyen est mission impossible pour les migrants

Bien que les situations politiques, économiques, sociales et culturelles soient très différentes, nombre de pays ont des politiques migratoires qui ont pour objectif de préserver l'identité nationale.

Au Japon, malgré une population vieillissante et un taux de fécondité très faible (1,43) la politique migratoire reste très restrictive, alors qu'on pourrait s'attendre à une politique plus incitative puisque désormais la population décroît (– 300000 personnes en 2018).

La forte croissance démographique du Japon au XXe siècle, durant lequel la population japonaise a presque été multipliée par trois (44 millions en 1900, 128 millions 2010), peut expliquer cette politique migratoire restrictive de l'État japonais, comme si les Japonais ne craignaient pas les effets négatifs de la décroissance démographique. Selon Philippe Pelletier c'est la peur du mélange et la crainte d'une dissolution nationale qui explique ce refus de voir les étrangers s'installer au Japon et acquérir la nationalité japonaise, politique soutenue par une grande partie de la population. Ceci conduit l'État à avoir une conception très nationaliste qui repose sur le droit du sang et même presque exclusivement sur la patrilinéarité (la matrilinéarité n'est reconnue qu'en 1984).

La nation israélienne est de plus en plus une nation majoritairement juive, les citoyens israéliens arabes étant de plus en plus maintenus dans un statut d'infériorité. L'*aliya* est en effet la condition première et la quintessence de la nation israélienne comme l'explique Frédéric Encel. L'immigration juive n'est pas seulement un phénomène démographique et social mais répond au projet politique qu'est le sionisme : construire la nation juive. Il en veut pour preuve les sommes colossales consacrées par l'État au retour des Juifs en Israël, sans craindre les tensions qui peuvent naître entre ces populations juives aux histoires et cultures politiques différentes – comme l'est aussi leur rapport à la religion –, les Juifs russes laïcs et globalement peu religieux comparés aux Juifs sépharades venus du Maghreb.

En revanche, si Israël se montre très déterminé à accueillir toute immigration juive, il n'en va pas de même avec l'immigration non juive. Israël est l'un des seuls pays occidentaux à être demandeur de travailleurs immigrés : car non seulement le taux de chômage y est faible, mais il existe aussi une pénurie de main-d'œuvre

Hérodote, n° 174, La Découverte, 3e trimestre 2019.

dans les secteurs dans lesquels les Israéliens ne veulent pas travailler. Le nombre de ces migrants s'élève à 200000 personnes, dont environ la moitié est dans la légalité, l'autre moitié a excédé la limite de cinq ans ou reste dans le pays au-delà de la période de validité des visas de tourisme. Il s'agit principalement de travailleurs thaïlandais dans l'agriculture, de Chinois ou de ressortissants d'ex-Union soviétique (Ukraine, Moldavie, etc.) dans le bâtiment, ou encore de Philippins, Sri-Lankais ou Népalais dans l'aide aux personnes âgées. Israël n'a pas l'intention d'intégrer ces personnes, il s'agit d'une immigration de travail s'inscrivant dans une durée limitée (cinq ans). En revanche, l'État d'Israël se montre très réticent à l'accueil de réfugiés, surtout africains. Ainsi, en février 2018, le gouvernement israélien a annoncé un programme d'expulsion de dizaines de milliers de migrants venus principalement d'Érythrée, et ce bien qu'Israël soit un « pays d'immigration construit par des réfugiés pour des réfugiés[7] ».

Depuis l'ère pétrolière, les États du golfe Persique sont peuplés – parfois majoritairement, comme dans les Émirats arabes unis – de migrants qui vivent sous un système de ségrégation juridique qui interdit leur installation définitive. Les travailleurs étrangers ne peuvent donc jamais acquérir la nationalité du pays où ils travaillent, et ce quelle que soit la durée de leur séjour et qu'ils soient venus de pays arabes ou pas, qu'ils soient musulmans ou pas. Cette politique migratoire très stricte (à la moindre faute ou non-respect de la loi, c'est l'expulsion) donne à penser que ces pays n'ont pas de tradition migratoire. Marc Lavergne démontre le contraire en rappelant que la péninsule Arabique est depuis l'Antiquité une terre de migrations et de brassages internes et externes, en relation avec l'Afrique, l'Asie centrale et le sous-continent indien. Mais malgré la volonté politique de préserver les nationaux de tout brassage et métissage avec les travailleurs étrangers, les influences croisées entre pays de départ et pays d'accueil s'intensifient.

Des pays, pourtant peuplés de migrants, ferment leurs frontières

Aux États-Unis les migrants mexicains et sud-américains sont présentés comme faisant peser une menace sur l'existence de la nation américaine. Déjà, en 2004, dans un article intitulé « The Hispanic challenge » (Le défi hispanique) publié dans *Foreign Policy*, le célèbre politologue Samuel Huntington s'inquiétait des conséquences sur le devenir de la nation de l'arrivée continue et massive d'immigrés hispaniques mettant en péril le statut de la langue anglaise et l'identité

7. Nathalie Hamou, interview de Marc Liling, directeur du CIMI (Centre pour les migrations internationales et l'intégration), une ONG israélienne née en 1998, « Israël, une terre d'accueil peu favorable à l'immigration non juive », *Regards*, n° 876, 1er février 2018.

Hérodote, n° 174, La Découverte, 3e trimestre 2019.

culturelle des États-Unis [Douzet, 2004]. Lors de sa campagne présidentielle, Donald Trump avait fait de la lutte contre l'immigration clandestine un des thèmes centraux, assurant qu'il ferait payer aux Mexicains l'achèvement de la construction du mur partiellement construit le long de la frontière sud des États-Unis. Frédérick Douzet montre que la construction de ce mur est d'abord un enjeu de géopolitique interne, l'opposition démocrate étant un excellent moyen de continuer à mobiliser l'électorat du président Trump qui se pose en défenseur de la nation américaine.

En Australie, le très conservateur Premier ministre Scott Morrison (Parti libéral), ancien ministre de l'Immigration et de la Protection des frontières pendant plus d'un an, de 2013 à 2014, prône la « tolérance zéro » envers l'immigration illégale. En 2013, il avait été à l'origine de l'opération « Frontières souveraines » qui a pour but de décourager les migrants illégaux de pénétrer les eaux territoriales australiennes. « À partir de maintenant, un demandeur d'asile qui arrivera en Australie par bateau n'aura aucune chance d'être autorisé à rester dans le pays comme réfugié », déclarait le Premier ministre australien le 19 juillet 2013. Le programme « Stop the boats » (Stoppez les bateaux) consiste à arraisonner les bateaux de migrants en haute mer, renvoyés ensuite dans un délai de 48 heures dans des centres de transit sur l'île de Nauru et à Manus (Papouasie-Nouvelle-Guinée). Cette politique très restrictive et largement soutenue par la population est censée lutter contre les passeurs clandestins et surtout bloquer l'arrivée de ces « boat people » chargés d'Afghans, d'Iraniens et de Cingalais[8].

Ces centres de détention sont controversés et dénoncés par plusieurs ONG et le Haut-Commissariat des Nations unies pour les réfugiés (HCR), qui jugent les conditions de détention inhumaines. « À Nauru, le gouvernement australien gère une prison à ciel ouvert destinée à infliger suffisamment de souffrances pour dissuader des personnes parmi les plus vulnérables au monde de rechercher la sécurité en Australie », dénonce dans un communiqué Anna Neistat, directrice des recherches à Amnesty International[9].

Le Liban : une situation exceptionnelle

Quel pays pourrait faire face, en quelques mois, à un afflux de réfugiés équivalent à la moitié de sa population ? C'est pourtant la situation à laquelle est confronté le Liban, avec l'arrivée massive de réfugiés syriens depuis le commencement de la guerre civile en 2011. Il faudrait en plus y ajouter 52 000 Palestiniens et

8. « L'Australie ferme ses frontières aux migrants clandestins », *Le Monde*, 19 juillet 2013.
9. Ninon Bulckaert, « Le gouvernement australien vire à droite », 24 août 2018.

Hérodote, n° 174, La Découverte, 3e trimestre 2019.

40000 Libanais qui résidaient et travaillaient en Syrie. Le Liban a, il est vrai, une tradition d'accueil des réfugiés : Arméniens, Palestiniens, Kurdes, etc. [Buccianti-Barakat, 2016]. L'expérience de la longue présence de réfugiés palestiniens dont une partie vit toujours dans des camps, en particulier les graves tensions et conflits politiques qu'elle a entraînés (*cf.* la guerre civile libanaise), pousse les autorités libanaises à éviter à tout prix l'installation durable des réfugiés syriens. C'est pourquoi elles s'opposent à la mise en place de camps de réfugiés. La présence de ces réfugiés est plutôt bien acceptée car nombre d'entre eux retrouvent au Liban de la famille prête à les accueillir. En fait, pour les Syriens, le Liban n'est pas un pays étranger – au point qu'on parle de déplacés plus que de réfugiés –, et d'ailleurs, pour les autorités syriennes, le Liban ne devrait pas être un État indépendant, mais une province de la grande Syrie, et il ne doit son existence qu'à la stratégie française au Moyen-Orient à l'époque du Protectorat.

Les conséquences de cette présence massive de réfugiés aggravent la situation économique et sociale libanaise (augmentation des prix des logements, du chômage, tensions sur le marché de l'emploi). Ce n'est pas pour autant que les responsables politiques s'unissent pour l'améliorer. En effet, le système politique confessionnel bloque toute prise de décision et toute action. Plus préoccupant, ils contribuent même à l'aggraver par des discours démagogiques qui font des réfugiés syriens les boucs émissaires de toutes les difficultés du pays (*cf.* l'article de Carine Lahoud-Tatar).

Enfin, en Afrique du Sud, Jeanne Bouyat montre le caractère hégémonique et violent de la xénophobie en Afrique du Sud, encore plus fort dans les townships. Cependant, les transformations postapartheid des quartiers, de leurs démographies et de leurs cultures politiques modulent néanmoins les représentations de l'étranger des élèves, en atténuant la xénophobie dans le centre ville et en la renforçant dans les townships. Dans ces conditions, la différence entre les nationaux et les étrangers n'a plus beaucoup de sens et la xénophobie touche étrangers comme nationaux.

Bibliographie

BUCCIANTI-BARAKAT L. (2016), « Les réfugiés au Liban, entre accueil et déracinement », *Hérodote*, n° 160-161 « Le monde arabe : regards géopolitiques ».

DOUZET F. (2004), « Le cauchemar hispanique de Samuel Huntington », *Hérodote*, n° 115 « Géopolitique de l'anglais ».

Hérodote (2012), « L'extrême droite en Europe », n° 144.

LOYER B. (2017), « L'Union européenne, un territoire en construction. Réflexion sur la crise des réfugiés de 2015 », *Hérodote*, n° 164.

Hérodote, n° 174, La Découverte, 3e trimestre 2019.

Droit dans le mur ? Trump, la politique d'immigration et les représentations de la nation aux États-Unis

Frédérick Douzet[1]

Le 15 février 2019, le président Donald Trump déclare l'état d'urgence nationale à la frontière sud des États-Unis (proclamation 9844), s'octroyant ainsi les pouvoirs exceptionnels prévus par le *National Emergencies Act* pour réquisitionner des millions de dollars de fonds fédéraux et mobiliser les forces armées afin de construire un mur le long de la frontière avec le Mexique. Cette manœuvre inédite d'un président pour contourner l'opposition du Congrès couronne un incroyable bras de fer qui a conduit au *government shutdown* le plus long de toute l'histoire des États-Unis, de 35 jours entre le 22 décembre et le 25 janvier affectant quelque 800000 fonctionnaires. C'est la première fois depuis les attentats du 11 septembre 2001 qu'une mesure d'urgence autorise l'action militaire aux États-Unis.

La raison ? D'après le président Trump, la situation à la frontière sud présente une crise sécuritaire et humanitaire « qui menace les intérêts fondamentaux de sécurité nationale et constitue une urgence nationale[2] ». Dans sa déclaration d'état d'urgence, il dénonce l'entrée en masse d'immigrants et de criminels, de membres de gangs et de trafics de stupéfiants. La situation aurait empiré au cours des dernières années, avec en particulier une forte croissance du nombre de famille entrant ou cherchant à entrer sur le territoire américain, malgré l'exercice par les autorités

Hérodote, n° 174, La Découverte, 3e trimestre 2019.

---

1. Frédérick Douzet, professeure à l'Institut français de géopolitique, université Paris 8.

2. D. Trump, *Presidential Proclamation on Declaring a National Emergency Concerning the Southern Border of the United States*, 15 février 2019 <https://www.whitehouse.gov/presidential-actions/presidential-proclamation-declaring-national-emergency-concerning-southern-border-united-states/>, consulté le 10 mai 2019.

fédérales de leurs pouvoirs légaux existants. Les capacités à mettre en détention les étrangers en situation illégale seraient dépassées, obligeant à les relâcher sur le territoire, ce qui rend leur expulsion plus difficile.

Une crise à la frontière ?

S'il est indéniable que l'immigration hispanique est un phénomène massif aux États-Unis, l'existence d'une crise sécuritaire résultant d'une sérieuse dégradation de la situation à la frontière est pour le moins discutable. Les indicateurs démographiques et les études récentes tendent à démontrer le contraire. La population clandestine aux États-Unis n'a cessé de diminuer depuis 2009, suite à la récession économique liée à la crise des *subprimes*, qui a doublement affecté la population hispanique en raison de l'effondrement simultané du marché du travail et plus particulièrement de celui de la construction, un secteur pourvoyeur d'emplois peu qualifiés et peu regardant sur les conditions d'embauche. Le renforcement de la sécurité à la frontière, la politique d'expulsion de l'administration Obama et le durcissement des discours politiques – particulièrement du président Trump – à l'égard de l'immigration clandestine ont également joué un rôle dissuasif[3]. Le nombre d'immigrants clandestins aux États-Unis est à son niveau le plus bas depuis dix ans (10,7 millions), un déclin essentiellement dû à la diminution de l'arrivée de nouveaux immigrants, surtout Mexicains. Le nombre d'immigrants clandestins d'origine mexicaine a baissé de 1,3 million depuis 2010. Ils représentent désormais moins de la moitié de la population clandestine aux États-Unis.

La plupart des clandestins adultes sont sur le territoire depuis plus de dix ans (66 % en 2016 contre 38 % en 2018) et le nombre de travailleurs clandestins s'est stabilisé. La frontière reste toutefois une porte d'entrée pour un nombre croissant d'immigrants venus d'Amérique centrale (Guatemala, Salvador et Honduras). Mais le mode d'entrée privilégié reste la voie légale, en général par avion, puis le dépassement de la date d'expiration du visa, ce qui était le cas de 62 % des 515 000 clandestins venus des cinq principaux pays d'origine en 2017, contre 38 % qui avaient traversé illégalement la frontière[4].

3. J. Passel et D. Cohn, « U.S. unauthorized immigrant total dips to lowest level in a decade », Pew Research Center, 27 novembre 2018, <https://www.pewhispanic.org/2018/11/27/u-s-unauthorized-immigrant-total-dips-to-lowest-level-in-a-decade/>.

4. R. Warren, *US Undocumented Population Continued to Fall from 2016 to 2017, and Visa Overstays Significantly Exceeded Illegal Crossings for the Seventh Consecutive Year*, 16 janvier 2019, <https://cmsny.org/publications/essay-2017-undocumented-and-overstays/>.

Hérodote, n° 174, La Découverte, 3e trimestre 2019.

La situation humanitaire reste bien évidemment préoccupante. La patrouille des frontières recense plus de 7 500 morts le long de la frontière entre octobre 1997 et septembre 2018[5]. Mais là encore la tendance est à la baisse, avec 283 décès en 2018 contre 471 en 2012. Le renforcement de la sécurité à la frontière depuis le début des années 1990 et la construction de pans de mur dans les zones les plus accessibles a contribué à déplacer l'itinéraire des immigrants vers les zones de passage les plus dangereuses et favorisé le commerce des passeurs liés à des organisations criminelles [Nieto-Gómez, 2009 ; Douzet, 2016]. La plupart des décès sont dus à des accidents liés aux risques pris par les immigrants, parfois abandonnés par leurs passeurs, et surtout à l'exposition à de très hautes températures et non à des violences à la frontière.

On peut dès lors s'interroger sur le caractère d'urgence sécuritaire de la situation proclamée par Donald Trump, mais aussi sur la pertinence, le réalisme et l'efficacité de la construction d'un mur pour résorber l'immigration clandestine aux États-Unis, ce que l'article de Rodrigo Nieto-Gómez dans ce numéro analyse très justement. La question est d'ailleurs au cœur du bras de fer avec le Congrès et de la contestation en justice du recours à l'état d'urgence pour financer le mur, qui semble impossible à chiffrer tant les experts se contredisent sur le coût réel du projet qui ne cesse d'évoluer dans son ampleur et sa nature au gré des annonces du président. Le projet ne rencontre pas non plus une large adhésion populaire (autour de 40 % des électeurs) et le « *shutdown* », c'est-à-dire la paralysie partielle des administrations, encore moins. Sept électeurs sur dix considèrent que ce bras de fer pour obtenir un accord politique est une mauvaise stratégie et Donald Trump est tenu pour principal responsable du blocage des institutions par une large majorité des électeurs[6]. De même, si très nombreux sont les électeurs américains qui considèrent qu'il existe une crise sécuritaire (54 % des électeurs) et humanitaire à la frontière (68 %), ils estiment toutefois que le mur n'est pas nécessaire (59 %) et s'opposent clairement (65 %) au recours à l'état d'urgence pour obtenir son financement[7]. Mais cette majorité masque des clivages politiques puissants qui

5. « Southwest border deaths, by fiscal year », 1998-2018, United States Border Patrol, <https://www.cbp.gov/sites/default/files/assets/documents/2019-Mar/bp-southwest-border-sector-deaths-fy1998-fy2018.pdf>, consulté le 3 juin 2019.

6. J. Agiesta et G. Sparks, « Polls agree : Americans don't like shutdown and they blame Trump », 18 janvier 2019, <https://edition.cnn.com/2019/01/18/politics/polling-roundup-shutdown/index.html>.

7. « U.S. voters back dem plan to reopen government 2-1, Quinnipiac university national poll finds ; more U.S. voters say Trump TV address was misleading », Quinnipiac University/Poll, 14 janvier 2019, <https://poll.qu.edu/national/release-detail?ReleaseID=2592>, consulté le 3 juin 2019.

Hérodote, n° 174, La Découverte, 3e trimestre 2019.

permettent de comprendre que la construction du mur est d'abord un enjeu de politique interne, qui mobilise la base électorale de Donald Trump par l'instrumentalisation des représentations de la nation.

Un enjeu de politique interne

Les sondages sont sans équivoque. Le soutien à la construction du mur est très fortement corrélé au soutien à Donald Trump lui-même, il est même presque exclusivement limité aux personnes qui sont déjà favorables à Trump[8]. Sa courbe suit celle de l'évolution de la popularité du président depuis son élection, juste quelques points en dessous. Lors des élections de mi-mandat en novembre 2018, un sondage réalisé dans huit circonscriptions particulièrement disputées montrait que les opinions des électeurs sur le mur et sur le président Trump se recoupaient à 89 %, le taux le plus élevé de tous les sujets abordés en dehors de la réforme de la fiscalité et de la nomination du juge Kavanaugh à la Cour suprême.

Le jusqu'au-boutisme de Donald Trump sur le financement du mur s'adresse ainsi en priorité à ses propres électeurs, même s'il est difficile de savoir si ce sont les opinions des électeurs sur le mur qui encouragent leur soutien au président Trump ou l'inverse. Il s'inscrit dans la continuité d'une campagne électorale au sein du parti républicain pour emporter l'investiture puis de l'élection générale dont le mur fut un slogan, scandé en chœur à chaque meeting. Dès l'annonce de sa candidature à l'élection présidentielle, le 15 juin 2015, Trump prenait des engagements fermes : « Je vais construire un grand mur – et personne ne construit les murs mieux que moi – et je vais le construire à très bas coût. Je vais construire un grand mur, un grand mur à notre frontière sud, et je vais faire payer le Mexique pour ça. Retenez bien ce que je dis[9]. » Au cours de la même campagne, il avait traité les Mexicains clandestins de « criminels » et de « violeurs », tout en assurant qu'il adorait par ailleurs les Mexicains.

Ce jusqu'au-boutisme s'inscrit aussi dans une politique plus large de répression de l'immigration clandestine et de restriction des entrées légales, menée depuis deux ans par la Maison-Blanche à coups d'initiatives qui déclenchent de virulents

8. N. Coh, « The wall is not popular (and neither is Trump) », *The New York Times*, 12 janvier 2019 ; J. Manchester, « Americans are split on feelings toward border wall, poll shows », *The Hill*, janvier 2019.

9. « I will build a great wall – and nobody builds walls better than me, believe me – and I'll build them very inexpensively. I will build a great, great wall on our southern border, and I will make Mexico pay for that wall. Mark my words » <http://time.com/3923128/donald-trump-announcement-speech/>.

Hérodote, n° 174, La Découverte, 3e trimestre 2019.

débats et de multiples batailles judiciaires. Le 15 mai 2019, Donald Trump a révélé un nouveau plan remettant en cause le principe de réunification familiale et proposant de le remplacer par une immigration choisie basée « sur le mérite », en fonction du niveau de compétences, d'éducation, de maîtrise de l'anglais et d'opportunités d'emploi [10]. La proposition a reçu un accueil glacial de la part des démocrates, laissant augurer des faibles chances de recueillir le soutien bipartisan nécessaire à l'élaboration d'une nouvelle loi d'immigration. Les administrations précédentes, Bush et Obama, avaient échoué à dépasser les clivages partisans pour réformer l'immigration, alors qu'Obama avait imprudemment promis une réforme de l'immigration dans la première année de son mandat. Or, pour défaire et remplacer une loi votée par le Congrès, il faut le vote du Congrès.

Les mesures exécutives, en revanche, offrent une très grande liberté d'action. Et ce qui est décidé par décret présidentiel peut être renversé par décret présidentiel, ce que Donald Trump s'est empressé de faire en arrivant au pouvoir malgré les critiques qu'il avait formulées à l'égard de Barack Obama pour son usage de cette procédure face aux blocages du Congrès. Dès son entrée en fonction, en janvier 2017, Donald Trump a signé un décret interdisant temporairement l'entrée sur le sol américain des citoyens de sept pays à majorité musulmane, suspendant l'entrée des réfugiés pour cent vingt jours et pour une durée illimitée pour les réfugiés syriens. Des pans entiers du décret ont été immédiatement bloqués par les cours de justice américaines. La bataille judiciaire est remontée jusqu'à la Cour suprême, qui a finalement validé la troisième version du décret en juin 2018, au terme d'un an et demi de procédures [11].

Parmi les initiatives hautement symboliques, Donald Trump a mis un terme au *Deferred Action for Childhood Arrivals* (DACA), un dispositif migratoire mis en place par Barack Obama en juin 2012, à la veille de sa réélection, pour offrir aux immigrants clandestins amenés enfants sur le territoire la possibilité d'étudier et de travailler, et les mettre à l'abri de l'expulsion immédiate. La mesure, extrêmement populaire au sein des minorités et de la population générale, concernerait entre 700 000 et 800 000 personnes aux États-Unis, surnommés les « *dreamers* » en référence au *DREAM Act*, une proposition de loi qui visait à leur offrir la régularisation mais qui n'a jamais obtenu le soutien du Congrès. Là encore, la décision a fait l'objet de recours en justice qui ont permis de suspendre temporairement la décision et de prendre la mesure des conséquences potentielles. Le président Trump a d'ailleurs annoncé fin janvier 2019 qu'il soutiendrait une décision du

10. A. Karni, « Trump's immigration plan gets a rose garden rollout and a cool reception », 16 mai 2019.

11. « Timeline of the Muslim Ban », ACLU Washington, <https://www.aclu-wa.org/pages/timeline-muslim-ban>, consulté le 3 juin 2019.

Hérodote, n° 174, La Découverte, 3e trimestre 2019.

Congrès d'étendre les protections du programme pour trois ans aux personnes actuellement concernées... en échange du financement du mur à hauteur de 5,7 milliards de dollars [12].

Enfin, l'approche « tolérance zéro » de l'administration Trump à l'égard de l'immigration clandestine en mai 2018 a conduit à la séparation des familles en détention – et notamment de jeunes enfants de leurs parents – qui a entraîné un tollé national et international, d'autant que cette politique s'est avérée avoir débuté un an auparavant d'après un rapport gouvernemental [13]. Sous la pression médiatique, y compris – fait rare – une déclaration publique de sa propre épouse, Donald Trump a mis fin à la séparation des familles par décret présidentiel, même si les associations dénoncent la persistance de séparations illégales [14].

Là encore cette politique s'inscrit en porte-à-faux avec les représentations dominantes de l'immigration aux États-Unis, puisque 73 % des électeurs considèrent l'immigration comme un phénomène positif, et 63 % pensent que les sans-papiers ne sont pas plus susceptibles que les Américains de commettre un crime [15]. Une étude récente montre qu'il n'y a d'ailleurs aucune corrélation entre présence de sans-papiers et criminalité [16]. En 1994, les représentations étaient totalement inverses, avec 63 % des Américains qui considéraient que l'immigration était un fardeau pour le pays contre 31 % qui estimaient qu'elle lui était bénéfique. Les représentations des Américains sont devenues globalement beaucoup plus favorables à l'immigration et la diversité. Mais le clivage partisan est aussi au plus haut sur les vingt-cinq dernières années. En 1994, les opinions convergeaient entre les deux partis alors qu'en 2019 83 % des démocrates contre 38 % des républicains pensent que l'immigration renforce leur pays [17]. Donald Trump ne s'adresse ainsi pas à l'électeur moyen mais à sa base électorale, conquise avec une rhétorique xénophobe – qui au nom du franc-parler ignore toute sensibilité et préoccupation ethno-raciales – en exploitant les représentations de la nation et de l'immigration

---

12. H. Von Spakovsky, « It's time to end DACA. It's unconstitutional unless approved by Congress », *Fox News*, 23 janvier 2019.

13. A. Holpuch, « Thousands more migrant children separated under Trump than previously known », *The Guardian*, 17 janvier 2019.

14. E. Delgado, « Trump administration still separating families at border, advocates say », 12 février 2019.

15. « U.S. voters back dem plan to reopen government 2-1 », art. cit.

16. A. Flagg, « Is there a connection between undocumented immigrants and crime ? », *New York Times*, 13 mai 2019.

17. B. Jones, « Majority of Americans continue to say immigrants strengthen the U.S. », Pew Research Center, 31 janvier 2019, <https://www.pewresearch.org/fact-tank/2019/01/31/majority-of-americans-continue-to-say-immigrants-strengthen-the-u-s/>, consulté le 3 juin 2019.

Hérodote, n° 174, La Découverte, 3e trimestre 2019.

d'électeurs en difficulté et, pour certains, en perte de repères face aux bouleversements démographiques de leur pays.

Immigration et nation aux États-Unis

Les États-Unis ont connu de nombreuses vagues d'immigration tout au long de leur histoire et si, au fil des siècles, l'intégration des immigrants dans la nation américaine s'est révélée un succès pour la plupart d'entre eux, elle ne s'est pas pour autant déroulée sans heurts. Cette histoire est ponctuée de tensions sociales et politiques, de mouvements xénophobes et, notamment à partir de la fin du XIXe siècle, de politiques restrictives. Deux questions reviennent régulièrement au cours de cette histoire : d'une part, celle de l'assimilation d'une masse importante d'étrangers qui pose des problèmes économiques, politiques mais aussi identitaires ; d'autre part, celle de l'égalité entre les groupes ethniques, qui se greffe sur l'épineuse question raciale et qui, au vu de la persistance de la discrimination et des inégalités, soulève le défi non seulement de l'égalité des chances mais aussi de l'égalité des résultats.

Cette histoire démontre toute l'ambivalence d'une nation qui s'est construite sur un projet politique et dont la devise *E pluribus unum* (« De plusieurs, un ») évoque une nation avant tout civique, fondée sur des textes qui accordaient aux étrangers les mêmes droits qu'aux Américains « de souche » et visait à l'*idéal de melting-pot*, un creuset racial dans lequel se fondraient les identités particulières pour forger l'identité américaine. Mais cette idée de nation comprend dès l'origine une dimension ethnique car elle exclut une partie de la population jugée « inassimilable », à savoir les Noirs, mais aussi certaines communautés d'immigrés qui subiront un traitement particulier. Cette tension entre les dimensions ethnique et civique de la nation américaine est savamment analysée par Denis Lacorne dans son ouvrage *La Crise de l'identité américaine* qui conclut ainsi :

> La crise de l'identité américaine est inscrite dans l'origine même de la nation américaine. Elle exprime la tension, l'ambiguïté, le caractère indécidable d'une nation imaginée tantôt comme assimilationniste et unitaire tantôt comme pluraliste et multiculturelle [2003, p. 387].

Cette crise de l'identité américaine a connu un épisode aigu au début des années 1990, alors que les effets de la loi de libéralisation de l'immigration se faisaient sentir avec l'arrivée massive d'immigrants hispaniques et asiatiques, et la montée des revendications politiques des nouvelles minorités qui s'emparaient des politiques d'*affirmative action* imaginées par l'administration Johnson à la fin des années 1960 pour réparer les préjudices subis par la

Hérodote, n° 174, La Découverte, 3e trimestre 2019.

population africaine-américaine au cours des siècles passés. Aux débats intellectuels sur le multiculturalisme et les représentations de la nation ont répondu des initiatives politiques visant à restreindre les droits des immigrants clandestins (proposition 187 en Californie en 1994), renforcer la sécurité à la frontière (opération Gatekeeper, 1994), ou démanteler les politiques d'*affirmative action* (proposition 209 en Californie, 1996). En Californie particulièrement, où les transformations démographiques ont été les plus précoces et rapides, les défis posés par l'immigration entraînent un retour de bâton politique de populations qui se sentent déplacées et s'estiment victimes de discrimination à rebours.

Lorsque Samuel Huntington publie son retentissant article « The Hispanic challenge » dans *Foreign Policy* en 2004, alertant sur le risque que les États-Unis évoluent vers deux nations avec deux cultures et deux langues différentes, les attitudes ont déjà fortement évolué. Les sondages de l'époque montrent que le « credo américain » auquel Huntington se réfère, l'identité *WASP* (Blancs anglo-saxons protestants) ne correspond déjà plus à la façon dont les Américains dans leur ensemble se perçoivent. L'article déclenche une vive controverse et de nombreuses études visant à démonter son argument, appuyées sur des enquêtes reprenant délibérément les termes précis de son article [Douzet, 2004].

L'élection de Barack Obama en 2008 apparaît couronner cette évolution et démontrer l'ampleur du chemin parcouru dans l'évolution des représentations à l'égard de la question ethno-raciale et de la nation aux États-Unis. Mais elle vient aussi rappeler que l'Amérique n'est pas pour autant post-raciale. Car, dès l'élection, des poches de résistance étaient décelables [Douzet, Cain et Lefebvre, 2009]. L'émergence du Tea Party au lendemain de l'élection de Barack Obama, favorisée par le manque cruel de leadership au sein du parti républicain, a fortement contribué à tirer le parti sur sa droite, obligeant les candidats à se positionner plus radicalement pour remporter les primaires, en particulier sur les questions d'immigration[18]. Et alors que le président George W. Bush avait lancé des opérations de séduction auprès de la communauté hispanique et tenté en vain de mener à bien une réforme relativement équilibrée de l'immigration, une faction de cadres et d'élus de son camp fera le choix de jouer la carte raciale pour mobiliser les électeurs contre l'administration Obama, contribuant ainsi directement à la polarisation politique croissante de la question de l'immigration. Ce sont les mêmes ressorts qui seront exploités par Donald Trump pour emporter la primaire puis

18. A. Abramowitz, « Partisan polarization and the rise of the Tea Party movement », APSA Annual Meeting Paper, janvier 2011, <https://www.researchgate.net/publication/228161069_Partisan_Polarization_and_the_Rise_of_the_Tea_Party_Movement>.

Hérodote, n° 174, La Découverte, 3e trimestre 2019.

l'élection présidentielle, en s'appuyant sur les inquiétudes et les ressentiments engendrés au sein de l'électorat par les transformations démographiques du pays.

L'explosion de la diversité et l'avenir du parti républicain

Ces transformations démographiques sont majeures. Selon le démographe William Frey, les États-Unis font face à une « explosion de la diversité » d'une magnitude comparable à l'explosion des naissances lors du baby-boom au lendemain de la Seconde Guerre mondiale [Frey, 2014]. D'ici trente ans, trois groupes devraient voir leur population doubler : les Hispaniques, les Asiatiques et les personnes multiraciales (issues de mariages mixtes qui déclarent plusieurs appartenances raciales lors du recensement). Ces trois groupes représentaient plus des trois quarts de la croissance totale de la population au cours des années 2000. L'essentiel de la croissance provient de l'accroissement naturel, ce qui signifie qu'une restriction de l'immigration n'endiguerait en rien le phénomène. Cela tient moins au nombre d'enfants par famille qu'au fait qu'il s'agit de populations jeunes. L'âge médian de la population blanche est de quarante-trois ans contre vingt-huit pour les Hispaniques. La population blanche, en revanche, continue de vieillir et connaît depuis 2016 un déclin en valeur absolue[19].

Avec 59 millions d'habitants, les Hispaniques représentent désormais plus de 18 % de la population totale et devraient atteindre 29 % d'ici 2050, contre 13 % pour les Africains-Américains et 9 % pour les Asiatiques. Les Blancs devraient passer sous la barre des 50 % d'ici 2045, pour atteindre 47 % d'ici 2050 puis 44 % d'ici 2060. Le déclin des populations blanches est d'ores et déjà visible parmi les populations les plus jeunes, où la diversité est particulièrement forte : plus d'un enfant sur quatre de moins de cinq ans est hispanique. Les Blancs représentent moins de la moitié de la population dans toutes les catégories d'âge en dessous de dix ans.

Ces transformations démographiques sont plus importantes dans les États d'immigration (Californie, New York) et les grandes villes, mais elles touchent à peu près tous les comtés des États-Unis, où le déclin des jeunes Blancs est compensé par la croissance des minorités. Elles peuvent susciter des réactions nationalistes face à un cosmopolitisme revendiqué par des élites politiques ou urbaines. Elles transforment ainsi l'environnement, suscitant une interaction entre les populations

19. H. Frey, « US white population declines and Generation "Z-Plus" is minority white, census shows », The Brookings Institution, 22 juin 2018, <https://www.brookings.edu/blog/the-avenue/2018/06/21/us-white-population-declines-and-generation-z-plus-is-minority-white-census-shows/>.

Hérodote, n° 174, La Découverte, 3e trimestre 2019.

qui peut favoriser la tolérance comme engendrer les ressentiments. Car aux questionnements identitaires s'ajoutent les préoccupations économiques et sociales, particulièrement dans les États les plus durement touchés par la récession économique et « oubliés » par la mondialisation.

Dans les États qui ont subi de fortes délocalisations d'emplois, nombre d'habitants éprouvent un sentiment de déclassement. Ils se sentent abandonnés par le système même lorsqu'ils perçoivent des aides sociales, et présentent des taux élevés de problèmes de santé (obésité, diabète, dépendance aux opioïdes). Or, le système de soin est défaillant et les perspectives d'ascension sociale limitées. Ils s'inquiètent du coût de l'immigration alors que les désaccords entre experts sur le rapport coût/bénéfice fiscal de l'immigration sont légion. L'arrivée d'immigrants dynamise ces régions mais peut représenter aussi, pour les habitants, une compétition pour les emplois déqualifiés, en bas de l'échelle sociale, ce qui entraîne des attitudes protectionnistes. La crainte que l'immigration tire les salaires vers le bas est fortement corrélée à des représentations en faveur de la restriction de l'immigration.

Les résultats de l'élection présidentielle de 2016 ont surpris parce que cet électorat de l'Amérique dite profonde n'était pas attendu à ce niveau de participation, au point de pouvoir faire la différence dans certains États clés. Il n'était d'ailleurs pas ciblé par la campagne démocrate, focalisée sur les populations en pleine croissance dans les villes et les régions dynamiques. Profondément hostile à Barack Obama, cette population n'était probablement pas perçue par l'équipe d'Hillary Clinton comme pouvant être convaincue, ce qui expliquerait le faible nombre de meetings et de dépenses dans les zones rurales de l'intérieur du pays, y compris dans les États clés. Or le système de collège électoral peut réserver des surprises.

Donald Trump a instinctivement compris que cet électorat pouvait contribuer à sa victoire et misé sa campagne sur sa mobilisation dans les États clés en instrumentalisant les représentations de la nation : celle de l'âge d'or d'une Amérique prospère et blanche. Le thème de l'immigration, au cœur de cette stratégie, lui a servi de principal levier. La construction d'un mur à la frontière offrait une réponse simple à une question complexe, d'une efficacité marketing redoutable.

Au-delà de cette base, l'électorat de Donald Trump est plus masculin que celui d'Hillary Clinton (53 % des hommes ont voté pour lui), plus blanc (58 %), plus âgé (53 % des plus de 45 ans et seulement 37 % des 18-29 ans), moins éduqué (67 % des Blancs sans diplôme d'études supérieures) et plus rural (62 % des électeurs des petites villes et zones rurales)[20]. Or les tendances démographiques du pays évoluent à l'inverse vers une population plus jeune, plus diverse et plus urbaine.

20. <https://www.nytimes.com/interactive/2016/11/08/us/politics/election-exit-polls.html>.

Hérodote, n° 174, La Découverte, 3e trimestre 2019.

Conclusion

La base électorale de Donald Trump est ainsi aux antipodes des évolutions démographiques du pays, ce qui pose la question de l'efficacité de sa stratégie anti-immigration à moyen et long terme. La politique d'immigration suscite une inquiétude réelle au sein des minorités et une mobilisation qui n'est pas sans rappeler le phénomène observé en 1994 en Californie, suite au vote de la proposition 187 qui privait les immigrants clandestins d'accès aux services publics : une vague de demandes de naturalisation et d'inscriptions sur les listes électorales qui a contribué à transformer l'État en bastion démocrate. Plus généralement, les élections de mi-mandat ont enregistré une participation record (la plus élevée depuis un siècle), avec une augmentation dans quasiment toutes les circonscriptions par rapport à 2014 qui a principalement bénéficié à la gauche[21].

Le nombre de candidatures à la naturalisation a brutalement augmenté depuis l'arrivée au pouvoir de Donald Trump, un phénomène déjà observé dans le passé, notamment en 2007 à l'occasion d'un virulent débat sur la réforme de l'immigration assorti d'une augmentation des frais. Mais, à l'époque, l'agence en charge de la procédure était parvenue à absorber l'accumulation de candidature en l'espace d'un an. Cela ne s'est pas produit avec le pic actuel de candidatures qui fait face à un ralentissement des procédures dû à un examen renforcé des dossiers. Le résultat est que les temps d'attente ont doublé, de même que le nombre de candidatures en attente estimées à 750 000 d'après les derniers chiffres disponibles de juin 2018[22].

La mobilisation électorale massive des minorités pourrait ainsi représenter une menace pour les républicains. Ceux-ci ne s'y sont pas trompés qui en 2011 ont lancé une offensive législative pour modifier les règles d'inscription sur les listes électorales et de vote dans une quarantaine d'États, imposant des restrictions au nom de la lutte contre la fraude électorale. Ces restrictions ont été contestées en justice parce qu'elles rendaient le vote plus difficile, affectant de manière disproportionnée les pauvres et les minorités. Depuis, vingt-cinq États ont pu mettre en place de nouvelles règles[23]. Ces initiatives politiques ne feront que ralentir un phénomène inéluctable : la croissance progressive des minorités au sein de l'électorat américain.

---

21. M. Rojanasakul *et al.*, « Americans actually voted in the 2018 midterms », Bloomberg, 20 décembre 2018, <www.bloomberg.com/graphics/2018-midterm-election-turnout-shifts/>.

22. M. Jordan, « Wait times for citizenship have doubled in the last two years », *The New York Times*, 21 février 2019, <https://www.nytimes.com/2019/02/21/us/immigrant-citizenship-naturalization.html>.

23. Brennan Center for Justice <https://www.nytimes.com/2019/02/21/us/immigrant-citizenship-naturalization.html>.

Hérodote, n° 174, La Découverte, 3e trimestre 2019.

Par sa politique d'immigration et son jusqu'au-boutisme sur la construction du mur, Donald Trump cultive sa base électorale et maintient sa cote de popularité autour de 40 %. Mais les tendances démographiques montrent que cette base électorale ne cesse de rétrécir alors même que la politique d'immigration de Trump heurte les nouveaux électeurs. S'il persiste dans cette stratégie, Donald Trump pourrait à terme emmener le parti républicain droit dans le mur.

Bibliographie

BASS S. et CAIN B. E. (2008), *Racial and Ethnic Politics in California. Continuity and Change*, vol. 3, Berkeley Public Policy Press, Berkeley.

DOUZET F. (2004), « Le cauchemar hispanique de Samuel Huntington », *Hérodote*, n° 115, p. 31-52.

DOUZET F. (2016), « La frontière Mexique-États-Unis : entre ouverture et fermeture », *in* Béatrice GIBLIN (dir.), *Les Conflits dans le monde. Approche géopolitique*, Armand Colin, Paris.

DOUZET F., CAIN B. E. et LEFEBVRE H. (2009), « La nouvelle carte politique des États-Unis », *Hérodote*, n° 132, p. 60-80.

FREY W. (2014), *Diversity Explosion : How New Racial Demographics Are Remaking America*, Brookings Institution Press, Washington.

HUNTINGTON S. (2004), « The Hispanic challenge », *Foreign Policy*, vol. 141, p. 30-45.

LACORNE D. (2003), *La Crise de l'identité américaine*, Gallimard, Paris.

NIETO-GÓMEZ R. (2009), « L'énigme de la Homeland Security pour l'administration Obama : quel scénario pour la sécurité et l'administration des frontières ? », *Hérodote*, n° 132, p. 166-180.

Hérodote, n° 174, La Découverte, 3e trimestre 2019.

Traverser, dépasser, contourner : les futures stratégies géopolitiques des murs frontaliers

Rodrigo Nieto-Gómez[1]

> « Ne laissez jamais tomber. N'abandonnez jamais. Ne vous laissez pas faire. S'il y a un mur de béton en face de vous, traversez-le, passez par-dessus, contournez-le : quoi qu'il arrive, passez de l'autre côté de ce mur. »
>
> Donald J. Trump, discours prononcé à l'occasion de la remise des diplômes du Wagner College, 2004.

Le territoire façonne grandement les actions des acteurs d'un conflit : c'est là l'un des principes fondamentaux du raisonnement géopolitique appliqué aux conflits ayant une dimension territoriale. La géopolitique explore ainsi cette interaction entre les luttes de pouvoir et le territoire.

Dans un conflit géopolitique, le territoire se présente comme une contrainte pour les acteurs et limite les choix disponibles. Une colline, une vallée, un océan, et même une plaine sont à prendre en compte différemment par le voyageur qui souhaite se déplacer d'un point A à un point B. La configuration d'une ville, tout comme la répartition d'une population ou les flux illégaux de biens et de personnes, ne peut être séparée de telles contraintes territoriales.

Ce qui est moins compris, c'est que le territoire joue également un rôle important en tant que canal de communication. Comme nous allons l'expliquer dans la partie suivante, les acteurs d'un conflit communiquent entre eux et coordonnent indirectement leurs actions, à travers leur capacité à modifier le territoire. Nous

Hérodote, n° 174, La Découverte, 3e trimestre 2019.

1. Enseignant-chercheur à la Naval Postgraduate School à Monterey en Californie ; docteur de l'Institut français de géopolitique.

appelons cela le principe du stimulus géopolitique : l'intervention d'un acteur sur un territoire entraîne la réaction d'un autre acteur, surtout (et tout particulièrement) lorsque ce dernier est antagoniste. Ce principe est le fondement théorique de l'argument présenté dans cet article.

Un second principe fondamental de la géopolitique est ici pertinent : toute politique territorialisée stimule, à travers des actes discursifs, des représentations géopolitiques qui sont autant de « raccourcis mentaux » associant des lieux à des significations. Le « Sud », l'« Ouest », où les « zones frontalières » sont des termes qui évoquent chez l'interlocuteur un ensemble de représentations et d'identités interdépendantes qui, à leur tour, conditionnent très souvent les décisions portant sur ces territoires et d'autres. Ainsi, le « Sud » peut être utilisé comme une métonymie pour un monde pauvre et en développement ; l'« Ouest » peut représenter, selon l'échelle utilisée, la civilisation euro-américaine, le monde chrétien, la civilisation impériale ou postcoloniale, voire, dans le cas des États-Unis, l'« état d'esprit » du monde brusque et individualiste des cow-boys et de l'expansion territoriale. Finalement, les « zones frontalières » sont souvent imaginées comme des lieux désertiques aux rebords chaotiques de la civilisation où s'arrêtent l'État de droit et l'autorité de l'État.

Ces deux principes géopolitiques – le stimulus géopolitique et les représentations géopolitiques – façonnent la politique portant sur les zones frontalières ainsi que l'entreprise de cloisonnement de la frontière entre les États-Unis et le Mexique. Comme nous allons l'expliquer plus loin, une tension existe entre ces deux principes, et cette tension définit la « politique de fortification » (*walling politics*) à l'ère de Donald Trump et au-delà.

De nombreux autres auteurs ont publié des analyses de grande qualité abordant, sous des angles multiples, l'efficacité des murs frontaliers à remplir les objectifs de politique publique associés à leur construction. Le postulat principal ici posé est différent : pour analyser le futur de la protection des frontières, cet article étudie la nature du débat géopolitique qui encadre la construction des murs frontaliers et examine la question suivante : « Et s'ils étaient efficaces ? »

Nous allons explorer ici le processus de prise de décisions géopolitiques des entrepreneurs des cartels de la drogue, autant qu'il porte sur un territoire, et le comparer aux tendances connues de construction et d'adaptation des murs frontaliers.

Comme l'évoquait Donald Trump dans le discours mentionné en épigraphe, lorsqu'un mur de béton est élevé en obstacle, les choix de celui qui veut le passer sont de le traverser, de passer par-dessus ou de le contourner (il avait alors oublié la possibilité de passer *par-dessous*)[2]. Pour cette raison, nous allons utiliser ce

2. D. Trump, « Donald Trump given honorary doctorate by Wagner College », YouTube, 2017. <www.youtube.com/watch?time_continue=750&v=MQqjSPsvA0E>.

Hérodote, n° 174, La Découverte, 3e trimestre 2019.

« modèle trumpien de réponse à un mur de béton » comme cadre d'analyse pour explorer le devenir de la protection des frontières dans la région limitrophe du Mexique et des États-Unis.

Termites, crise des missiles et trafiquants de drogue : quel point commun ?

Le zoologiste français Pierre-Paul Grassé, qui fait autorité sur les termites, a identifié un comportement intéressant chez cet insecte et d'autres animaux sociaux. Il a ainsi découvert qu'il existe une forme d'interaction chez les termites pour laquelle le stimulus est produit en utilisant l'environnement comme intermédiaire. Par exemple, un termite va modifier le territoire en déplaçant des grains de sable et en sécrétant une phéromone. En conséquence, un second termite va percevoir ce changement et réagir en changeant à son tour l'environnement selon des règles très simples. À travers ce processus, les termites construisent des structures complexes et impressionnantes, sans pour autant qu'il existe une forme centrale de commandement et sans interactions directes entre eux [Grassé, 1959]. Il appela ce processus la « stigmergie » en combinant les mots grecs *stigma* (« signe ») et *ergon* (« action ») pour définir une forme d'action accomplie en réaction à des signaux perçus dans l'environnement.

Appliqué aux dynamiques des politiques d'interdiction frontalière, y compris la construction de murs, le concept de stigmergie est de nature profondément géopolitique. Les comportements y sont stigmergiques car le territoire est le canal de communication principal entre les criminels et les autorités chargées de faire respecter la loi. Autrement dit, d'un point de vue géopolitique, une fonction centrale et souvent sous-évaluée du territoire est qu'il est non seulement le lieu où le conflit se déploie, mais également le canal de communication qui détermine les stratégies entrelacées des parties antagonistes. Dans le cas de la frontière entre les États-Unis et le Mexique, tout particulièrement, la modification du territoire est une forme de co-création stigmergique entre les autorités policières et les mafias contrebandières.

Le cycle stigmergique sur la frontière est enclenché lorsque des acteurs criminels perçoivent des changements sur le territoire et s'y adaptent, même lorsqu'ils n'en comprennent pas les enjeux de politique publique ou la stratégie globale. Les acteurs réagissent à des changements sur le territoire en initiant eux-mêmes d'autres changements.

Nous avons décrit ce cycle ailleurs comme un processus en cinq étapes [Nieto-Gómez, 2016b] mais, en termes géopolitiques, il se déroule comme suit :

1. Un gouvernement modifie la géographie de la zone frontalière à travers la construction d'un mur ou le déploiement de technologies et/ou de personnels tactiques.

Hérodote, n° 174, La Découverte, 3e trimestre 2019.

2. Cette intervention géographique a des conséquences négatives sur la chaîne logistique des acteurs criminels. Certains peuvent être capturés ou tués, alors que d'autres ne peuvent qu'observer ces changements négatifs sur leur chaîne logistique.

3. Ces changements sur le territoire agissent comme des signaux pour les acteurs criminels. Ceux qui y survivent perçoivent les signaux dans l'environnement (ex. : ils voient et étudient le mur) comme un stimulus les encourageant à s'adapter.

4. Les agents criminels s'adaptent. Les signaux dans l'environnement stimulent l'innovation et créent un nouvel équilibre géopolitique du pouvoir. Dans le cas d'un mur de béton, comme l'expliquait le président Trump, l'essentiel de l'innovation se trouve dans les méthodes employées pour traverser, dépasser, contourner ou passer sous le mur.

5. Les agents gouvernementaux ferment la boucle. Les autorités policières et les forces armées perçoivent les changements dans l'environnement produits par les acteurs criminels (ex. : échelles, trous dans le mur), ce qui stimule un changement de leur part et le déploiement de nouvelles ressources, répétant essentiellement l'étape première.

Dans l'une des scènes iconiques du film *Treize jours* qui recrée le déroulement de la crise des missiles de Cuba – une crise d'interdiction frontalière –, le secrétaire à la Défense, Robert McNamara, entre dans un échange houleux avec l'un des amiraux après que l'armée a initié une série de coups de semonce contre un vaisseau soviétique sans avoir reçu l'aval du président des États-Unis. Dans ce dialogue, McNamara explique, en pointant du doigt une grande carte à plusieurs reprises :

> Vous ne comprenez donc rien, Amiral ? Ce n'est pas un blocus. Ça, tout ça [la carte], c'est un langage, un nouveau vocabulaire tel que le monde n'en a jamais vu. C'est le président Kennedy qui communique avec le secrétaire Khrouchtchev [3].

Ce dialogue fictif capture la nature du fonctionnement d'une stigmergie géopolitique dans les conflits frontaliers. Le président Kennedy était en contact indirect avec le secrétaire général Khrouchtchev lorsqu'il modifiait la distribution des ressources dans le domaine maritime, à travers le blocus naval, et dans le domaine terrestre, dès lors qu'une base de lancement était en construction ou qu'un silo à missiles était ouvert ou fermé aux États-Unis ou en URSS. Les gouvernements des deux superpuissances percevaient ainsi tout changement dans le déploiement des flottes, dans la construction ou l'ouverture d'un silo nucléaire, et y répondaient en modifiant une nouvelle fois le territoire pour communiquer une nouvelle volonté stratégique à l'adversaire. Une modification du territoire lors d'un conflit

---

3. *Treize jours*, réalisé par Roger Donaldson, 2001, 145 minutes. Transcription de David Self (non datée), « *13 Days* script », <www.dailyscript.com/scripts/13_days.html>, consulté le 5 juin 2019.

Hérodote, n° 174, La Découverte, 3e trimestre 2019.

produit ainsi le stimulus géopolitique qui entraîne une réaction. Le territoire n'est pas seulement le scénario du conflit, mais également le canal de communication.

Dans le cas de la crise des missiles de Cuba, la communication était délibérée, mais ce canal géopolitique est toujours utilisé implicitement dans la zone frontalière entre les États-Unis et le Mexique, même si tous les acteurs n'en sont pas conscients. À chaque fois qu'un stimulus géopolitique est produit dans la zone frontalière par le gouvernement américain ou le gouvernement mexicain, ce changement envoie un « signal d'innovation » auquel doivent répondre tous les entrepreneurs criminels.

Murs et ballons : un modèle trumpien de réponse à un mur

Le gouvernement des États-Unis modifie le territoire frontalier depuis de nombreuses années, mais l'entreprise de fortification a été accélérée sous les administrations Clinton et Bush. Depuis, des centaines de kilomètres de barrières ont été érigées le long de la frontière américano-mexicaine.

Lorsque le gouvernement des États-Unis construit un mur le long de la frontière, il envoie un stimulus géopolitique. Quand un cartel de la drogue développe de nouvelles techniques de contrebande en réponse, il cherche à fermer cette boucle et, ce faisant, il stimule les autorités policières de nouveau.

Pour des entrepreneurs criminels, la construction d'un mur est un changement durable sur le territoire qui communique, à travers une infrastructure statique, des informations importantes sur les capacités, les désirs, et la stratégie du gouvernement américain : quelle est la hauteur du mur ? Quel matériau a été utilisé ? Est-il bien défendu ? Quelle est sa longueur ? Où est-il placé ? Toutes ces spécifications territoriales deviennent les « phéromones » qui dirigent l'innovation entrepreneuriale et prennent part au processus de co-création mobilisant les acteurs gouvernementaux et les organisations criminelles.

La réponse naturelle à une telle modification stigmergique est l'innovation criminelle. Comme l'expliquait Donald Trump dans le discours cité en épigraphe, lorsqu'une personne entreprenante et ambitieuse fait face à un mur de béton, elle essaye de le traverser, de passer par-dessus, par-dessous, ou de le contourner ; et chacune de ces options a déjà été employée par les entrepreneurs de la contrebande.

Dans l'étude de la gestion des frontières, l'exemple le mieux compris de cet acte géopolitique de co-création stigmergique est ce que l'on appelle l'« effet ballon » : tel un ballon gonflé, la pression exercée sur une partie du ballon déplace l'air vers une autre partie de celui-ci.

À partir de 1994, les opérations *Hold the Line* à El Paso, *Gatekeeper* en Californie, et *Safeguard* en Arizona ont « fait pression » sur le ballon en plaçant des

Hérodote, n° 174, La Découverte, 3e trimestre 2019.

barrières sur la frontière américano-mexicaine. Ces barrières ont produit un signal territorial annonçant un changement de politique et de stratégie du gouvernement américain, redirigeant en conséquence les flux illégaux en zones urbaines vers des zones plus dangereuses, plus arides, et plus éloignées sur la frontière. Étant donné que traverser la frontière nécessite des connaissances maintenant plus spécialisées, le passage de clandestins en devient plus profitable. L'entreprise de fortification est un stimulus géopolitique important qui a accéléré le rythme de l'innovation déviante et mené à l'entreprise sophistiquée de contrebande que nous connaissons aujourd'hui sur la frontière américano-mexicaine. À travers une stigmergie géopolitique, les murs ont représenté un défi et les entrepreneurs criminels s'y sont montrés à la hauteur.

Ces déploiements ont été un succès tactique mais une défaite stratégique pour le gouvernement américain. Le mur-comme-signal a été contré par une réponse stigmergique qui a pris la forme d'innovations criminelles lorsque les cartels se sont adaptés à des opérations plus dangereuses et donc plus profitables. Le ballon a été pressé par le gouvernement au niveau des zones urbaines, et les organisations criminelles ont répondu à ce changement territorial avec de nouveaux flux dans de nouvelles zones, poursuivant ainsi le déplacement des routes de contrebande à mesure de la construction de nouveaux murs.

Selon le modèle trumpien de réponse à un mur, l'effet ballon entre dans la catégorie du « contournement ». C'est la réaction la plus simple face à un obstacle, mais les entrepreneurs criminels ont de nombreuses autres options.

Les futurs de la protection des frontières

Au-delà du contournement, Donald Trump propose d'autres méthodes pour contrer une entreprise de fortification : passer « par-dessus » ou « à travers » le mur, auxquelles nous ajoutons « passer par-dessous ». Nous avons ici la totalité des vecteurs de l'adaptation à venir de la contrebande, ce qui nous permet d'identifier des tendances indépendamment de l'incertitude propre au futur. Même si nous imaginons ici qu'un mur est construit et remplit « réellement » ses objectifs, connaître les vecteurs potentiels de changement est un premier pas nécessaire pour comprendre le futur des contre-mesures en réaction à la protection des frontières : cela nous permet de poser les contraintes auxquelles les entrepreneurs du crime auront à répondre.

La futurologie nomme « prévision immédiate » (*nowcasting*) le processus d'identification des tendances irrévocables permettant de « prévoir » le présent [Nieto-Gómez, 2016a] et, dans le cas des déploiements à la frontière, le modèle trumpien de réponse à un mur dessine ces tendances irrévocables. Chaque

Hérodote, n° 174, La Découverte, 3e trimestre 2019.

kilomètre de mur envoie un stimulus géopolitique et on ne peut répondre à un tel signal stigmergique que par l'abandon – c'est-à-dire mettre fin à la contrebande (c'est bien là la logique de la dissuasion) – ou par l'adaptation, selon la logique du modèle trumpien.

Dans cette partie, nous allons « prévoir immédiatement » deux scénarios pour lesquels les tendances à l'innovation des criminels sont déjà en train de façonner le futur des politiques de gestion des frontières. Ces scénarios se basent sur des comportements actifs, évidents au moment de la publication de cet article, et, même si aucun de ces scénarios n'a pour objectif de prédire le futur, ils permettent d'établir clairement le sens que la construction du mur prend du point de vue de l'adversaire. Cela nous permet ensuite d'établir l'efficacité de cette tactique très coûteuse de construction d'un mur, qui consume l'administration Trump, en ayant en tête les réponses potentielles des acteurs criminels. Nous conclurons ensuite avec une comparaison de ces vecteurs potentiels de la réponse avec les représentations géopolitiques qui entourent ces murs-frontières et sont déconnectées d'une quelconque mesure de leur efficacité.

Game of Drones : passer par-dessus.

> « Pourquoi faut-il que, si un homme construit un mur, aussitôt en survienne un second qui brûle de savoir ce qu'il y a derrière ce mur ? », Tyrion Lannister, *A Game of Thrones*[4].

Peter Drucker décrivait les données démographiques comme le « futur déjà présent » [Drucker, 1998]. Nous savons combien d'individus auront vingt ans dans dix-neuf ans parce que nous savons combien d'individus sont nés il y a un an et nous connaissons le taux de mortalité. Même si nous prenons en compte l'incertitude liée à un événement conséquent mais peu probable (une guerre, une pandémie) qui peut grandement changer le taux de mortalité, les données démographiques futures sont toujours influencées par le taux de natalité présent : il ne peut y avoir plus d'individus de vingt ans dans dix-neuf ans qu'il n'en est né l'année passée. Même s'il nous est impossible de connaître avec certitude la fourchette basse de l'étendue des variables, parce que la mortalité future est plus ou moins incertaine, nous savons quelle est la fourchette haute parce que les taux de natalité passés ne sont eux pas incertains.

De la même manière, comme nous connaissons assez bien le cycle d'adoption des technologies, nous savons que les technologies qui seront adoptées par

4. G. R. R. Martin (2011), *A Game of Thrones*, Bantam, New York, p. 58, <http://paperpile.com/b/D1m4OR/hRDd>.

Hérodote, n° 174, La Découverte, 3e trimestre 2019.

le grand public demain sont déjà utilisées et améliorées par les adeptes précoces d'aujourd'hui [Moore, 2014]. Si le « comment seront-elles utilisées dans le futur ? » demeure incertain, le « comment sont-elles utilisées aujourd'hui ? » ne l'est pas.

En 2010, Parrot SA, une compagnie française basée à Paris, a présenté son Parrot AR.Drone durant le Consumer Electronics Show (CES) à Las Vegas. Le drone reçut le prix « Electronic Gaming Hardware » cette même année[5], attirant ainsi l'attention des médias et inaugurant l'ère de la technologie commerciale des drones. Depuis, des millions de drones ont été vendus et leurs performances technologiques augmentent toujours. On estime que 17 millions de drones seront vendus pour la seule année 2019, et ce chiffre va continuer de croître[6].

Comme pour les données démographiques, nous savons que des millions de drones ont déjà été achetés et que des millions d'autres seront achetés suivant une tendance à la hausse. Alors que la technologie n'était pas commercialisée en 2009, les drones sont maintenant un cadeau de Noël favori, année après année. Voir les drones comme porteurs de menaces, c'est imaginer un danger futur qui est déjà présent.

Nous savons également que les drones reposent sur des plateformes digitales et, en conséquence, qu'ils sont soumis à la loi de Moore, une sorte de prophétie autoréalisatrice qui explique que la puissance des ordinateurs double tous les deux ans environ. Pour cette raison, les drones aujourd'hui abordables et vendus comme jouets ou hobbies sont équipés de technologies avancées, telles que des systèmes informatisés de vision intelligente ou des mécanismes leur permettant de se mouvoir et d'éviter les obstacles, et d'une charge utile régulièrement augmentée dont le bénéfice était réservé aux forces armées il y a quelques années encore. Si certains spécialistes annoncent la fin de la loi de Moore [Denning et Lewis, 2017], les drones vont être améliorés à mesure que les capacités informatiques continuent de croître.

Les premiers cas rapportés de drones utilisés par les cartels remontent à 2011, à peine un an après le lancement réussi du premier drone commercial par Parrot. En 2012, la Drug Enforcement Administration (DEA) annonçait avoir détecté plus de cent cinquante drones à la frontière américano-mexicaine[7].

5. Parrot Blog, « CES 2010 : Parrot AR.Drone allows video games to become reality », 5 janvier 2010, <http://blog.parrot.com/2010/01/06/ces-2010-parrot-ardrone-allows-video-games-to-become-reality/>, consulté le 5 juin 2019.

6. Z. Valentak, « Drone market share analysis & predictions for 2018. DJI dominates, Parrot and Yuneec slowly catching up », DronesGlobe.com, 24 décembre 2017. <www.dronesglobe.com/news/drone-market-share-analysis-predictions-2018/>, consulté le 5 juin 2019.

7. D. Gomora, « Fabrican narcos sus propios drones, alerta la DEA », *El Universal*, 31 juillet 2015, <http://archivo.eluniversal.com.mx/nacion-mexico/2014/carteles-fabrican-narcodrones-trasiego-eu-1022274.html>, consulté le 4 mars 2019.

Hérodote, n° 174, La Découverte, 3e trimestre 2019.

Il faut tout d'abord savoir qu'au moment de la publication de cet article, il nous est impossible de connaître l'étendue de l'utilisation de la technologie des drones par les cartels de la drogue. Alors que les ouvrages de stratégie commerciale souffrent du « biais de la survie » puisque les conclusions proviennent de l'étude des entreprises à succès, oubliant ainsi toutes celles qui agissaient de manière équivalente mais échouèrent en cours de route, l'étude de l'innovation des cartels de la drogue souffre du problème inverse. Nous connaissons principalement les entreprises qui ont échoué car les opérations réussies de contrebande échappent largement au regard des analystes travaillant pour les autorités policières.

À cause de ce « biais de l'échec », nous ne connaissons que les utilisations infructueuses des drones, masquant ainsi le chiffre qui nous importe réellement : combien de drones traversent la frontière avec succès.

La Customs and Border Protection (CBP) surveille la frontière avec une technologie radar datant des années 1950. Le Système de radar à aérostat attaché (TARS) fournit l'essentiel de l'information sur l'entrée d'aéronefs dans l'espace aérien américain[8]. Cependant, la signature radar d'un drone n'est guère différente de celle d'un oiseau, et les drones peuvent voler très près du sol, dans les canyons notamment, évitant ainsi d'être détectés. De ce fait, le TARS est inefficace pour contrer les drones.

Même si le handicap principal à l'utilisation des drones comme mules est la charge utile maximale de ces engins, celle-ci augmente avec chaque nouvelle génération mise sur le marché. Alors que le drone commercial moyen peut transporter entre 1 et 3 kg, des drones tels que les Freefly Systems ALTA UAC peuvent transporter jusqu'à 20 kg. Les drones hybrides (qui utilisent à la fois gasoil et électricité) peuvent transporter encore plus et sur une plus longue distance.

À 4 000 dollars pièce, le drone Alta est bien plus coûteux que le drone électrique accessible au consommateur lambda. Mais avec un prix de la cocaïne pure qui plane autour de 30 000 dollars le kilo [Kurrle, 2013], une sortie de drone chargé à 20 kg permet un profit de plus de 600 000 dollars. Cela justifie très largement l'investissement dans un tel véhicule sans conducteur, même si une seule opération de contrebande réussit. Et, dans les faits, il est tout à fait possible pour de tels engins de survivre à plusieurs sorties.

En dehors du rôle évident déjà joué par les drones dans les opérations de contrebande sur la frontière américano-mexicaine, ils peuvent défaire la politique de fortification de deux autres manières. D'une part, la technologie des drones

8. US Customs and Borders Protection, « Air and marine operations tethered aerostat radar system », Fact sheet, 6 octobre 2007, <www.cbp.gov/sites/default/files/assets/documents/2017-Feb/FS_2017_TARS_FINAL.pdf>, consulté le 5 juin 2019.

Hérodote, n° 174, La Découverte, 3e trimestre 2019.

rend la surveillance aérienne accessible et abordable. Ces « yeux dans le ciel » en vente libre rendent les opérations de contre-surveillance plus faciles pour les membres des cartels de la drogue, au détriment des gardes-frontières. Un seul drone peut surveiller plusieurs dizaines de kilomètres de territoire éloigné, en informant en temps réel de la localisation exacte des agents de contrôle des frontières. D'autre part, la militarisation des drones est une véritable préoccupation. La police mexicaine a déjà confisqué des drones porteurs de charges explosives trouvés dans l'arsenal de membres de cartels de la drogue[9], ce qui étend les capacités cinétiques du crime organisé bien au-delà des murs frontaliers.

Aaron Schmersahl [2018] a identifié six tendances importantes influençant le déploiement de drones dans les zones frontalières :

1. les drones deviennent abordables, plus petits et plus efficaces ;
2. l'équipement de la population en drones va continuer et s'accélérer aussi bien aux États-Unis qu'au Mexique ;
3. l'investissement en R&D (recherche et développement) va accélérer le développement des variables autour desquelles les entreprises s'affrontent sur le marché : l'amplitude, la vitesse, la charge utile et l'autonomie des drones ;
4. avec le déploiement rapide des drones, l'industrie commerciale va être incitée à investir dans le développement des *Counter Unmanned Aerial Systems* (C-UAS), technologie permettant de contrer les drones ;
5. les infrastructures existantes (systèmes sol-air, de commandement et de contrôle, de détection radar) ne permettent pas de lutter contre les petits drones volant à basse altitude ;
6. la bataille pour le contrôle de l'espace aérien à basse altitude va continuer et les acteurs non étatiques, dont les cartels de la drogue, vont y accroître leur présence.

Ce sont six tendances d'un futur déjà présent. Quelle que soit la hauteur du mur construit par le président Trump, le modèle trumpien de réponse à un mur indique que lorsqu'une personne pleine d'ambition et d'énergie fait face à un mur de béton, elle fera en sorte de le dépasser. Les drones ne sont que le dernier élément dans la longue liste des outils développés par les cartels de la drogue pour s'approprier l'espace aérien au-dessus d'une interdiction frontalière.

Avec un budget de R&D très limité, la Custom and Border Protection et la Federal Aviation Administration n'ont pas les moyens de s'approprier et de contrôler l'espace aérien à basse altitude le long de la frontière américano-mexicaine. Plus

9. K. Mizokami, « Mexican drug cartels are turning drones into flying bombers », *Popular Mechanics*, 1er novembre 2017, <www.popularmechanics.com/military/weapons/a28874/drug-cartels-drones-into-bombers/>, consulté le 5 juin 2019.

Hérodote, n° 174, La Découverte, 3e trimestre 2019.

important encore, et alors que la politique de fortification est âprement discutée, aucun budget n'a été alloué aux efforts de contrôle de cet espace aérien à basse altitude.

L'utilisation de drones par les cartels de la drogue augmente leur capacité à surmonter les obstacles terrestres. S'ils ne rendent pas les murs obsolètes, du fait notamment de charges utiles toujours limitées, ils installent la contrebande dans une troisième dimension et rendent asymétrique cette « guerre des drogues » mal nommée. En effet, la construction et l'entretien des murs requièrent des milliards de dollars alors que les drones quelques milliers seulement et ils ne consomment presque rien.

Plus important encore, les drones, comme tout effort d'automatisation, permettent d'éviter en grande partie les inconvénients liés à l'intervention humaine. Certains opérateurs de drones ont bien été arrêtés ; cependant, si utilisés intelligemment, les véhicules aériens sans pilote atténuent grandement les risques pour des trafiquants de drogue qui prennent plus de distance physique vis-à-vis des opérations de contrebande. C'est bien cela, plus que toute autre chose, qui va profondément changer la nature des opérations antinarcotiques et le rôle des murs frontaliers dans la lutte contre le crime organisé.

Mobilis in mobili : contourner (et passer par-dessous)

« Des complications survinrent, s'ensuivirent, et furent surmontées. »

Capitaine Jack Sparrow, *Pirates des Caraïbes*[10].

Mobilis in mobili, la devise du *Nautilus*, le sous-marin imaginé par Jules Verne, peut être à peu près traduite du latin par le « mobile dans l'élément mobile ». C'est une métaphore magnifique de l'innovation – tout se meut au même moment – de la main de l'homme qui inspira les entrepreneurs de la mer à imaginer des vaisseaux sous-marins. En effet, Simon Lake, le père du sous-marin moderne, a trouvé l'inspiration pour son *Argonaut No 1*, le premier sous-marin à avoir été piloté en haute mer, dans le roman *Vingt mille lieues sous les mers* précisément [Weir, 2001]. D'ailleurs, Jules Verne lui envoya un télégramme pour le féliciter de ce succès, notant au passage que « [l]a prochaine grande guerre sera peut-être tout simplement un affrontement entre vaisseaux sous-marins » [Verne, 1898].

Que Jules Verne ait insisté, dans cet échange historique, sur la valeur militaire de cette technologie sous-marine émergente n'est pas anodin. Le capitaine Nemo,

10. G. Verbinski (2006), *Pirates of the Caribbean : Dead Man's Chest*, USA, Disney.

Hérodote, n° 174, La Découverte, 3e trimestre 2019.

personnage principal de ce fameux roman d'anticipation technologique, est une sorte d'antihéros que nous pourrions aujourd'hui appeler un individu superpuissant, un acteur non étatique « voyou », ou même un terroriste.

Le Nemo de Jules Verne, le premier et probablement le plus connu de tous les capitaines de sous-marins, utilisait ce potentiel technologique pour renier la loi. Comme il l'explique au professeur Aronnax : « J'ai rompu avec la société tout entière pour des raisons que moi seul ai le droit d'apprécier. Je n'obéis donc point à ses règles, et je vous engage à ne jamais les invoquer devant moi ! » [Verne, 1870]. Il est sous-marinier parce qu'il souhaite vivre hors de portée des gouvernements.

Tout comme le personnage de Jules Verne, les cartels de la drogue ont vu dans la technologie des submersibles et des semi-submersibles un moyen essentiel permettant de mettre à mal le pouvoir de police des États-nations.

Comme annoncé par le modèle trumpien de réponse à un mur, les cartels contournent ou passent sous les murs de la frontière américano-mexicaine depuis des années. À l'heure actuelle, force est de reconnaître le perfectionnement de leurs capacités maritimes, et plus la pression augmente sur les frontières terrestres des États-Unis (plus on exerce de pression sur le ballon), plus le signal stigmergique est fort et encourage ainsi les organisations criminelles à investir davantage dans la R&D maritime.

En novembre 2006, la Marine américaine a capturé le premier « narco sous-marin », une sorte de semi-submersible utilisé pour introduire de la drogue aux États-Unis, *via* le Mexique dans la plupart des cas. La Marine américaine l'a baptisé « Big Foot » car, comme l'expliquait le contre-amiral Joseph Nimmich, « nous avions entendu des rumeurs et obtenu des signes de son existence depuis longtemps[11] ». Cette découverte n'était pourtant que la première d'une longue série, et ce trait d'esprit ne doit pas être minimisé. La Marine savait possible l'existence de ces « narco sous-marins » bien avant d'en apercevoir un en haute mer. Mais le délai était tel entre la première utilisation de cette technologie, son appréhension par la Marine américaine, et finalement la confirmation de son existence que les marins américains finirent par plaisanter de la nature mythologique de ces vaisseaux.

Après « Big Foot » survint « Big Foot II », un semi-submersible déjà plus sophistiqué. En réalité, nous savons aujourd'hui que, alors que les marines du monde entier commençaient en 2006 à prendre conscience des défis liés aux semi-submersibles, les cartels de la drogue testaient activement, et lançaient avec

11. D. Kushner, « Drug-sub culture : the latest way to get cocaine out of Colombia ? Underwater », *The New York Times Magazine*, 23 avril 2009.

Hérodote, n° 174, La Découverte, 3e trimestre 2019.

succès, des sous-marins complètement submersibles depuis 1997 au moins, et probablement bien avant [Nieto-Gómez, 2013].

C'est un autre exemple de ce biais de l'échec rencontré dans l'étude des pratiques commerciales des cartels de la drogue. Les opérations de contrebande réussies peuvent demeurer hors du champ de vision des autorités pendant très longtemps, une décennie ou plus dans ce cas, et même lorsque l'on découvre leur existence, nous ne connaissons que peu de choses sur leurs taux de réussite. La marine et les gardes-côtes capturent-ils une part importante ou insignifiante des « narco sous-marins » construits ? Comme il n'y a pas de données sur la production des chantiers navals des cartels, nous n'avons de données que sur les opérations de contrebande qui ont échoué et non sur le plus important : combien de vaisseaux arrivent à leur destination finale.

Au bout de quelque temps, et à mesure de l'adaptation des gardes-côtes et des marines du monde entier à ces nouvelles conditions, les captures de semi-submersibles devinrent plus courantes. Cependant, selon Mike Vigil, l'ancien chef des opérations internationales de la Drug Enforcement Administration : « [I]ls [la Marine et les gardes-côtes] en capturent peut-être plus aujourd'hui mais, encore une fois, c'est bien parce qu'un nombre infiniment plus grand est maintenant utilisé pour faire entrer de la drogue illégalement. » Il estime que seulement 5 % des semi-submersibles sont capturés, et que 50 % de la cocaïne introduite aux États-Unis depuis la Colombie, *via* le Mexique, entre illégalement grâce aux submersibles et aux semi-submersibles. Il n'existe naturellement aucun moyen de vérifier ces chiffres[12].

À ce jour, les armées équatorienne et colombienne ont chacune saisi un « narco sous-marin » totalement submersible alors qu'ils étaient en cale sèche sur leurs territoires. Un tel sous-marin n'a cependant jamais été interpellé en haute mer. Comme le notait Jay Bergman, alors directeur régional de la DEA : « [C]'est [les sous-marins totalement submersibles] un saut quantique en matière technologique... En découvrir un est une aberration, un deuxième montre une tendance émergente[13]. » Et en raison du biais de l'échec, il est impossible de savoir aujourd'hui si l'absence de nouvelles captures s'explique par l'abandon de la technologie par les cartels... ou simplement par son succès.

12. C. Woody, « The Coast Guard is catching more drug-running subs, but most "very stealthy" narco subs are probably going undetected », *Business Insider*, 11 octobre 2018, <www.businessinsider.com/coast-guard-capturing-more-drug-smuggling-narco-subs-2018-10>, consulté le 5 juin 2019.

13. J. Popkin, « Authorities in awe of drug runners' jungle-built, kevlar-coated supersubs », *The Wired*, 29 mars 2011, <www.wired.com/2011/03/ff_drugsub/>, consulté le 5 juin 2019.

Hérodote, n° 174, La Découverte, 3e trimestre 2019.

Paradoxalement, et alors que la priorité donnée par l'administration Trump à la fortification de la frontière envoie des signaux stigmergiques aux organisations criminelles les encourageant à contourner ou passer par-dessous les murs (comme il l'aurait dit lui-même), les moyens des forces armées américaines dédiées à la protection des côtes ont été réduits. Comme l'expliquait un agent de l'Office of Naval Intelligence, se protéger de dangers venant de la mer, c'est comme un shérif qui doit patrouiller l'entièreté du pays avec seulement trois voitures [Kushner, 2009, note 11].

Pour Donohue [2016], « le nombre actuel d'opérations d'interdiction en haute mer est en chute libre en raison de la réduction des moyens maritimes et aériens de la Marine américaine. Des contraintes budgétaires importantes et le déclassement de vaisseaux ont porté un coup sérieux aux efforts menés par les États-Unis à tel point que les bâtiments de la Marine ne peuvent plus faire face aux besoins, et que les gardes-côtes n'ont pas obtenu le budget leur permettant de prendre en charge ces missions. Ainsi, la contrebande est largement épargnée car le flux de renseignements est bien plus important que les forces d'interception disponibles ». Autrement dit, non seulement le gouvernement américain n'est pas en mesure d'estimer le taux de réussite des opérations maritimes de contrebande de drogue, mais même lorsque des opérations sont détectées, *via* les radars ou divers canaux de renseignement, les forces armées ne disposent pas de suffisamment de vaisseaux pour y répondre systématiquement ; de nombreux « narco sous-marins » pourtant détectés peuvent donc poursuivre leur route vers leur destination finale sans être inquiétés.

Le vice-amiral Fred Midgette, commandant des opérations des gardes-côtes dans le Pacifique, donnait ces quelques chiffres pour 2017 :

> Nous ne pouvons intercepter toutes les opérations de contrebande de drogue dont nous avons connaissance. Rien que l'année dernière, nous avons reçu des informations concernant près de 580 cargaisons potentielles que nous n'avons pu intercepter parce que nous n'avions ni les bateaux ni les avions pour les poursuivre... Nous sommes assiégés dans la région faute de ressources. Les trafiquants de drogue ont tout simplement plus de bateaux et d'embarcations que nous n'avons de bateaux et d'avions pour les attraper[14].

Il est difficile d'attraper un sous-marin, et la U.S. Coast Guard n'a pas les moyens suffisants pour y parvenir. Qui plus est, la tendance technologique est évidente : « L'innovation et le développement technologique ont très largement levé les obstacles qui barraient la route à l'achat et à la mise en service de petits submersibles par une population bien plus importante qu'à tout autre moment de

14. R. Nixon, « Coast Guard faces challenges at sea, and at the Budget Office », *The New York Times*, 4 juillet 2017.

Hérodote, n° 174, La Découverte, 3e trimestre 2019.

notre histoire » [Davis, 2013]. Il existe aujourd'hui un marché amateur du sous-marin et, comme le marché des drones, cette communauté intensifie le rythme de l'innovation et du développement technologique. Ainsi, la technologie des submersibles est maintenant « en vente libre » et rien ne permet de croire que les cartels de la drogue n'en profitent pas ou, dans le cas contraire, n'en profiteront pas demain.

Si Jules Verne prédisait le futur des conflits militaires « tout simplement [comme] un affrontement entre vaisseaux sous-marins », on peut imaginer aujourd'hui que l'avenir de l'interdiction frontalière se jouera le long des côtes américaines, souvent dans les profondeurs. Ce n'est pas une prévision radicale : ce sont les tendances d'un futur déjà présent, et il s'agit de la réponse stigmergique à la construction de murs frontaliers comme stimulus géopolitique.

Des facteurs maritimes modifient également l'équilibre géopolitique du pouvoir des cartels de la drogue. En 2009 déjà, les autorités policières de l'État de Californie, de même que l'agence Homeland Security Investigations, avaient identifié une nouvelle tendance : des centaines de pangas, de petits bateaux de pêche, chargés de marijuana à hauteur de plusieurs millions de dollars, ou de migrants sans papiers, accostent directement sur la côte californienne, le long d'une bande de terre allant de la banlieue de San Diego jusqu'à Big Sur, en Californie du Nord, et évitant totalement les fortifications frontalières terrestres[15]. En 2016, le shérif du comté de Monterey, le Sgt. David Murray, expliquait pourquoi la côte rurale et vierge dont il avait la charge faisait face à une augmentation des opérations de contrebande : « Ce n'est pas tant que les chargements de drogue en provenance du Mexique ont augmenté, mais qu'une politique coercitive plus forte au sud a poussé ces bateaux plus au nord[16]. » En d'autres termes, les signaux stigmergiques produits par les efforts d'interdiction à un autre endroit ont transformé Big Sur en un nouveau « front de la contrebande » pour les entrepreneurs criminels.

Au moment même où l'administration Trump demandait des dizaines de milliards de dollars pour construire de nouveaux murs de béton sur la frontière américano-mexicaine, elle a proposé une réduction de plus d'un milliard de dollars

15. M. Potter, « Mexican smuggling boats race up California coast », *NBC News*, 13 juillet 2013, <www.nbcnews.com/nightly-news/mexican-smuggling-boats-race-california-coast-flna 6C10626917>, consulté le 5 juin 2019.

16. N. Rahaim, « Cartels target Big Sur for big drug shipments », *Monterey County Weekly*, 4 février 2016, <www.montereycountyweekly.com/news/cover/cartels-target-big-sur-for-big-drug-shipments/article_9fca2270-cad3-11e5-a844-4ba7691eb648.html>, consulté le 13 mars 2019 (inaccessible depuis l'Europe).

Hérodote, n° 174, La Découverte, 3e trimestre 2019.

du budget de la Coast Guard[17] (gardes-côtes). Alors que l'agence est déjà la plus pauvre et la moins bien équipée des forces armées, elle se retrouve à faire les frais de deux tendances décrites plus haut : une augmentation des capacités technologiques maritimes du crime organisé, d'une part ; et un stimulus stigmergique à la frontière terrestre américano-mexicaine, d'autre part, qui est le résultat de plusieurs années de fortification ayant déplacé – et continuant de déplacer – un pourcentage important, même si difficile à jauger, des opérations de contrebande vers les côtes des États-Unis.

Autrement dit, la politique actuelle du gouvernement américain a pour conséquence d'augmenter la pression sur les frontières maritimes des États-Unis tout en affamant les agences en charge de la protection des côtes. Un dollar dépensé pour la construction d'un mur de béton est un dollar qui n'est pas utilisé pour fournir des vedettes aux gardes-côtes, ou pour financer des contre-mesures de protection dans les profondeurs du Pacifique.

Selon le modèle trumpien de réponse à un mur, nous avons un scénario idéal pour les cartels de la drogue. Alors que les États-Unis engagent l'essentiel des ressources allouées à la protection des frontières à la construction de murs, ils laissent ouvert un territoire bien plus difficile à protéger autour, en dessous, et au-dessus des murs.

Conclusion : un mur pour envoyer des signaux... vers l'intérieur

Les murs frontaliers et le récit justifiant cette fortification transmettent des signaux stigmergiques aux acteurs présents à l'extérieur de ces murs, mais ils communiquent également, à travers la modification du territoire, avec les individus à l'intérieur des murs. Aux États-Unis, les murs frontaliers et leur construction façonnent la pensée géopolitique contemporaine autour de concepts tels que l'idée de nation ou l'identité sociale et ethnique, et alimentent des peurs exogènes qui sont déconnectées de l'efficacité même de ces murs à lutter contre la contrebande, ce qui en reste pourtant l'objectif affiché.

Débattre de la construction d'un « mur » n'est pas qu'un simple débat portant sur la construction d'un ouvrage d'intérêt public. Il s'agit d'un débat portant sur l'identité des États-Unis en tant que nation d'immigrants. Cela permet de comprendre pourquoi les opposants au mur parlent d'un projet non seulement

17. « Trump's budget reduces Coast Guard funding by $1.3 billion », *The Maritime Executive*, 17 mars 2017, <www.maritime-executive.com/article/trumps-budget-cuts-13b-from-coast-guards-funding>, consulté le 5 juin 2019.

Hérodote, n° 174, La Découverte, 3e trimestre 2019.

inefficace mais également immoral, un adjectif rarement appliqué à un projet d'infrastructure. Pendant la « fermeture » forcée des services du gouvernement fédéral en 2019 (*government shutdown*), due à l'opposition d'une partie du Congrès au financement du mur souhaité par Donald Trump, la présidente de la Chambre des représentants, qui menait cette opposition, expliquait « [qu']en vérité, un mur est immoral. Cela ne représente pas qui nous sommes en tant que nation[18] ».

La présence physique du mur frontalier matérialise l'agenda sécuritaire et, plus encore, le discours identitaire de son constructeur en un objet photogénique (et un signal stigmergique). Bill Clinton, par exemple, utilisait la construction d'un mur frontalier comme la démonstration de son attachement à l'indépendance des États-Unis en tant que nation souveraine, et compensait ainsi ses efforts en faveur de la ratification de l'Accord de libre-échange nord-américain (Alena) [Cornelius, 2005]. Évidemment, tous les éléments de la nostalgie teintée d'ethno-nationalisme que l'on retrouve actuellement au cœur du trumpisme [Stephens-Davidowitz, 2017] se retrouvent dans ce mur que Donald Trump a promis d'ériger.

Pour cette raison, nous voyons bien que l'utilisation la plus efficace du signal stigmergique produit par le mur à la frontière américano-mexicaine n'est pas celui, affiché, d'un outil décourageant les activités criminelles des acteurs se trouvant à l'« extérieur » du mur. En effet, nous savons que le crime organisé y voit un atout car leur expérience acquise à surmonter les murs devient d'autant plus profitable et demandée. Au contraire, le signal stigmergique le plus efficace produit par les murs est celui dirigé vers la base politique à l'« intérieur » du mur.

C'est pourquoi, comme nous l'avions évoqué dans l'introduction de cet article, les murs frontaliers produisent une tension entre le stimulus géopolitique transmis aux forces antagonistes « de l'extérieur » et les représentations géopolitiques qu'ils créent « à l'intérieur ».

D'un côté, les murs frontaliers ont en réalité augmenté la profitabilité des opérations de contrebande en accroissant les enjeux et en transformant la contrebande en une opération hyperspécialisée et donc très rémunérée.

La conséquence est, comme montré auparavant, l'apparition des organisations criminelles les mieux financées et les plus efficaces de l'histoire de l'humanité. Les fortifications frontalières portent une partie de la responsabilité de cette profitabilité et de cette sophistication. C'est la méga tendance la plus importante façonnant les futurs de la protection de la frontière américano-mexicaine.

Du fait de cette méga tendance, les murs frontaliers représentent l'opportunité financière du siècle pour les cartels de la drogue, et ils permettent l'accélération du

18. N. Pelosi, « Nancy Pelosi on Trump's border wall : "Immoral" », *The Guardian*, 4 janvier 2019.

Hérodote, n° 174, La Découverte, 3e trimestre 2019.

rythme de l'innovation en matière de techniques de contrebande. Comme dans le roman de Jules Verne, lorsque l'on pense les futurs de la protection frontalière, tout se meut au même moment. Chaque kilomètre de mur construit suscite une réponse trumpienne : le traverser, le contourner, passer par-dessus ou passer par-dessous. Dans tous les cas, l'attrait des produits et des services offerts sur le marché noir ne change pas.

D'un autre côté, la fortification de la frontière est devenue la manière préférée d'influencer les représentations géopolitiques des Américains qui perçoivent le monde extérieur aux États-Unis comme une source de menaces. Ces menaces portent à la fois sur la vie de chaque Américain (terrorisme, crimes violents) et sur leur *way of life* car les migrants (légaux ou sans papiers) changent la société américaine à mesure de leur intégration. « Make America great again ! » et « Build the wall ! » ne sont pas deux cris de ralliement indépendants. Ils sont en vérité les deux aspects d'une même représentation géopolitique activée par un communicant très adroit. La nostalgie et l'altérité sont conditionnées dans un signal stigmergique émis par le mur vers l'intérieur des États-Unis. La réponse désirée à ce signal situationnel est un changement des comportements électoraux. C'est la seconde grande méga tendance affectant le futur de la protection frontalière.

En raison de cette seconde méga tendance, l'efficacité des murs frontaliers comme outil identitaire porteur de représentations géopolitiques et de victoires électorales, les murs sont souvent préférés à d'autres techniques de gestion des frontières qui présentent pourtant un meilleur retour sur investissement mais qui ne marquent pas le débat public aussi fortement. Comme nous l'avons démontré dans les parties précédentes, des outils de détection de drones en basse altitude ou de plus nombreux vaisseaux permettant à la Coast Guard de contrer les menaces sous-marines et d'augmenter sa capacité de réponse renforceraient rapidement et grandement la sécurité des frontières du pays. Pourtant, aucune de ces idées n'était sérieusement pensée, discutée ou financée par les acteurs concernés en 2019 lorsque la protection des frontières s'est imposée au cœur du débat politique américain. Au contraire, une diminution du budget de la Coast Guard tenait la corde dans les discussions.

La protection des frontières est une activité de gestion de l'innovation qui inscrit les agences gouvernementales policières et les entrepreneurs criminels dans un dialogue stigmergique de leur propre création. Si le futur de la protection des frontières et celui de la contrebande transfrontalière sont tous deux incertains, les deux méga tendances qui les traversent et les alimentent ne le sont pas.

Au moment de la publication de cet article, le processus de fortification mené par le gouvernement américain reste une politique prévisible qui lie des ressources limitées à une stratégie qui n'a que peu de flexibilité pour s'adapter aux changements des conditions. Nous savons également que les entrepreneurs criminels

Hérodote, n° 174, La Découverte, 3e trimestre 2019.

répondent aux signaux stigmergiques émis par cette stratégie par des outils innovants et bien définis qui peuvent être anticipés ; des entrepreneurs déviants qui n'abandonnent pas lorsqu'ils se trouvent confrontés à un mur vont le traverser, passer par-dessus, par-dessous, ou le contourner pour atteindre l'autre côté.

En guise de conclusion, nous souhaitons proposer une « prévision immédiate » basée sur ces observations. Une politique de fortification qui transforme les territoires aux frontières sans anticiper la réponse aux signaux stigmergiques qu'elle envoie est amenée à succomber, comme ce fut le cas par le passé, aux capacités innovantes d'adversaires intelligents qui s'acclimatent rapidement aux changements géopolitiques communiqués par cette infrastructure fortifiée. Malgré tout, ces mêmes politiques de fortification continuent de recevoir un certain soutien de ceux qui sont « à l'intérieur » du mur. Ceux-ci ont besoin de la manifestation stigmergique physique d'une protection contre les changements identitaires historiques dont les États-Unis font l'expérience pour pouvoir remporter des élections. Les signaux stigmergiques prétendument envoyés par les murs vers « l'extérieur » vont ainsi continuer d'échouer à limiter le comportement des organisations criminelles, mais les signaux des murs vers l'« intérieur » vont prospérer comme outil identitaire géopolitique.

Ce processus, plus que toute autre chose, va façonner le futur de la protection frontalière aux États-Unis.

Bibliographie

CORNELIUS W. A. (2005), « Controlling "unwanted" immigration : lessons from the United States, 1993-2004 », *Journal of Ethnic and Migration Studies*, vol. 31, n° 4, p. 775-794.

DAVIS D. B. (2013), *The Submersible Threat to Maritime Homeland Security*, thèse, Naval Postgraduate School, Monterey.

DENNING P. J. et LEWIS T. G. (2017), « Exponential laws of computing growth », *Communications of the ACM*, vol. 60, n° 1.

DONOHUE R. P. (2016), *US Navy Bloodhounds : Establishing a New Maritime Security Combatant*, thèse, Naval Postgraduate School, Monterey.

DRUCKER P. F. (1998), « Peter Drucker on the profession of management », Harvard Business Press, Boston.

GRASSÉ P.-P. (1959), « La reconstruction du nid et les coordinations interindividuelles chez *Bellicositermes natalensis* et *Cubitermes sp.* La théorie de la stigmergie : Essai d'interprétation du comportement des termites constructeurs », *Insectes sociaux*, vol. 6, n° 1, p. 41-80.

KURRLE R. W. Jr. (2013), *The Effective Business Practices of Mexican Drug Trafficking Organizations (DTOs)*, thèse, Naval Postgraduate School, Monterey.

MOORE G. A. (2014), *Crossing the Chasm, 3rd Edition : Marketing and Selling Disruptive Products to Mainstream Customers*, Harper Business, New York.

Hérodote, n° 174, La Découverte, 3e trimestre 2019.

NIETO-GÓMEZ R. (2013), « The geopolitics of clandestine innovation in the drug business. A framework of analysis to understand adaptation capacities of TCOs », *in* NIETO-GÓMEZ R. (2016a), « A director of the present ? Nowcasting homeland security's challenges », *Homeland Security Affairs*, vol. 14.

NIETO-GÓMEZ R. (2016b), « Stigmergy at the edge : adversarial stigmergy in the war on drugs », *Cognitive Systems Research*, vol. 38, p. 31-40.

RILEY B. et KIERNAN K. (dir.), *The « New » Face of Transnational Crime Organizations (TCOs) : A Geopolitical Perspective and Implications to US National Security*, Joint Chiefs of Staff, Department of Defense, Washington.

SCHMERSAHL A. R. (2018), *Fifty Feet Above the Wall* : *Cartel Drones in the US-Mexico Border Zone Airspace, and What To Do About Them*, thèse, Naval Postgraduate School, Monterey.

STEPHENS-DAVIDOWITZ S. (2017), *Everybody Lies : Big Data, New Data, and What the Internet Can Tell Us About Who We Really Are*, HarperCollins, New York.

VERNE J. (1870), *Twenty Thousand Leagues Under the Sea*, Project Gutenberg.

VERNE J. (1898), « Cable from Jules Verne to Simon Lake », <www.simonlake.com/html/jules_verne.html>.

WEIR G. E. (2001), *Argonaut : the Submarine Legacy of Simon Lake*, John J. Poluhowich, compte rendu d'ouvrage, *ISIS, A Journal of the History of Science Society*, vol. 92, n° 3, p. 628-629.

Hérodote, n° 174, La Découverte, 3e trimestre 2019.

Immigration, post-colonialisme et biopolitique de l'identité au Japon

Philippe Pelletier[1]

Depuis plusieurs décennies, le Japon connaît un phénomène d'immigration beaucoup moins important, sur le plan numérique, que tous les autres pays anciennement industrialisés. Sur le plan géographique, le constat est à nuancer car si, nationalement, le nombre de résidents étrangers (soit 2,5 millions de personnes en 2017) ne représente que 2 % de la population totale, il monte jusqu'à 15 % dans certaines cités industrielles (Toyota, Hamamatsu, Ôizumi...) ou dans l'arrondissement de Shinjuku à Tôkyô, induisant ainsi une certaine visibilité [Le Bail, 2011].

Réduire la question de l'immigration au seul aspect de la présence d'étrangers serait passer toutefois à côté de l'essentiel. Car, au Japon comme dans d'autres pays, elle s'insère dans un cadre plus vaste organisé par « le plus froid des monstres froids » (Nietzsche) : l'État moderne. Sa biopolitique fait des immigrés une variable d'ajustement parmi les impératifs démographiques (natalité, mortalité), socioéconomiques (main-d'œuvre, famille) et politiques (citoyenneté, nationalité). Elle s'insère dans une conception idéologique de l'identité nationale[2].

La sociodicée géohistorique ou le récit géohistorique dominant et ses lacunes

Bien que le Japon ait actuellement besoin de main-d'œuvre et de jeunesse face à un vieillissement démographique accéléré (un quart de la population est âgé de

1. Université Lyon 2, UMR 5600 « Environnement, ville, société ».

2. Cet article n'a pas pour objectif de proposer un état des lieux de l'immigration au Japon, déjà fait, notamment, par un remarquable numéro d'*Hommes & migrations* [Hammouche, Le Bail et Mori, 2013], mais de s'interroger sur ce point.

Hérodote, n° 174, La Découverte, 3e trimestre 2019.

soixante-cinq ans ou plus en 2015, un tiers prévu en 2035), son gouvernement maintient une politique migratoire très restrictive. L'un de ses motifs est la défense de l'identité nationale, *via* plusieurs arguments.

Non seulement il serait difficile de cohabiter avec des Japonais au sein d'une socioculture réputée complexe ou impénétrable, mais toute intégration serait aussi susceptible d'affaiblir cette identité nationale, laquelle, justement, aurait été préservée grâce à une faible immigration. Ce discours est puissant, peu contesté par la population, relayé par les observateurs étrangers, mais il repose sur une sociodicée réécrivant à sa façon l'histoire et la géographie.

Rappelons que le Japon était un empire. Et cela pendant trois quarts de siècle, de 1879 à 1945, vers le nord (Hokkaidô, Sakhaline), l'ouest (Corée, Mandchourie) et le sud (Taïwan, Micronésie). Le Japon contemporain fut donc en contact étroit avec d'autres peuples. Il a également connu, dans ce cadre-là et au-delà, des phénomènes d'émigration ou d'immigration, parfois amples, venant brouiller les discours simplistes sur la nationalité, l'identité nationale ou l'intégration. C'est ce que montrent deux exemples particuliers.

D'abord, entre avril 1948 et mai 1949, la révolte des habitants de l'île coréenne de Cheju, accusés de communisme quand bien même les idéaux anarchistes y sont très présents. Victimes d'une répression impitoyable menée par le régime coréen avant même la guerre qui déchire la péninsule (juin 1950-juillet 1953), vingt mille d'entre eux se réfugient au Japon. C'est à un moment où l'ancien code japonais de la nationalité et la réglementation sur les réfugiés sont encore en vigueur (*cf. infra*), ce qui complique leur situation et celle de leurs descendants jusqu'à nos jours : quel statut leur donner ?

Ensuite, le cas des habitants de l'archipel Ogasawara. Ces îles historiquement inhabitées, véritables *terrae nulliae*, sont identifiées par les Européens (1543), puis par les autorités japonaises (1670, 1675), sous le nom de Munin (Bonin), qui les incorporent dans un fief (1735). À partir de 1824, elles sont à nouveau repérées par des baleiniers occidentaux et revendiquées par les Britanniques (1827). Des colons occidentaux et hawaïens s'y installent à partir 1846. Après l'expédition de Perry (1853), le shôgunat les revendique et les incorpore (1862), puis le nouveau régime de Meiji les rebaptise en « archipel Ogasawara » (1875). La colonisation par des Japonais y est encouragée. L'ensemble de ses habitants, occidentaux, hawaïens, japonais ou métis, sont admis comme des Japonais dès 1882, avant le code la nationalité et la loi de l'indigénat qui, la même année (1899), attribue aux aborigènes Ainu la nationalité japonaise.

Ces deux épisodes, liés à une histoire coloniale et postcoloniale, montrent la complexité d'une conception ethnique de la japonité, contrairement à celle que soutient officieusement le pouvoir japonais au nom de la théorie de l'« unicité de l'ethnie japonaise » (*Nihon tan.itsu minzoku-ron*).

Hérodote, n° 174, La Découverte, 3e trimestre 2019.

Le *kokutai* : la biopolitique du « corps pays »

La constitution de l'Empire japonais est la conséquence de la construction d'un État-nation en miroir de ses homologues européens à partir de la révolution Meiji (1868), sur des bases modernistes et par des moyens probablement plus radicaux et autoritaires que dans n'importe quel pays européen à la même époque. L'objectif est de dissoudre les importantes différences régionales de l'archipel japonais afin de bâtir « un pays riche, une armée forte » (*fukoku kyôhei*) et d'« accroître la production et l'industrie » (*shokusan kôgyô*)[3]. Pour cela, il faut « révérer l'empereur, chasser les barbares » (*sonnô jôi*) au nom du principe « esprit japonais, techniques occidentales » (*wakon yôsai*).

Un concept unifiant, lancé par les nativistes de l'école de Mito, est alors mobilisé par le pouvoir : le *kokutai*. Difficile à traduire, il est composé de deux syngtames : *koku* (que l'on peut également lire *kuni*) signifie le « pays », un peu comme en français, c'est-à-dire à la fois la contrée, l'État et la nation ; *tai* (que l'on peut également prononcer *karada*) signifie le « corps ». Mieux que l'expression d'« essence nationale », par laquelle il est généralement traduit, *kokutai* est donc le « corps-pays », voire le « corps national ».

Il revêt une quadruple dimension : physique (l'enveloppe géographique qui correspond au territoire des habitants), charnelle (biologique, les personnes), spirituelle (les sentiments, les mœurs) et symbolique (l'enjeu qu'il constitue). En tant que « corps national », il se distingue *ipso facto* de tout « corps étranger », plaçant fatalement l'immigration dans une situation d'altérité radicale.

Il prend également la forme idéologique de l'« État-famille » (*kokka-kazoku*) à partir de la fin du XIXe siècle. Car, selon le rescrit impérial sur l'éducation (*Kyôiku chokugo engi*) de 1892, l'État (*kokka*) – soit la « maison (*ka/ie*) du pays (*koku/kuni*) » – est une extension de la « maisonnée » (*ie*). L'empereur, « souverain du ciel » (*tennô*), y est considéré comme le « chef du foyer » (*kachô*), un père protégeant et commandant ses enfants.

Les questions de la lignée et de la pureté se chevauchent à propos de l'identité nationale et de l'immigration. Anthropologiquement, la pureté et son opposé, la souillure, constituent deux adjuvants puissants au Japon, alimentés par le shintô et le bouddhisme. Elles interpellent le sang et la mort, donc ce qui relève de la sexualité (menstrues, accouchement) et de la vie (fécondité, natalité et mortalité) : éléments biopolitiques qu'il faut éviter ou contrôler. Le corps féminin, tout

3. Cette référence à la « croissance » que l'on peut faire remonter au « révéler la nature des choses » (*kaibutsu*) néoconfucéen des XVIIe et XVIIIe siècles remet en cause la théorie, notamment prônée par Gilbert Rist, selon laquelle l'idée de « croissance » serait par essence « occidentale » et qu'elle remonterait principalement à la doctrine Truman de 1949 [Pelletier, 2012].

Hérodote, n° 174, La Découverte, 3e trimestre 2019.

particulièrement, se trouve au centre des enjeux. Or la société japonaise contemporaine est dirigée par des hommes, à commencer par l'empereur.

La question de la filiation est traitée d'emblée par le nouveau régime, dès 1872, car elle est essentielle pour deux raisons. D'une part, il s'agit de fixer la population japonaise par un état civil adapté. La loi dite *Koseki-hô* du 4 avril 1872 oblige donc les habitants à s'inscrire sur un « registre de foyer » (*koseki*) dans les mairies. Y sont mentionnés naissance, mariage, adoption, divorce et décès par « foyer » (*ko*, lu également *to*, soit la « porte » [de la maisonnée]), le tout sous la houlette d'un « chef de foyer » (*koshu*) [Chapman, 2011]. Le principe d'enregistrer la population existe déjà sous la féodalité avec ses quatre registres (statuts, religion, quartier, décès), mais, sous Meiji, trois nouveautés sont introduites ou, plutôt, deux nouveautés et demie.

La première est la fusion de tous les registres, à ceci près (d'où le « demi ») que certaines catégories de population se voient attribuer une dénomination spécifique qui maintient une discrimination sociale. C'est le cas des parias requalifiés en « nouveaux plébéiens » (*shin-heimin*) depuis l'« édit abolissant le servage » (*Senmin haishirei* du 12 octobre 1871), ou encore des Ainu dont le patronyme est japonisé. La lignée est ensuite définie par un nom de famille, principe jusque-là réservé aux classes dominantes (aristocratie et stratocratie). Enfin, désormais, le seul « chef de famille » (*koshu*) reconnu est un homme, dont la lignée et l'héritage vont au fils aîné. Cette nouveauté agnatique balaie tous les autres systèmes existant au Japon selon les régions ou les classes, y compris d'ultimogéniture ou de succession féminine.

Selon le préambule de la loi, « tous ceux qui ne sont pas enregistrés ou recensés ne peuvent pas recevoir la protection du gouvernement et se placent en dehors de la nation. Les gens doivent s'inscrire sur le registre familial » [Kondo, 2016, p. 2]. Seule l'inscription sur le *koseki* donne le droit à la citoyenneté et à la nationalité.

La famille impériale, d'autre part, articule l'ensemble. Présentée comme une « lignée continue au cours de dix mille ans » (*bansei ikkei*), elle devient un élément de double supériorité. Interne : face aux autres familles japonaises qui ne peuvent se prévaloir d'une telle ancienneté reconnue par les récits mythologiques, commandités autrefois par la monarchie et admis comme des vérités historiques jusqu'en 1945 (*Kojki* de 712, *Nihonshoki* de 720). Externe : face aux pays étrangers qui ne peuvent se prévaloir d'un tel passé, à commencer par l'Empire chinois, mais aussi la Russie tsariste ou le Royaume-Uni victorien.

Hérodote, n° 174, La Découverte, 3e trimestre 2019.

L'enveloppe géographique et anthropologique de la nationalité

La conception moderne et juridique de la nationalité/citoyenneté japonaise se met en place au cours des années 1871-1899, au moment de la première étape de la territorialisation étatique moderne (création officielle du Bureau de la colonisation – *Kaitakushi* – en Hokkaidô, terre ainu, et intégration d'Okinawa la même année, soit 1879) et au début de la deuxième (colonisation de Taïwan en 1895). La Constitution du 11 avril 1889 instaure des « sujets du Japon » (*Nihon shinmin*) en insistant sur les devoirs envers l'empereur et l'État.

L'enveloppe géographique du corps national est peu à peu définie en deux ensembles. Le *Naichi* (Terre intérieure, que l'on peut également appeler Métropole), correspond au territoire étatique japonais d'avant le traité de Shimonoseki de 1895. Les *Gaichi* (Terres extérieures) sont des colonies, au nombre de cinq. Les trois premières sont sous la souveraineté exclusive de l'État japonais : Taïwan (depuis 1895), Karafuto (partie méridionale de Sakhaline, depuis 1905) et la Corée (depuis 1910). Les deux dernières ont une souveraineté définie par des accords internationaux : le Nan.yô (la Micronésie, ex-colonie allemande passant sous mandat japonais en 1919) et le Kantoshu qui devient, par élargissement, le Manchukuo en 1933 [Matsunuma, 2016, p. 216][4].

Sous la féodalité, le statut d'étranger est conféré non pas sur des critères linguistiques ou religieux, mais par l'allégeance politique à telle ou telle couronne. S'y superpose la dualité, héritée de la Chine et du sinocentrisme, entre « civilisés et barbares » (*kai.i*), où le critère de civilisation repose sur l'adoption de l'écriture sinisée (idéographique) et de certains rites (mœurs, coutumes) [Rabut, 2010].

La colonisation de Hokkaidô argue du principe de *terra nullius* (*mushu no chi*) grâce à l'ordonnance de régulation foncière (*Jisho kisoku-rei*) de 1872. Mais elle fait face à la présence aborigène : que faire des Ainu ? Deux lignes politiques s'opposent. L'une est favorable à l'intégration (assimilation par l'école et la langue japonaises), l'autre à l'extinction (la dépossession s'accompagne de maladies ou d'alcoolisme, on laisse mourir) [Clercq, 2017]. Les deux recherchent une légitimité savante : doit-on considérer les Ainu comme des ancêtres des Japonais, même lointains, ou bien comme une ethnie totalement à part ?

Les théories s'affrontent sur un terrain d'autant plus tendu que, selon l'histoire officielle liée à la famille impériale, celle-ci a toujours été en lutte contre cette peuplade « barbare ». L'anthropologie physique est mobilisée au même moment où

4. Les départements de Hokkaidô et d'Okinawa, que l'on peut considérer comme des « colonies intérieures », sont alors parfois considérés métagéographiquement comme *gaichi*, et leur mue en *naichi* s'effectue après 1945 pour le premier, et plus ou moins après 1972 pour le second.

CARTE 1. – LA SPHÈRE DE COPROSPÉRITÉ DE LA GRANDE ASIE ORIENTALE

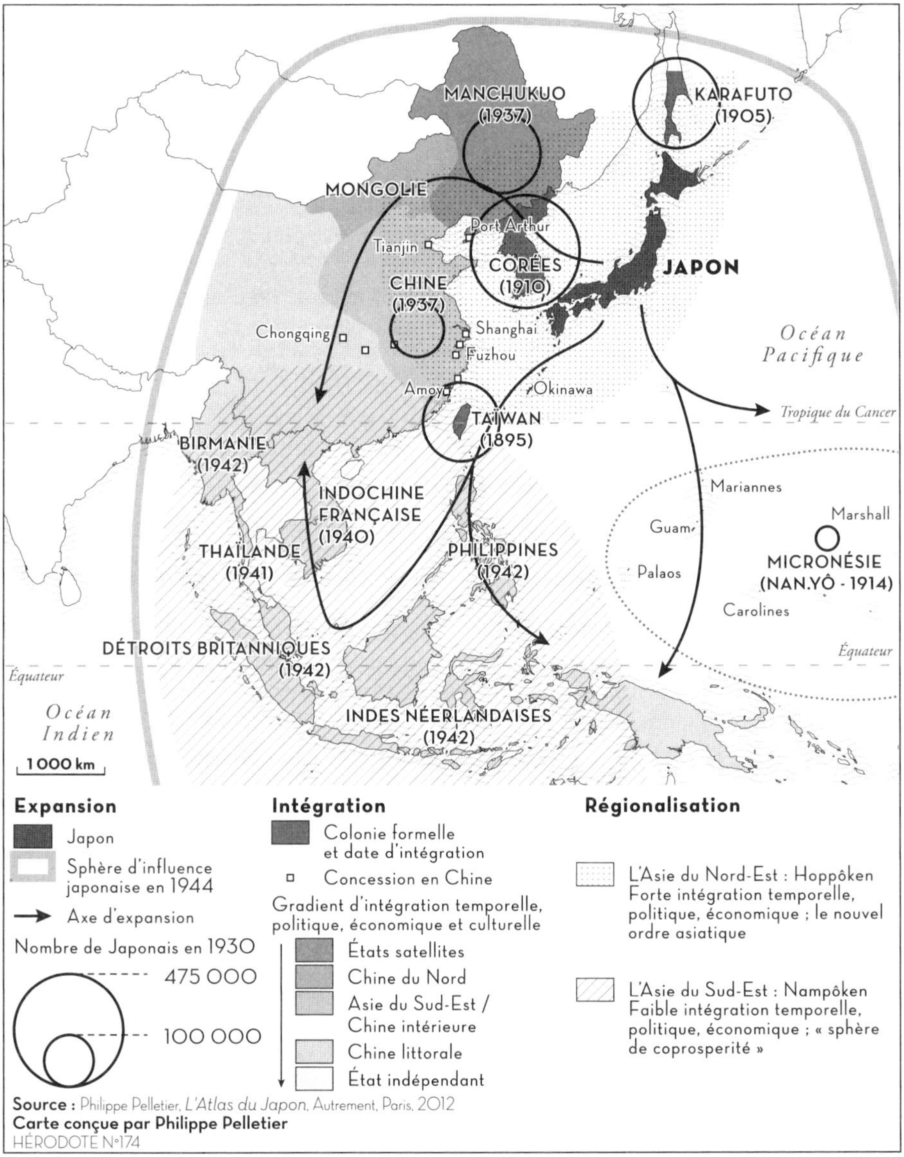

Hérodote, n° 174, La Découverte, 3e trimestre 2019.

elle rencontre son heure de gloire en Europe. Pratiquement inconnue jusque-là au sein du monde sinisé, l'idée de « race » est ainsi introduite, et traduite par un terme signifiant « variété » (*jinshu*), comme pour une plante [Kowner et Demel, 2013]. Elle s'accompagne d'un social-darwinisme confondant supériorité raciale et niveau de civilisation, sur fond de « lutte pour l'existence » et « survie des plus adaptés ».

Les manuels scolaires, imposés au sein d'une école désormais obligatoire, présentent les catégories raciales établies par les Européens. Même si certains rédacteurs, comme Fukuzawa Yukichi (1835-1901), proposent une approche en niveaux de civilisation, la confusion entre les deux registres est fréquente [Takezawa, 2015]. « Alors que la distinction conceptuelle entre race et ethnie semble assez claire, la littérature abonde en contre-exemples » à partir de la fin du XIXe siècle [Weiner, 1995, p. 433]. Même un historien éminent, et influent, comme Kume Kunitake (1839-1931) mêle les considérations physiologiques et culturelles.

La bipolarité traditionnelle entre « civilisés et barbares » se mâtine ainsi de racialisme. Le repli sur l'archipel japonais pendant deux siècles est considéré comme un facteur d'homogénéisation de la culture, de l'identité voire de la race elle-même selon le panachage de tel ou tel auteur. Inversement, la « réouverture du pays » (*kaikoku*) à partir de 1853 pose d'emblée, mais toujours sur le fond des traités inégaux et de la supériorité matérielle des Occidentaux, la question des nouveaux étrangers : que doit-on en faire, peut-on accepter les mariages mixtes et les métis ? Les concessions internationales imposent une présence étrangère sur le sol japonais, mais ne seraient-elles pas un moyen commode de la tenir à l'écart et de préserver le peuple sinon la race japonaise ?

Le « mariage entre "*insider*" (*naijin*) et étranger (*gaijin*) » est autorisé en 1873, mais ce point qui est une concession envers les Occidentaux reste encore marginal. En revanche, la question de la « résidence mixte » (*naichi zakkyo*), mot à mot de la « cohabitation interne » mêlant Japonais et étrangers, suscite un virulent débat dans l'opinion publique et parmi les dirigeants à la fin du XIXe siècle [Oguma, 2002, p. 16-30]. Pour les plus nationalistes, il faut défendre le Japon et son sol de l'empreinte étrangère, voire protéger les travailleurs d'une immigration qui serait davantage corvéable. Pour d'autres, relevant du courant libéral, l'abolition des traités permet un alignement sur les pays occidentaux, l'abandon des enclaves et de l'extraterritorialité, à condition que les étrangers résidant au Japon se plient à la loi japonaise. Ils l'emportent, et les « concessions internationales » (*gaikokujin kyoryûchi*) disparaissent en 1899, l'année même où est promulgué le code de nationalité.

Hérodote, n° 174, La Découverte, 3e trimestre 2019.

L'affirmation ethnique et patriarcale de 1899

Une décennie après la promulgation de la Constitution (1889), sont adoptées coup sur coup quatre mesures biopolitiques cruciales, définissant l'identité nationale et le rapport à l'immigration : le Code civil (1898), la première loi sur la nationalité, la première loi concernant le statut des Ainu et une ordonnance sur l'immigration (1899).

Le Code civil définit la famille juridique en tant que « maisonnée » (*ie*) qui ne peut exister sans un « chef de foyer » (*koshu*) exerçant son « autorité » (*koshu-ken*) sur les autres membres. Il ne s'agit pas forcément du père, mais le rôle de celui-ci est renforcé selon un compromis entre un modèle patriarcal et un modèle conjugal intégrant la famille nucléaire, laquelle sera consacrée avec l'abolition du *ie* en 1946 [Konuma, 2011].

La Loi sur la nationalité (*Kokuseki-hô*) du premier avril 1899, résultant de treize années de préparation, s'appuie sur le Code civil. Elle introduit le *jus sanguinis a patre*, autrement dit le droit du sang sur le mode patrilinéaire. Dans l'ancien système familial, ce n'était pas le « sang » qui comptait (pour reprendre l'archaïque quoique fausse conception de l'hérédité), mais le « nom », la lignée. Cela favorisait d'ailleurs l'adoption, notamment au sein de l'aristocratie imitée par les guerriers (autrefois) puis par la haute bourgeoisie [Lebra, 1989]. Mais, désormais, le refus du *jus soli* permet une ethnicisation patriarcale de la nationalité japonaise, tandis que la double nationalité est impossible[5].

Ce choix est fondamental car, malgré la nouvelle loi de 1950 et sa modification en 1984 qui reconnaît la matrilinéarité, il structure encore l'identité officielle (juridique et politique) de l'être japonais. Son nom complet, qui est *Kuni no koseki*, fait explicitement référence au principe d'enregistrement de l'état civil de 1872 (*koseki*). « Le code de la nationalité de 1899 définit donc la qualité de national par une double appartenance à la famille et à l'État, le premier lien étant susceptible de contribuer à renforcer le second » [Gonon, 1995, p. 306].

Il s'agit aussi de franchir une étape supplémentaire en intégrant les Ryûkyâns, les Ainu, et de traiter le cas des expatriés. Les hommes du département d'Okinawa sont désormais incorporables dans l'armée en 1898, alors que la conscription militaire est instaurée depuis le 28 décembre 1872. Les émigrés japonais, qui sont de plus en plus nombreux à la fin du XIXe siècle, sont poussés à renoncer à la nationalité japonaise, bien qu'ils ne le puissent pas toujours en fonction du pays d'accueil, d'où des modifications ultérieures de la loi japonaise (1916, 1923) [Murazumi,

5. Le *jus soli* ne s'applique que dans le cas d'enfant né de parents inconnus, ou bien apatrides, ou bien de mère japonaise sans reconnaissance du père.

Hérodote, n° 174, La Découverte, 3e trimestre 2019.

2000]. Quant à l'ordonnance sur l'immigration, elle entend réduire la possibilité d'une venue de Chinois.

L'ancien système de la lignée, maintenu dans les mœurs et les esprits, est cependant déstabilisé par le caractère individualiste d'une société industrielle moderne faite de citoyens votant (suffrage universel masculin à partir de 1925, féminin à partir de décembre 1945), de travailleurs salariés et de conscrits (au lieu d'une classe de *samurai*). Le pouvoir impérial japonais est également pris dans une autre contradiction : avoir des colonies, certes, mais doit-on transformer les populations locales en Japonais ?

L'archipélarité de la colonisation japonaise entraîne une déclinaison spatio-temporelle, donc différentielle, de cette problématique. La Loi de protection des anciens autochtones de Hokkaidô (*Hokkaidô kyûdojin-hô*) du 2 mars 1899 repose sur le principe de l'« assimilation » (*dôka*, mot à mot la « mêmisation »), *via* trois axes (sédentarisation par l'agriculture, instruction, assistance médico-sociale). Elle accorde la nationalité japonaise aux Ainu [Clercq, 2017].

La colonisation de Taïwan, à partir de 1895, sert de laboratoire partiel à celle de la Corée, tandis que deux logiques, en gros, s'affrontent [Matsunuma, 2016]. La première, différentialiste, cherche à faire de la colonie un territoire à part, distinct du Naichi, placé sous le contrôle tout-puissant du gouverneur général et de l'armée. La seconde, assimilationniste, vise à l'intégrer tôt au tard au Japon, donc à « étendre le Naichi » (*Naichi enchô*), donc à le japoniser, mais sous le contrôle de la Diète et du gouvernement central. Son mot d'ordre, qui s'amplifie à partir de 1937, de *Naisen-ittai*, soit « Japon-Corée, un corps » (ou, plus exactement, le *Naichi*, plus la Corée *Chôsen* abrégée en *Sen*, et *tai*, le corps), fait explicitement référence au *kokutai* [Caprio, 2009].

La première vision, plus autoritaire, a la préférence des secteurs militaires, mais pas de tous, et elle prévoit parfois l'option de l'indépendance (tentative du Manchukuo), tandis que l'aile libérale et parlementariste soutient plutôt la seconde, y compris sous des aspects démocratiques. D'un côté, la conception de la nationalité et de l'ethnicité japonaises est restrictive, ethnique sinon raciste, tandis que, de l'autre, elle est extensible. Le paradoxe est que la conception restrictive, portée par les courants les plus ultras des militaires et des nationalistes, triomphera vraiment après 1945 au Japon même, délesté de ses colonies et donc de ses options possibles.

La première vision l'emporte à Taïwan de 1896 à 1921. Mais elle ne concerne pas la Corée qui est régie par des lois spécifiques, ainsi que pour l'état civil et la citoyenneté. Puis, à partir de 1937, le gouvernement japonais renforce l'assimilation des Coréens, avec la politique dite de *kôminka* (« impérialisation des sujets ») puisqu'il a besoin de soldats, de prostituées et de travailleurs. Il prône donc la japonisation (langue, instruction), et autorise les Coréens à s'engager volontairement dans l'armée (1939) puis obligatoirement (1942).

Hérodote, n° 174, La Découverte, 3e trimestre 2019.

L'un des objectifs de la loi de 1899 vise aussi à empêcher les émigrants coréens qui partent vers la Mandchourie, de plus en plus nombreux (un million et demi en 1924), de prétendre à la nationalité japonaise. En revanche, les immigrés coréens résidant dans le Naichi, doivent s'inscrire sur le *koseki*, et, pour cela, japoniser leur patronyme. En 1944, ils obtiennent le droit de vote – qu'ils perdent lorsque le Japon recouvre sa souveraineté et qu'il édicte sa nouvelle loi sur la nationalité du 4 mai 1950.

Celle-ci, conformément à la Constitution du 3 mai 1947 qui s'adresse aux « nationaux du Japon » (*Nihon kokumin*), maintient le principe du *jus sanguinis*. Elle maintient l'interdiction de la double nationalité, refus caractéristique d'une conception de l'identité nationale[6]. Dans la foulée, le 4 octobre 1951, est promu un décret sur le contrôle de l'immigration et les réfugiés [Chapman, 2011]. Toute « personne qui n'a pas la nationalité japonaise » y est désignée, dans sa traduction anglaise officielle, non pas sous le terme convenu, et convenable, de *foreigner*, mais de *alien*. Cette terminologie qui existait encore il y a peu de temps sur les panneaux des guichets d'immigration à l'aéroport international de Tôkyô, en dit long sur la mentalité des législateurs et des dirigeants japonais quant aux étrangers.

Lignée impériale et unicité raciale

L'empereur, placé à la base de tout, doit donner l'exemple. Après une vingtaine d'années de tergiversations, son statut est défini par la Constitution de 1889 qui affirme le principe d'une « lignée ininterrompue et éternelle » de la dynastie impériale (*bansei ikkei*). La loi sur la Maison impériale, corollaire, consacre l'agnation en éliminant toute idée de succession féminine, malgré la dizaine de cas précédents dans l'histoire. La loi ultérieure du 16 janvier 1947 maintient la succession agnatique, avant même que ne soit promue la nouvelle Constitution de l'après-guerre qui sauve à la fois le système monarchique et la personne de l'empereur Hiro-Hito, exonéré de tout jugement pour sa participation belliciste.

Le rescrit de 1892 considère l'empereur comme « chef de maisonnée » (*kachô*), instaurant un patriarcat qui domine concrètement et symboliquement l'épouse, la mère et la fille. À partir de la fin du XIXe siècle, les femmes sont promues reproductrices de bons citoyens, soldats et travailleurs japonais, tandis qu'est discrètement aboli le concubinage impérial en 1924. Il s'agit, pour le pouvoir, de les restreindre au foyer et à l'éducation. Sont peu à peu remises en cause les

6. Murazumi Mie parle même de l'« aversion japonaise pour la double nationalité » [Murazumi, 2000, p. 425].

Hérodote, n° 174, La Découverte, 3e trimestre 2019.

quelques latitudes dont elles disposaient sous la féodalité, avec de grandes différences selon les régions et les classes sociales, en matière de famille (possibilité de divorce), de maternité (avortement) ou de sexualité (mœurs plus ou moins libres).

Alors que les nouveaux penseurs masculins (Fukuzawa Yukichi, Mori Arinori, Ueki Emori...) prônent l'égalité des sexes et la monogamie à partir de l'exemple occidental (John Stuart Mill), le régime devient de plus en plus autoritaire et patriarcal [Kiguchi, 2005]. Il entérine légalement des injustices et une vision qui jusque-là concernaient surtout « l'élite », en les étendant à toutes les couches féminines par le biais du droit, de la scolarisation, de l'alphabétisation, du développement de la presse et du monde de l'édition [Dodane, 2000, p. 172-186]. Les premières revendications féministes, avancées par des militantes du Mouvement pour la liberté et les droits du peuple (*Jiyû minken undô*), comme Kishida Toshiko ou Fukuda Hideko, ne sont pas écoutées, et sont défaites avec le mouvement.

Le slogan de *ryôsai kenbo* (« bonne épouse, mère avisée ») donne au régime de Meiji le ton de sa biopolitique genrée. Il est dû, en 1875, à Nakamura Masanao (1832-1891), éducateur et penseur confucéen converti au christianisme (1874). Décliné à satiété et à tous les niveaux de la vie sociale, dans les écoles, les médias et les sphères politiques, il est repris en 1899 par Kikuchi Dairoku (1855-1917), président de l'Université impériale de Tôkyô (1889-1901) puis ministre de l'Instruction publique (1901-1903) [Germer *et al.*, 2014].

Ces deux personnages, lettrés classiques mais bons connaisseurs de l'Occident, incarnent le mélange entre valeurs traditionnelles et valeurs modernistes propres à un État-nation d'un nouveau type où il faut, par exemple, « mourir pour la patrie » alors que, autrefois, les samurais ne se sacrifiaient que pour leur seigneur, et que l'idée même de patrie était inconnue. Selon le slogan de *ryôsai kenbo*, l'éducation des enfants est ainsi considérée comme un « devoir patriotique ».

Le concept de *minzoku*, qui correspond *grosso modo* au terme germanique de *Volk*, s'impose peu à peu. Bien que d'orientation ethnoculturelle, il ouvre la voie à des considérations racialistes du type « race homogène », « race supérieure » ou « race pure ». L'affirmation d'une homogénéité ethnique repose sur la coupure radicale de l'ethnie Wajin, ou « gens de Yamato », futurs « Japonais », avec d'autres ethnies, comme les Ainu. Mais, chez certains auteurs ou dirigeants japonais, elle n'est pas incompatible avec la reconnaissance d'un long mixage de différentes ethnies au cours de la préhistoire et de la protohistoire.

L'homogénéité devient alors le symbole d'une capacité d'intégration. Elle légitime un projet asiatiste de colonisation et d'assimilation, qui est renforcé par le refus de la SDN de reconnaître l'amendement sur l'« égalité des races » proposé par le Japon [Shimazu, 1998]. Le complexe d'infériorité envers la « race blanche » s'efface au profit d'une affirmation identitaire asiatique ou nippone.

Hérodote, n° 174, La Découverte, 3e trimestre 2019.

L'eugénisme, qui arrive de l'Occident dès 1872 et qui prend son essor au début du XXe siècle, joue sur les deux tableaux [Oguma, 2002, chap. 13]. Pour les uns, comme l'universitaire Unno Kôtoku (1879-1954), qui se réfère à Ernst Haeckel, le fondateur de l'écologie (1866) et social-darwinien partisan des races, il faut maintenir la pureté de la race tout en se méfiant de la consanguinité. Il convient donc de réguler le métissage, mais pas avec n'importe qui : avec la « race » (*jinshu*) des pays voisins, ethniquement proches, avec lesquels l'« ethnie » (*minzoku*) *wajin*, supérieure, ne peut craindre l'absorption. En revanche, pour Tôgô Makoto, un haut responsable de l'administration coloniale taïwanaise, il faut bannir tout mariage « inter-racial », éviter tout métissage, et donc pratiquer un apartheid.

Les deux tendances s'affrontent au sein des deux sociétés eugénistes, la Nippon yûsei-gakkai (Société savante eugénique du Japon), fondée en 1924, et la Nippon minzoku eisei-gakkai (Société savante d'hygiène ethnique du Japon), fondée en 1930, qui refuse tout métissage. Toutes les deux accordent beaucoup d'importance à la question des groupes sanguins, un aspect considéré de nos jours encore au Japon comme reflétant des caractères phénotypiques ainsi que des traits de comportement.

La tendance la plus radicale ne l'emporte pas avant 1945, car elle contrevient à la politique asiatiste officielle de mélange des ethnies asiatiques dans le cadre du projet impérial japonais. L'ascendance en partie coréenne de l'empereur, remontant à l'Antiquité, est même évoquée sans tabou au cours de cette période. La politique antijuive des nazis est sévèrement critiquée, bien que *mezzo voce* pour des raisons diplomatiques en vertu du Pacte tripartite (27 septembre 1940). Certains partisans de l'ultradroite japonaise sauvent même des Juifs en Chine pendant la guerre.

Après plusieurs tentatives depuis 1934, les eugénistes parviennent en partie à leurs fins avec la Loi d'eugénisme national (*Kokumin yûsei-hô*) du 1er mai 1940, qui restreint notamment l'avortement et permet la stérilisation forcée des malades mentaux [Robertson, 2002]. Il s'agit surtout, pour le pouvoir, de redresser la natalité, puisque, face à la pression sociale du « croissez et multipliez » (*umeyo fuyaseyo*), promu comme slogan officiel en 1939, les femmes ont réduit leur fécondité dès les années 1920.

L'idée de la pureté raciale ne disparaît toutefois pas. Elle réapparaît immédiatement après la défaite lorsque certains dirigeants japonais veulent empêcher les soldats alliés de se jeter sur les femmes japonaises. Le 18 août 1945, trois jours après la reddition, un représentant du ministère de l'Intérieur, dans un discours prononcé devant le palais impérial, demande ainsi aux collectivités locales d'ouvrir des centres de prostitution. Car, « grâce au sacrifice de milliers d'*okichi* [métaphore de la servante dévouée], nous établirons une barrière pour écarter la

Hérodote, n° 174, La Découverte, 3e trimestre 2019.

folle frénésie des troupes d'occupation afin de cultiver et de maintenir pour le futur la pureté de notre race (*minzoku no junketsu*) » [Seisen jogakuen, 2007][7].

L'Association spéciale pour la récréation et l'amusement (Tokushu ian shisetsu kyôkai), aussitôt fondée, enrôle 55 000 femmes attirées par différents moyens qui insistent sur leur rémunération à un moment de misère économique (annonces dans les journaux, rabattage par les yakuzas...). Elle est fermée le 26 mars 1946, sous la pression des organismes puritains américains, mais la prostitution se poursuit, dont l'interdiction est décrétée dix ans plus tard, le 24 mai 1956.

Le pays, en partie dévasté par la guerre et en proie à une famine larvée, doit en outre accueillir les six millions de rapatriés des colonies. La Loi de protection eugénique (*Yûsei hogo-hô*) du 13 juillet 1948 permet des formes de stérilisation (abolies le 18 juin 1996). Elle élargit le droit à l'avortement, y compris pour des motifs économiques avec l'amendement de mai 1949, ce qui en fait un moyen de maîtriser la natalité[8]. Mais la transition démographique est déjà enclenchée depuis une quinzaine d'années. Grâce à la méthode Ogino (1924 et 1928), notamment, la contraception est amplement pratiquée.

Unicité ethnique et insularité

Après la défaite de 1945 et la perte des colonies, le Japon doit à nouveau se replier sur lui-même, mais contrairement au XVIIe siècle, par exemple, ce phénomène est non pas voulu, mais subi. Or l'élite au pouvoir est issue de celle qui a mené au désastre, et ses héritiers, incarnés par la famille Abe de l'actuel Premier ministre, sont toujours à sa tête. Elle conserve ses valeurs nationalistes qui, débarrassées des options impérialistes et colonisatrices, sont appliquées à l'intérieur du Japon sur fond de revanche économique, d'autant plus durement que l'allié américain approuve.

Elle doit faire oublier, aux yeux des Japonais comme des autres peuples, sa propre responsabilité dans l'escalade belliciste, dont elle n'est d'ailleurs pas elle-même persuadée, ce que permettent les destructions atomiques posant le Japon en victime d'un nouveau genre ainsi que le sauvetage américain du système impérial.

7. L'initiative est lancée par le prince Konoe Fumimaro (1891-1945), Premier ministre avant la guerre du Pacifique, financée par Ikeda Hayato (1899-1965), futur Premier ministre (1960-1964), alors haut dirigeant de la Banque hypothécaire du Japon, et relayée par un dirigeant policier, Saka Nobuyoshi (1898-1991), qui se tourne alors vers les ultranationalistes proches des yakuzas, notamment Kodama Yoshio (1911-1984) et Sasakawa Ryô.ichi (1899-1995).

8. La contraception chimique est prohibée, notamment à cause du lobby médical qui souhaite conserver les revenus des opérations d'IVG (interruption volontaire de grossesse).

Hérodote, n° 174, La Découverte, 3e trimestre 2019.

Il faut en masquer les conséquences tangibles sur le sol japonais, notamment la présence des trois millions d'immigrés, dont la plupart sont venus de force ou poussés par la misère coloniale.

Le cas des Taïwanais, bien que compliqué par la création de la République populaire de Chine (1949), ne pose pas trop de problèmes, ne serait-ce que parce qu'ils sont moins nombreux [Vasishth, 1997]. En revanche, la situation est plus ample et plus complexe pour les Coréens vivant au Japon, désormais appelés Zainichi par commodité et simplification, c'est-à-dire « présents au Japon » (sous-entendu : Coréens) [Ryang, 2000 ; Weiner, 2004, 2e partie].

Tandis que 1 700 000 Coréens choisissent de rentrer chez eux entre 1945 et 1946, 600 000 restent au Japon. Ils vivent dans une situation de misère et de discrimination qui les entraîne, bien souvent, à se lancer dans des trafics illicites (jeu, marché noir, prostitution...). Cette marginalisation peut les rapprocher des yakuzas et, paradoxalement, des ultranationalistes nippons. Bien qu'étant d'ascendance coréenne, les leaders du principal gang, celui de Yamaguchi-gumi, incarnent ainsi les valeurs du Japon des samurais et du nihilisme conservateur nippon.

Puis la guerre déchire la péninsule (1950-1953), le Japon recouvre sa pleine souveraineté en avril 1952, et la nouvelle loi de 1950 met *ipso facto* les Zainichi hors jeu en n'attribuant la nationalité japonaise qu'aux ascendants patrilinéaires japonais. Avant que ne soit signé le traité entre le Japon et la Corée du Sud en 1965, des milliers de Zainichi se retrouvent ainsi apatrides tandis qu'aucun accord de paix n'est signé avec la Corée du Nord.

Une partie d'entre eux cherchent à se faire naturaliser japonais. Mais la procédure est longue et cette démarche suscite de l'hostilité auprès de la communauté coréenne qui n'oublie pas le passé colonial et leur identité nationale. Les Zainichi qui ont la nationalité sud-coréenne ou ceux qui sont d'origine taïwanaise, se voient attribuer une « autorisation spéciale de résidence » (*zairyû tokubetsu kyoka*), sorte de permis de séjour, dont la durée de validité est progressivement étendue. Les autres, qui généralement relèvent de la Corée du Nord, doivent s'inscrire sur un « registre coréen » (*chôsen-seki*), mais qui n'est pas reconnu par la Corée du Nord. Jusqu'en 1993, ces deux groupes doivent donner leurs empreintes digitales pour recevoir leur permis. Cette procédure biopolitique est abandonnée à la suite d'un long mouvement de protestation, mais elle est réintroduite après les attentats du 11 septembre 2001, cette fois pour tous les visiteurs entrant au Japon.

L'unicité de l'ethnie japonaise, l'originalité de son peuple et son isolement insulaire sont alors censés expliquer ce qui doit être considéré comme le « miracle japonais » dans la perspective américano-japonaise d'un modèle présentable à un tiers monde trop séduit par le socialisme. L'insularité est à nouveau revue sous un angle négatif de petitesse, d'étroitesse du territoire, de manque d'espace, de médiocrité des ressources naturelles, tout en étant valorisée par son rôle, selon un

Hérodote, n° 174, La Découverte, 3e trimestre 2019.

anthropologue réputé, dans la « non-interruption d'une tradition limitée aux îles japonaises pendant plus d'un millénaire » [Ishida, 1969]. La théorie de l'ethnie mixte, prônée avant 1945, est abandonnée, d'autant que de nouveaux éléments sont fournis pour la contredire [Pelletier, 2010].

En 1948, le médecin anthropologue Hasebe Kotondo (1882-1969), auparavant connu pour ses positions racialistes, affirme ainsi que les ossements archéologiques de l'homme d'Akashi prouvent que les Japonais ne constituent pas une ethnie mixte. Le fait que les ossements originaux ont disparu dans les bombardements lui facilite la tâche... D'autres anthropologues comme Kiyono Kenji (1885-1955) renchérissent ou actualisent la théorie « uniciste » (Nezu Masashi, Koshiro Shûichi...).

Hasebe loue les vertus des peuplades Jômon considérées comme les premiers occupants de l'archipel japonais, position que l'on retrouve chez tous les partisans actuels des racines ancestrales du Japon comme Umehara Takeshi (1925-2019). Les tenants de l'unicité ethnique d'avant 1945 défendent le système impérial, reconverti en symbole du peuple japonais dans le nouveau cadre démocratique (Tsuda Sôkichi, Watsuji Tetsurô, Kiyono Kenji...). Pour la sociologue Nakane Chie, « au Japon, la raison pour laquelle le choc culturel est sévère s'explique par le fait que la société japonaise est mono-ethnique. C'est un pays insulaire, et il n'interagit pas avec d'autres cultures. L'opportunité de connaître d'autres systèmes, autres que japonais, est inexistante » [Nakane, 1972].

New comers et dissonance cognitive

Depuis le milieu des années 1980, une immigration de travail apparaît au Japon, appelée *nyûkâmazu* (de l'anglais *new comers*) pour la distinguer de l'immigration antérieure à 1945 (*old comers*). Elle concerne surtout de jeunes adultes occupant des emplois faiblement rémunérés et qualifiés, dits des « 3 K » – *kiken* (dangereux), *kitanai* (sale), *kitsui* (dur) –, au sein d'une économie qui se tertiarise et se financiarise. Le gouvernement japonais est tenu par les partisans d'une ligne très nationaliste incarnée par le Premier ministre Nakasone Yasuhiro, célèbre pour avoir réaffirmé publiquement, lors d'un conclave de son parti en septembre 1986, que « le Japon est un État d'ethnie unique » (*Nihon wa tan.itsu minzoku kokka*). Il se prononce alors pour une immigration choisie d'après des critères ethniques.

Selon son postulat, il faut une population semblable aux Japonais pour que les deux cohabitent. Il se tourne vers les « descendants des Japonais » (*Nikkeijin*, mot à mot « personnes de lignée japonaise ») qui sont partis lors des deux vagues d'émigration (début du XXe siècle, années 1950), en particulier ceux de l'Amérique du Sud qui connaît parallèlement des difficultés économiques (Brésil, Pérou, Bolivie...). Il établit un système de visa spécifique pour eux à partir de 1985.

Hérodote, n° 174, La Découverte, 3e trimestre 2019.

La révision de la Loi sur l'immigration du 1er juin 1990 recherche une certaine qualification et autorise la venue des familles. Suite à la crise de 2008, qui touche les secteurs automobile et électronique d'exportation où ils travaillent en priorité, le nombre de Nikkeijin résidant Japon diminue nettement, soit 43 % pour les Brésiliens, les plus nombreux (environ 320 000 en 2008, 181 000 en 2016). On compte désormais 300 000 Nikkeijin environ en 2018, contre 641 000 au milieu des années 2000.

L'idée de « lignée », explicite dans la terminologie officiellement adoptée, conjointe à celle de « retour au pays » (*kikoku*), traduit bien la double préoccupation étatique du « sang » et de la « famille ». Mais la situation sur le terrain contredit le postulat d'une adéquation entre origine ethnique, comportement socioculturel, assimilation heureuse et immigration choisie. En effet, ces Nikkeijin, généralement de troisième voire de quatrième génération, n'ont qu'une expérience limitée du Japon et des choses japonaises. Bien qu'ayant souvent un patronyme japonais et un phénotype japonais, ils connaissent mal la langue, ce qui suscite une mise à distance immédiate au travail ou dans le quartier. Ils viennent également avec leur propre mode de vie. Or, les comportements *latinos*, nocturnes, expansifs et parfois bruyants, détonnent dans les banlieues japonaises réputées pour leur calme.

Du moins est-ce la version rapidement avancée dans les médias. Car, en réalité, la relation avec les autres résidents japonais repose moins sur une question ethnoculturelle que sur une situation sociale et générationnelle. Les grands ensembles et les HLM où sont généralement logés les Nikkeijin ont en effet été délaissés par les pouvoirs publics ou privés [Mori, 2013]. Ils concentrent des populations économiquement et psychologiquement fragilisées. Ce phénomène s'accélère avec la réforme, en 1996, de la loi sur les conditions d'accès aux HLM, lesquels deviennent vétustes, aussi bien en termes de bâti, d'équipement ou de service que de population.

Or, les personnes âgées se montrent plus promptes ou plus excessives à pointer les dysfonctionnements et les incivilités (tri des déchets, participation au comité de quartier, bruit...), quand bien même la réalité contredit leur impression ou qu'elle ne soit le résultat que d'une petite minorité. Tandis que les médias pointent les incidents ou les drames, « certains travaux montrent de façon empirique que la cohabitation entre résidents japonais et étrangers ne provoque pas partout, toujours et systématiquement des conflits : au contraire, elle peut même très bien fonctionner. [...] Ce n'est pas nécessairement la cohabitation qui pose problème, mais la cohabitation dans certaines conditions » avec des « logiques de clivage » [Mori, 2013, p. 50-51].

Alors que de plus en plus d'Occidentaux arrivent à parler un japonais très correct, les Nikkeijin, bien que « typés japonais », le parlent mal, ce qui semble « non naturel » aux Japonais. L'existence d'étrangers finalement « très japonais »

Hérodote, n° 174, La Découverte, 3e trimestre 2019.

CARTE 2. – TYPOLOGIE DES COMMUNES JAPONAISES POSSÉDANT PLUS DE 2 500 ÉTRANGERS SELON LA NATIONALITÉ PRINCIPALE EN 2005

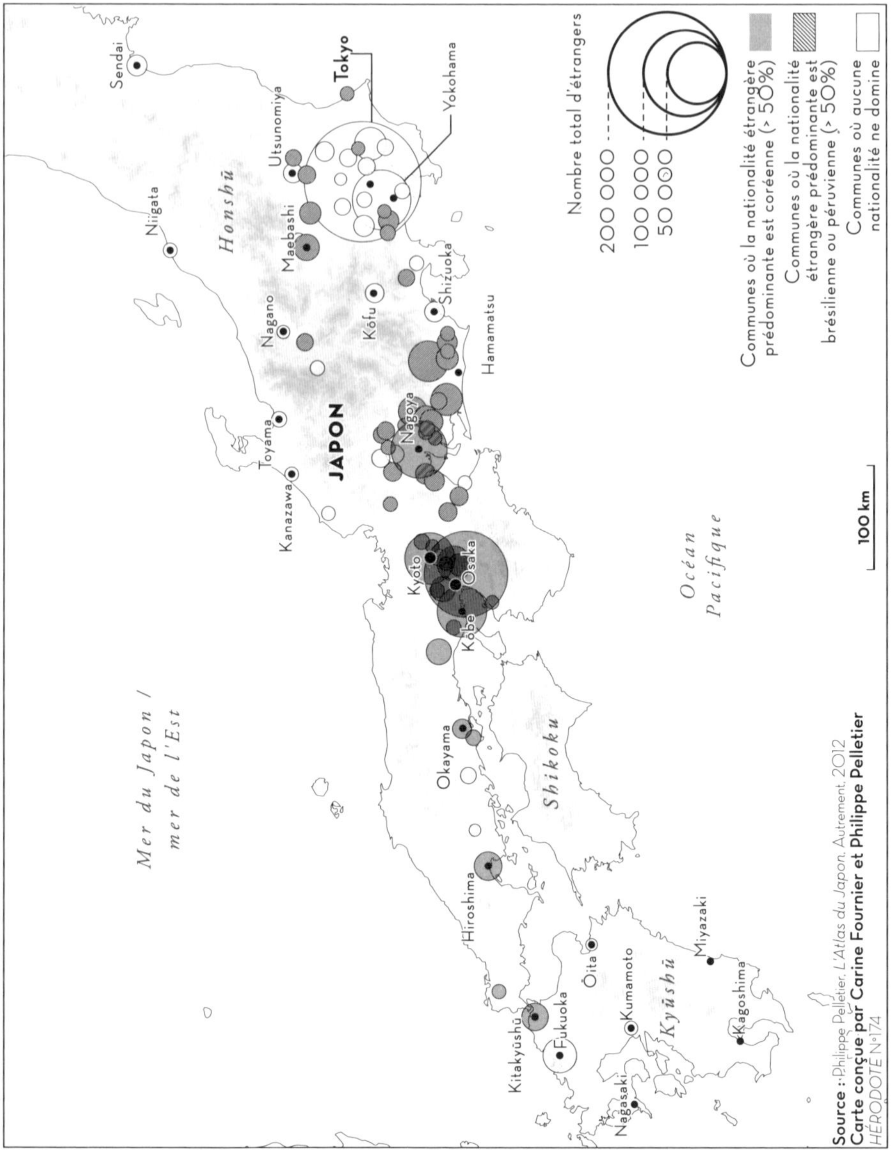

et de Japonais ethniquement japonais (les Nikkeijin), mais qui, dans la langue et le comportement, ne sont pas de « vrais Japonais », perturbe l'adéquation rabâchée depuis plusieurs décennies entre identité ethnique et identité socioculturelle que la vulgate pose comme la quintessence et la particularité de la japonité. Cette croyance est remise en cause par l'expérience d'une « dissonance des limites » [Yoshino, 1992].

Comme pour les *Aussiedler* allemands, le principe du *jus sanguinis* montre ainsi ses limites. L'idée d'un « peuple ethniquement homogène », critiquable pour ses béances historiques et son oubli colonial puis postcolonial, est confrontée à la réalité d'une société tôkyôïte sinon mégalopolitaine de plus en plus cosmopolite, avec des immigrés qui s'installent, apprennent le japonais, se marient avec des Japonaises, font des enfants et les envoient à l'école.

La stratégie d'internationalisation (*kokusaika*) voulue par l'élite japonaise à partir des années 1980 est confrontée à ses contradictions. La législation sur l'immigration se rigidifie à partir de 2004, en particulier contre les situations irrégulières. La venue d'étrangers et, plus largement, l'expérience des Japonais partis dans les métropoles occidentales et qui, retournant au pays, ont beaucoup de mal à retrouver le conformisme de la société japonaise bousculent les certitudes identitaires.

Le pouvoir japonais prétend faire reposer l'identité nationale sur des éléments phénotypiques ou culturels, alors qu'elle a été construite à des moments de l'histoire et de la géopolitique démentant l'idée d'un Japon essentialisé et anhistorique. Le principal d'entre eux reste la figure de l'empereur qui mélange faits historiques et mythologies, maintenant le principe de patrilinéarité en dépit de l'existence, autrefois, d'impératrices. Même si la matrilinéarité est reconnue en 1984 comme acquisition possible de la nationalité, le « droit du sang » structure encore l'identité nationale japonaise : autrement dit, l'ascendance ethnique, et non la pratique culturelle ou citoyenne. L'« homogénéité ethnique » au Japon n'est pas tant une « illusion » [Weiner, 1995] que le résultat d'un discours performatif et d'une biopolitique délibérée où tous les moyens sont utilisés, comme le montrent le cas de la prostitution d'après guerre ou le refus de la binationalité.

Bibliographie

CAPRIO M. E. (2009), *Japanese Assimilation Policy in Colonial Korea, 1910-1945*, University of Washington Press, Seattle.

CHAPMAN D. (2011), « Geographies of self and other : mapping Japan through the koseki », *The Asia-Pacific Journal*, vol. 9, n° 29-2, p. 1-20.

CLERCQ L.-L. (2017), *Transformations socioculturelles des Aïnous du Japon : rapports de pouvoir, violence et résistance aborigène à Hokkaidô*, thèse, EHESS, Paris.

Hérodote, n° 174, La Découverte, 3e trimestre 2019.

DODANE C. (2000), *Yosano Akiko, poète de la passion et figure du féminisme japonais*, POF, Paris.

GERMER A., MACKIE V. et WÖHR U. (2014), *Gender, Nation and State in Modern Japan*, Routledge, Londres.

GONON A. (1995), « Le code de nationalité de 1899 ou le national en question », *Le Japon 1995*, Maison franco-japonaise, Tokyo, p. 304-316.

HAMMOUCHE A., LE BAIL H. et MORI C. (dir.) (2013), « Le Japon, pays d'immigration ? », *Hommes & Migrations*, n° 1302, p. 1-145.

ISHIDA E. (1969), *Nihon bunka ron* (Traité sur la culture japonaise), Chikuma Shobô, Tokyo.

KIGUCHI J. (2005), « Japanese women's rights at the Meiji era », *The 37th World Congress of the International Institute of Sociology*, Stockholm, p. 133-146.

KONDO A. (2016), *Report on Citizen Law, Japan*, Eudo Citizenship Observatory, Fiesole.

KONUMA I. (2011), « L'émergence du père dans le code civil de 1898 », *in* Christian GALAN et Emmanuel LOZERAND (dir.), *La Famille japonaise moderne (1868-1926). Discours et débats*, Philippe Picquier, Arles, p. 463-472.

KOWNER R. et DEMEL W. (2013), *Race and Racism in Modern East Asia, Western and Eastern Constructions*, Brill, Leyde.

LE BAIL H. (2011), « Introduction, résidents étrangers au Japon, compromis et débats », Dossier résidents étrangers au Japon, médiatisation et mobilisation, *Ebisu, études japonaises*, n° 46, p. 9-11.

LEBRA T. (1989), « Adoption among the hereditary elite of Japan : status preservation through mobility », *Ethnology*, vol. 28, n° 3.

MASUDA Y. (1967), *Junsui bunka no jôken : Nihon bunka wa shôgeki ni dô taeta ka* (Les conditions d'une culture pure : comment la culture japonaise a-t-elle supporté le choc ?), Kôdansha Gendaishinsho, Tokyo.

MATSUNUMA M. (2016), « Les colonisés sont-ils "nous" ou "autres" ? Débats autour de l'assimilation (*dôka*) dans l'histoire coloniale japonaise (1895-1945) », *in* Christian GALAN et Jean-Marc OLIVIER (dir.), *Histoire du & au Japon, de 1853 à nos jours*, Privat, Toulouse, p. 215-225.

MORI C. (2013), « Esquisse d'une sociologie des banlieues au Japon », *Hommes & Migrations*, n° 1302, p. 45-55.

MURAZUMI M. (2000), « Japan's law on dual nationality in the context of a globalized world », *Pacific Rim Law & Policy Journal Association*, vol. 9, n° 2, p. 415-443.

NAKANE C. (1972), *Tekiô no jôken, Nihonteki renzoku no shikô* (Des conditions adaptées, réflexion sur la continuité japonaise), Kôdansha, Tokyo.

OGUMA E. (2002), *A Genealogy of "Japanese" self-images*, Trans Pacific Press, Melbourne.

PELLETIER Ph. (2010), « Shimaguni, modernisation et territorialisation au Japon », *Ebisu, études japonaises*, vol. 44, p. 157-184.

PELLETIER Ph. (2012), « La baleine, le cèdre et le singe, respect et irrespect de la nature au Japon », *in* Jean-Philippe PIERRON et Marie-Hélène PARIZEAU (dir.), *Repenser la nature, dialogue philosophique, Europe, Asie, Amériques*, Presses universitaires de Laval, Laval, p. 393-410.

RABUT I. (dir.) (2010), *Visions du « barbare » en Chine, en Corée et au Japon*, Inalco, Paris.

Hérodote, n° 174, La Découverte, 3e trimestre 2019.

ROBERTSON J. (2002), « Blood talks : eugenic modernity and the creation of new Japanese », *History and Anthropology*, vol. 13, n° 3, p. 191-216.
RYANG S. (2000), *Koreans in Japan, Critical Voices From the Margins*, Routledge Curzon, Londres.
SEISEN JOGAKUEN DAIGAKU HEIWA BUNKA KENKYÛJO (Centre de la paix et de la culture de l'Université féminine Seisen) (2007), *Sensen to sei* (Le front et le sexe), Impakuto shuppankai.
SHIMAZU N. (1998), *Japan, Race and Equality, the Racial Proposal of 1919*, Routledge, Londres.
TAKEZAWA Y. (2015), « Translating and transforming "race" : Early Meiji period textbooks », *Japanese Studies*, vol. 65, n° 1, p. 5-21.
VASISHTH A. (1997), « A model minority : the Chinese community in Japan », *in* Michael WEINER (dir.), *Japan's Minorities, the Illusion of Homogeneity*, Routledge, Londres, p. 108-139.
WEINER M. (1995), « Discourses of race, nation and empire in pre-1945 Japan », *Ethnic and Racial Studies*, vol. 18, n° 3, p. 433-456.
WEINER M. (dir.) (2004), *Race, Ethnicity and Migration in Modern Japan, vol. II, Indigenous and Colonial Others*, Routledge Curzon, Londres.
YOSHINO K. (1992), *Cultural Nationalism in Contemporary Japan*, Routledge, Londres.

Hérodote, n° 174, La Découverte, 3e trimestre 2019.

Ancrage local et (dé)construction scolaire de la xénophobie : les effets de lieu sur les représentations de l'étranger chez les lycéens de quartiers populaires à Johannesburg

Jeanne Bouyat[1]

Dans l'Afrique du Sud postapartheid, les attaques xénophobes ciblant les migrants internationaux sont récurrentes. Elles prennent la forme de pillages, incendies et meurtres. Les plus violentes, survenues en mai 2008, ont entraîné 62 morts et l'éviction de 10000 personnes en deux semaines. Elles auraient causé 309 morts et 100000 déplacements depuis 1994 [Misago et Mlilo, 2019, p. 3].

Les causes de ces attaques font débat. Certaines publications insistent sur les frustrations économiques, décrites comme le terreau de la montée du chauvinisme. D'autres soulignent le rôle des discours politiques d'exclusion portés par les élites, dans un contexte où les attitudes xénophobes sont de plus en plus populaires. L'importance des facteurs locaux est aussi souvent soulignée. Les attaques de mai 2008 sont survenues là où les inégalités entre revenus moyens et faibles, la diversité linguistique et la proportion d'hommes Noirs sont plus fortes [Fauvelle-Aymar et Segatti, 2011, p. 75]. La violence est liée aux rivalités politiques entre

Hérodote, n° 174, La Découverte, 3e trimestre 2019.

1. Doctorante au Centre de recherches internationales (CERI), Sciences Po Paris. Les données ont été collectées dans le cadre d'un mémoire de Master à Sciences Po Paris et la recherche a bénéficié du soutien du Centre for Urbanism and the Built Environment Studies (CUBES), Wits University, Johannesburg et Institut français d'Afrique du Sud (IFAS), Johannesburg. Je tiens à remercier ma co-directrice Claire Bénit-Gbaffon pour ses conseils.

partis et organisations civiques et aux actions des élus locaux [Katsaura et Abe, 2016, p. 58]. La xénophobie s'inscrit aussi dans une « genèse locale » liée à l'histoire des droits de propriété et évictions [Nieftagodien, 2011].

La distribution spatiale des attaques invite à explorer davantage ces facteurs locaux, car elles surviennent à répétition dans des « points chauds ». Selon Misago et Mlilo, 40 % des attaques se concentrent dans la province du Gauteng, et les points chauds se situent surtout à Johannesburg [2019, p. 3-5]. La carte ci-dessous conçue à partir des données de leur étude montre que les townships d'Alexandra et Soweto et des zones proches du centre-ville en font partie.

De janvier à mai 2015, j'ai conduit une enquête auprès de lycéens de Yeoville, une banlieue péricentrale, d'Orlando Est (Soweto) et d'Alexandra. Des attaques xénophobes ont éclaté durant mon terrain à Alexandra, Orlando Est, et Jeppestown, près de Yeoville. Dans cet article, j'interroge comment les attitudes des lycéens à l'égard de l'étranger varient selon la localisation de leurs établissements et la survenance d'attaques. Je montre que les subjectivités politiques des lycéens sont influencées par une conception de la citoyenneté fondée sur l'indigénéité, mais que celle-ci est plus populaire chez les lycéens scolarisés dans les townships qu'à Yeoville. J'analyse ainsi la xénophobie comme un « discours politique hégémonique » [Neocosmos, 2006] médié spatialement par des « effets de lieu » [Bourdieu, 1993] et influencé par l'« habitus organisationnel » des lycées [Carter, 2012].

Je discute comment les restrictions migratoires ont fabriqué l'hégémonie de la xénophobie en Afrique du Sud, puis je souligne ses différenciations locales, en présentant les quartiers étudiés. J'analyse ensuite les traits communs et contrastes entre les attitudes des lycéens, et le rôle du personnel scolaire dans la (dé)construction de ces frontières.

La fabrique d'une xénophobie hégémonique en Afrique du Sud

Pour Neocosmos, la xénophobie est un discours politique reposant sur une citoyenneté fondée sur « l'indigénéité et la passivité ». Elle est liée à l'intégrité territoriale, est acquise par filiation et constituée en opposition aux « étrangers » à une communauté. Il analyse la prévalence du discours xénophobe comme résultant de la combinaison entre « interpellation étatique » (*state interpellation*) et « capacité d'agir populaire » (*popular agency*) [2006, p. 20]. Son approche permet d'historiciser la xénophobie et de la considérer comme produit de la construction dialectique d'identités politiques entre État et société.

Dans le cas sud-africain, il affirme que « la conception excluante de l'État-nation est le résultat direct du mode de gouvernement de l'État d'apartheid et de la façon dont ce système a été appréhendé et combattu ». Les mobilisations

Hérodote, n° 174, La Découverte, 3e trimestre 2019.

CARTE 1. – LES ATTAQUES XÉNOPHOBES À JOHANNESBURG DEPUIS 1994

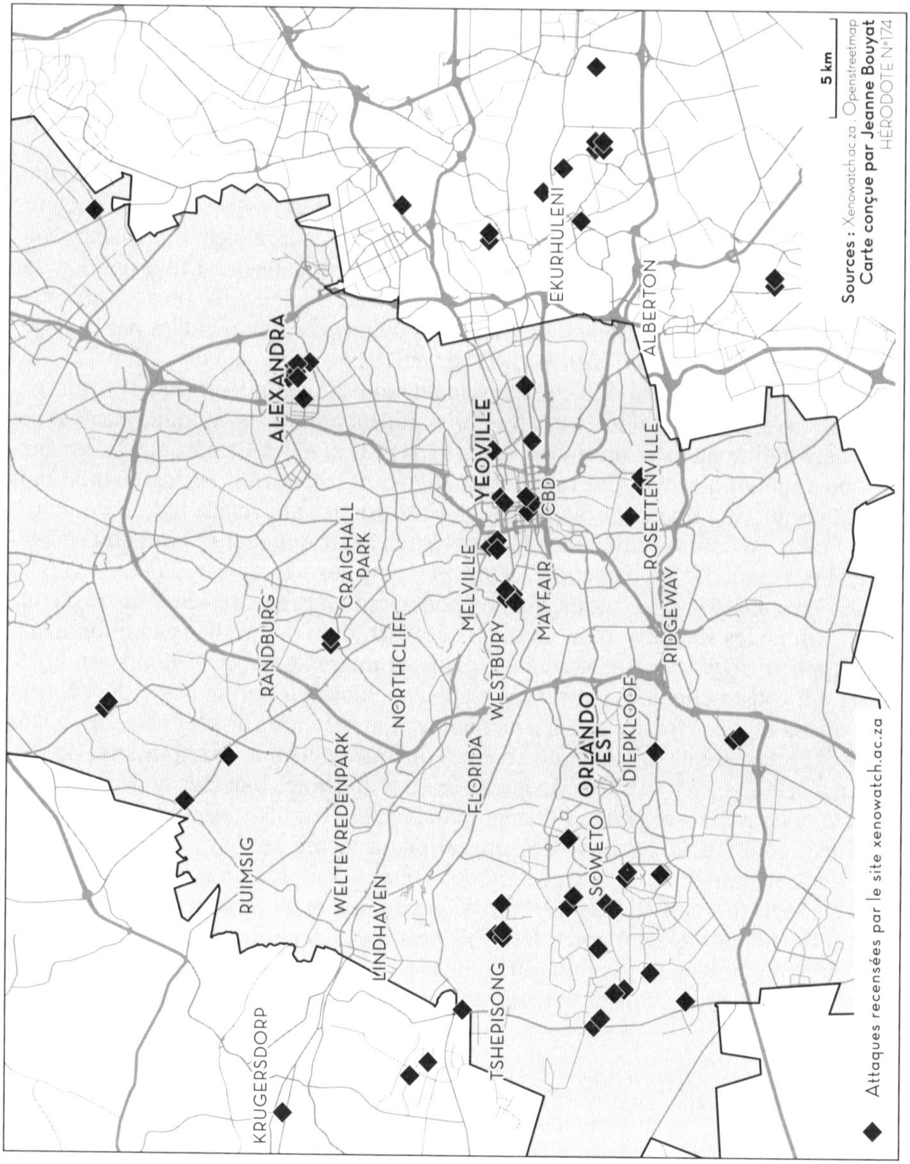

Hérodote, n° 174, La Découverte, 3e trimestre 2019.

politiques « subalternes » auraient échoué à imposer une citoyenneté plus active et inclusive [2006, p. 18-20]. Il souligne la continuité d'une conception de la citoyenneté fondée sur l'indigénéité, construite sur des critères raciaux et ethniques sous les régimes coloniaux et d'apartheid, et fondée depuis 1994 sur la division entre nationaux et non-nationaux. Il met aussi en avant la similarité entre la criminalisation des immigrés ruraux et internationaux sous l'apartheid, et celle des immigrés internationaux sans papiers post-1994.

En effet, la gestion raciste des migrations transfrontalières permettait le maintien d'un système de travail saisonnier migrant, servant les intérêts des secteurs miniers et agricoles. Les immigrés Noirs[2] des pays voisins étaient embauchés sous contrat et devaient quitter le territoire à son échéance, tandis que l'immigration des Blancs était encouragée pour consolider la minorité Blanche. De plus, la présence et la circulation de « non-Blancs » à l'intérieur du pays étaient régulées par la ségrégation rurale et urbaine. Le *Native Land Act* de 1913 a limité la possession de terres pour les Noirs à des zones rurales représentant moins d'un dixième du pays, qui sont ensuite devenues les bantoustans. Ces zones étaient administrées indirectement par des chefs traditionnels et attribuées à des tribus « désignées », consacrant des identités plus fluides à travers des régimes politiques et des territoires. Les bantoustans étaient conjugués à un contrôle des migrations rurales et urbaines (*influx control*) et à la racialisation des villes. Le *Native Urban Area Act* de 1923 a rendu obligatoire la possession d'un passeport (*passbook)* pour les « Indigènes » (*Natives*) pour résider en ville. Mais les municipalités pouvaient en dispenser certains résidents Noirs afin de les stabiliser dans certains quartiers. Ceci a introduit une différenciation parmi les *Natives* entre résidents urbains et migrants ruraux [Fourchard, 2018, p. 51]. La construction des townships s'appuyait ainsi sur une stratégie du « diviser pour mieux régner » fondée sur une hiérarchisation des droits de propriété, des hôtels réservés aux migrants ruraux et un zonage ethnique copiant les bantoustans [Bonner et Segal, 1998, p. 34-44]. Ces divisions se sont affermies dans les années 1950 et 1960, alors que les « migrants » étaient massivement expulsés vers les bantoustans.

Ainsi, cette gestion raciste des migrations a formé un « système d'immigration à double entrée ». L'immigration des Blancs était encouragée tandis que les déplacements des non-Blancs nés en Afrique du Sud et à l'étranger étaient similairement restreints. Cela eut pour effet d'institutionnaliser une « dénationalisation de la population indigène » [Segatti, 2011, p. 34], de brouiller la notion de citoyenneté chez les Noirs, et de nuancer la légitimité à résider dans les townships.

2. J'utilise des majuscules pour les catégories raciales pour souligner qu'elles renvoient à des constructions administratives historiques qui ont encore une dimension sociale significative. J'ajoute des guillemets lorsque c'est nécessaire pour insister sur la construction administrative de ces catégories.

Hérodote, n° 174, La Découverte, 3e trimestre 2019.

Neocosmos souligne qu'une conception alternative de la citoyenneté a émergé grâce au militantisme antiapartheid, fondée sur la lutte commune, mais qu'elle fut marginalisée dans les années 1990. Il explique que le mouvement avait un fort biais urbain, qu'il peinait à établir des liens avec les militants ruraux, et que les cadres en exil ont dédaigné l'apport positif du système des travailleurs migrants, en le réduisant à une oppression de l'apartheid. Pour eux, les migrants devaient être « nationalisés » afin que les mines recrutent « aux portes de l'usine ». La démocratisation allait de pair avec le double remplacement des travailleurs immigrés transfrontaliers par des Sud-Africains et des ruraux par des urbanisés [2006, p. 77]. Les restrictions d'accès au travail pour les non-nationaux se sont ainsi imposées comme des mesures « progressives ». Lorsque la ségrégation, l'*influx control* et les quotas d'immigration racistes ont pris fin, la gestion de l'immigration internationale a continué à présenter de troublantes ressemblances avec la période précédente. De nouvelles barrières ont été érigées en créant des catégories de visas et une structure tarifaire permettant de sélectionner une immigration qualifiée pesant fortement sur les Africains [Peberdy, 2001, p. 18]. La criminalisation des considérés sans papiers s'est développée par le biais d'un système d'arrestation-expulsion parmi les plus massifs du monde, totalisant pas moins de 400 000 reconduites entre 2011 et 2016.

Outre la persistance d'une citoyenneté fondée sur l'indigénéité et d'un contrôle migratoire exceptionnellement restrictif, Neocosmos explique que l'hégémonie de la xénophobie en Afrique du Sud provient aussi d'une conception « passive » de la citoyenneté. Il décrit comment la citoyenneté libérale postapartheid tend à s'assimiler à un catalogue de droits individuels, fondé sur une lecture formelle et technique des droits de l'Homme, et la promesse d'un accès privilégié à des services publics. Pour lui, cette passivité est encouragée par la « bourgeoisie nationale » formée des classes moyennes Noires, et la « dépolitisation » entraînée par l'affaissement de la société civile post-1994.

Neocosmos a forgé cette analyse en 2006, avant les attaques de 2008. Il se focalise ainsi sur l'approbation tacite d'une xénophobie promue par une interpellation étatique plutôt que sur les formes populaires actives qu'elle a depuis acquises. Pourtant, sa conceptualisation s'avère utile pour étudier les évolutions récentes des subjectivités politiques. En effet, Hayem a approfondi son approche théorique en étudiant les réponses étatiques et les discours populaires sur les attaques de mai 2008, et avance que les notions de citoyenneté et de droits de l'Homme sont devenues plus excluantes. Ses recherches sur les ouvriers d'usine de Durban et de Port Elisabeth dans les années 1990 ont montré qu'ils adoptaient une conception inclusive de la construction nationale centrée sur l'« unanimisme productiviste » et un « avenir commun pour tous » [Hayem, 2013, p. 84]. Cependant, elle estime que mai 2008 a marqué un tournant en entérinant une « dialectique nationaux *versus* non-nationaux » [2013, p. 96]. En analysant les discours des citoyens ayant pris

Hérodote, n° 174, La Découverte, 3e trimestre 2019.

part aux attaques, elle analyse le déclin d'une définition des droits de l'Homme compris comme des principes universels, au profit d'une conception renvoyant à des droits politiques restreints aux citoyens sud-africains. Elle montre aussi que la réponse étatique aux violences s'est limitée à une assistance humanitaire minimale aux victimes. Les déplacés ont été hébergés temporairement dans des camps mais leur réintégration n'a pas été facilitée et les auteurs des violences n'ont pas été condamnés. L'enjeu des « droits de l'Homme à l'extérieur des camps » et du « débat implicite » au sujet du « droit à des droits » [2013, p. 79] pour les migrants internationaux a été passé sous silence. Elle conclut que le gouvernement a ainsi « succombé à la xénophobie politique dominante » [2013, p. 96] et que sa « mauvaise gestion » de la violence a permis sa récurrence.

L'évolution des subjectivités politiques décrite par Hayem s'inscrit non seulement dans une époque, mais aussi dans un lieu. Comme elle le fait remarquer, les ouvriers de Durban et Port Elisabeth étaient probablement plus susceptibles que les chômeurs d'adopter une conception de la citoyenneté inclusive et active, fondée sur le travail [2013, p. 94]. De même, la conception restrictive des droits de l'Homme a sûrement davantage été l'apanage des Sud-Africains ayant pris part aux attaques ou à des manifestations pour l'accès aux services publics dans des townships spécifiques, où l'accès au logement et à l'électricité est particulièrement compétitif [2013, p. 85]. Il semble donc important de considérer le rôle médiateur des lieux sur l'hégémonie de la xénophobie.

Explorer les effets de lieu sur la xénophobie à Johannesburg

La recherche comparative sur la xénophobie en Afrique propose de penser conjointement l'émergence des discours nationalistes dans la construction des États et les configurations locales de l'autochtonie [Fourchard et Segatti, 2015, p. 2-6]. Ceci invite à spatialiser l'analyse de Neocosmos. La notion d'« effets de lieu » forgée par Bourdieu [1993] apparaît ici stimulante. Elle envisage le social et le spatial comme consubstantiels : les processus sociaux doivent être étudiés en considérant leur dimension spatiale. Les lieux sont produits par la combinaison d'espaces physiques, sociaux et sociaux réifiés : la structuration de l'espace social se traduit dans la structuration matérielle de l'espace physique, en partie « incorporée » dans les « structures mentales » [1993, p. 255]. Les lieux habités et fréquentés contribuent ainsi à la formation de l'habitus [1993, p. 259]. Au-delà du constat que les positions sociales et les représentations sont influencées par la spatialité, la notion permet de conceptualiser l'« inertie » produite par l'ancrage physique des structures sociales et mentales. Bourdieu explique que leur imbrication étroite dans un lieu peut seulement être modifiée par un « travail de transplantation » exigeant [1993, p. 252], tel que la

Hérodote, n° 174, La Découverte, 3e trimestre 2019.

mobilisation collective pour des infrastructures ou la « mobilité spatiale » individuelle [1993, p. 258]. Explorer ces effets de lieu sur le discours hégémonique de la xénophobie revient à questionner comment l'inscription physique des structures sociales et mentales dans un lieu configure la médiation entre interpellations étatiques identitaires et l'exercice populaire du politique. Comment un lieu produit-il une inertie vis-à-vis d'une forme atténuée ou exacerbée de ce discours hégémonique ?

À l'aune des précédentes publications sur les attaques xénophobes, trois types d'effets de lieu sont ici considérés : les profils socioéconomiques, raciaux, linguistiques et nationaux des résidents ; l'usage de la xénophobie ou de l'antixénophobie comme un discours politique par les élus et la société civile locale ; et la construction locale des droits de propriété.

Les trois lieux étudiés sont des quartiers à faibles et très faibles revenus, avec des histoires contrastées. Leur densité résidentielle a significativement augmenté depuis les années 1990, et ils hébergent des populations immigrées variées, reflétant l'attractivité de la province du Gauteng (voir l'encadré). Leurs résidents sont confrontés à un chômage élevé mais inégal, illustrant leur distance différentielle du cœur économique du centre-ville. Selon le recensement de 2011, un tiers des habitants de Yeoville, la moitié de ceux d'Alexandra et les trois quarts de ceux d'Orlando Est sont sans emploi. La carte ci-dessous représente la distribution résidentielle racialisée à Johannesburg. Elle révèle que les lieux étudiés sont parmi les quartiers les plus « exclusivement Noirs ».

Encadré 1. Le Gauteng, une région attractive pour les migrations intranationales et issues d'Afrique australe

L'Afrique du Sud est la première destination des migrations transfrontalières en Afrique. Pourtant, la proportion des internationaux y reste limitée. D'après le recensement de 2011, ils étaient 2,2 millions. Ils sont probablement entre 2,8 et 3 millions en 2019, soit 5 % de la population. Les trois quarts sont africains, et 68 % sont de la SADC[3], principalement de Zimbabwe, Mozambique, Malawi et Lesotho. La moitié réside dans le Gauteng et un quart à Johannesburg, où ils représentent 10 % des résidents.

Le Gauteng attire aussi des migrants venus d'autres provinces, qui représentent un quart des résidents. La majorité vient du Limpopo et du KwaZulu-Natal, et du Cap Oriental et du Mpumalanga. Environ 1,9 million de migrants intérieurs et 750 000 migrants internationaux sont arrivés dans la province entre 2006 et 2016 [StatsSA, 2018, p. 15]. Les trois quarts des migrants internationaux et internes sont arrivés post-1994.

3. La Communauté de développement d'Afrique australe – CDAA (ou SADC, Southern African Development Community) – est une organisation qui vise à promouvoir le développement économique de l'Afrique australe.

Carte 2. – Distribution résidentielle en fonction de l'appartenance raciale à Johannesburg en 2011

Hérodote, n° 174, La Découverte, 3e trimestre 2019.

Les quartiers ont connu différents changements démographiques. Yeoville, banlieue péricentrale anciennement blanche fondée en 1890, est une porte d'entrée historique pour les migrants, où ont résidé des Juifs et des immigrés européens dès 1920. À la fin des années 1970, le quartier est devenu racialement mixte, et à la fin des années 1990, la population blanche a massivement déménagé et ne représente que 2 % des résidents en 2011. En parallèle, des migrants internationaux sont arrivés. D'après le recensement de 2011, ils représentent 52 % des résidents.

À l'inverse, les deux townships ont accueilli des minorités immigrées du Lesotho, Mozambique et Zimbabwe pendant l'apartheid, et des migrants ruraux depuis leur création. Les migrants internationaux y représentent 5 à 7 % des résidents, tandis que les migrants ruraux constituent respectivement 60 % et 40 % des habitants d'Alexandra et Orlando Est. La moitié vient du Limpopo à Alexandra, et leurs origines sont plus diverses à Orlando : Limpopo, Cap Oriental, KwaZulu-Natal [De Wet *et al.*, 2008, p. 13].

Reflétant cette diversité, les deux lycées étudiés de Yeoville accueillent des élèves de quatorze pays africains qui constituent la moitié des classes. Les trois lycées étudiés des townships proposent l'enseignement de trois à quatre langues officielles, afin de satisfaire les besoins linguistiques des migrants ruraux. Un à deux élèves par classe en moyenne vient d'un pays voisin.

En outre, les cultures politiques locales y sont contrastées. Yeoville était une banlieue tranquille sous l'apartheid, mais est devenu le foyer d'un réseau d'ONG actif comprenant des associations de diasporas, et est le point d'ancrage de la mobilisation antixénophobe à Johannesburg [Bouyat et Malavolti, 2016]. La croissance démographique locale ne s'est pas accompagnée d'un développement des infrastructures. Les immigrés sont parfois localement accusés de « provoquer la dégradation urbaine » et d'être des « agresseurs spatiaux » [Katsaura et Abe, 2016, p. 60]. Cependant, les tensions xénophobes y sont réduites et aucune attaque ne s'y est jamais produite. Les leaders locaux atténuent l'« imminence de la xénophobie » à travers des « actions, pratiques et discours isolés, spontanés et quelquefois collectifs » [2016, p. 68]. Occasionnellement, l'expression de la xénophobie dominante par la police et les élus est stratégiquement contestée lors des réunions publiques. Bénit-Gbaffou et Mkwanazi remarquent que la capacité circonscrite des migrants à contrecarrer le discours xénophobe y est « exceptionnelle », permise par la présence des groupes organisés de la diaspora, insérés dans les réseaux civiques sud-africains à l'intérieur et au-delà du quartier [Bénit-Gbaffou et Mkwanazi, 2012, p. 132].

Les deux lycées privés de Yeoville étudiés ont été créés par les membres de la diaspora congolaise et zimbabwéenne à la fin des années 1990, insérés dans le réseau des migrants organisés. Ceci renforce la posture exceptionnellement antixénophobe de ces lycées. Les élèves participent ainsi régulièrement aux mobilisations anti-xénophobes et panafricaines dans le quartier et notamment à la parade de l'*Africa Day*, célébrée tous les 25 mai à Yeoville. Les élèves portent alors des tenues traditionnelles ou leurs uniformes en agitant des drapeaux, et défilent aux côtés des leaders des diasporas, et parfois d'ambassadeurs de pays africains voisins ou du *Premier* du Gauteng. Cela atteste que Yeoville est un levier de la mobilisation panafricaine.

Orlando Est et Alexandra sont eux des lieux symboliques de la lutte contre l'apartheid. Orlando Est est l'un des plus anciens quartiers de Soweto et a acquis une renommée internationale en raison du soulèvement étudiant de 1976 et de son rôle central dans la rébellion armée des années 1980. Elle a accueilli de nombreux leaders de l'ANC dont Nelson Mandela et Walter Sisulu. Ses résidents avaient initié la lutte contre la ségrégation par des mouvements de squatters dans les années 1930, le boycott de loyers dans les années 1950 et la signature de la Charte de la liberté en 1955 [Bonner et Segal, 1998]. Orlando Est concentre aujourd'hui des retraités et squatters arrivés récemment [*ibid.*, p. 134]. Elle héberge un militantisme pour le logement, l'électricité et l'eau. On y trouve le bureau du Soweto Electricity Crisis Committee. Toutefois, sa culture politique semble fragmentée. Dans les lycées étudiés, plusieurs syndicats d'enseignants coexistent et je n'y ai pas rencontré d'élève affilié à un syndicat, ce qui est symptomatique d'une relative dépolitisation de la jeunesse. Orlando Est n'est pas un point chaud des attaques xénophobes, mais elles y ont explosé en février 2015 dans les abords des lycées étudiés. J'ai ainsi animé des discussions avec les élèves d'Orlando Est après les attaques. Les magasins pillés, situés en face du portail du lycée, étaient laissés à l'abandon alors que les attaques étaient encore visibles. Ces magasins vides attestent de la proximité des attaques et de l'absence relative d'une réponse organisée de la communauté, rendant impossible le retour des commerçants. Des pillages similaires ont eu lieu en août 2018, suscitant à nouveau une réponse limitée. Des élèves ont même vendu des sucreries volées lors des pillages. Il est probable que les attaques y touchent de plus en plus les lycées.

Alexandra n'est pas aussi renommée que Soweto mais est une « township quintessentielle de l'Afrique du Sud », un « point noir » au cœur de la banlieue nord anciennement réservée aux Blancs [Nieftagodien, 2015]. Fondée en 1912 en tant que township pour Noirs et Métis (« *Coloured* »), les Noirs pouvaient y posséder des propriétés. Ses habitants ont conservé une certaine autonomie, ce qui en fait « la Mecque de la culture et de la politique ouvrières Noires urbaines ». Elle a été le foyer du boycott des bus dans les années 1940 et 1950 et de la « guerre des Six jours » en 1986. Elle reste un foyer dense d'organisations civiques et de compétition électorale [Nieftagodien, 2011, p. 112].

À l'image de ce fort militantisme organisé, les enseignants du lycée étudié étaient tous affiliés au syndicat majoritaire SADTU, et plusieurs élèves appartenaient au syndicat étudiant COSAS, tous deux alignés sur l'ANC. L'histoire

Hérodote, n° 174, La Découverte, 3e trimestre 2019.

d'Alexandra est aussi marquée par des tensions entre *insiders* et *outsiders* autour de la notion des résidents *bona fide* (de bonne foi), qui renvoie aux résidents urbains « légitimes », par opposition aux migrants [Nieftagodien, 2011, p. 110]. Pendant la lutte, ces divisions ont été contenues par une politique radicale et inclusive, mais les tensions ont resurgi post-1994, alors que la vie civique s'est fragmentée et des demandes pressantes en matière de logement n'ont pas été satisfaites par les rénovations [*ibid.*, p. 132]. Les attaques de mai 2008 ont débuté à Alexandra et y étaient intenses. Des pillages et meurtres xénophobes y ont à nouveau été perpétrés en 2015, après mon enquête. La township a la réputation d'être l'un des « points chauds » de la xénophobie, ce qui a terni son image associée au militantisme radical et inclusif. La xénophobie y est politiquement sensible, plus encore qu'à Soweto.

Avant d'analyser les discours des lycéens, il convient de préciser la méthodologie. Celle-ci combine approches quantitatives et qualitatives pour permettre aux élèves d'exprimer leurs attitudes de façon plurielle. Des questionnaires ont été soumis à 292 élèves de deux lycées à Yeoville et Alexandra, distribués lors de 15 ateliers avec des classes de 5e à 1re. 50 élèves ont participé à 6 groupes de discussion et 28 à des entretiens individuels. Des ateliers de théâtre[4] ont aussi été organisés avec 14 élèves, ainsi qu'une observation participante dans des lycées de Yeoville et lors de mobilisations antixénophobie à Johannesburg.

Les représentations de l'étranger chez les lycéens : différenciation spatiale du discours xénophobe hégémonique

Je présente d'abord certains traits communs dans les discours des lycéens, qui reflètent le discours hégémonique de la xénophobie. Je discute ensuite comment les stéréotypes sur les migrants internationaux sont davantage remis en cause à Yeoville, tandis que les lycéens des townships manifestent des attitudes plus négatives à l'égard des migrants internationaux et ruraux.

« On ne peut pas changer d'où on vient » : l'appartenance fondée sur l'indigénéité

Trois tendances peuvent être identifiées dans les discours des lycéens. D'abord, ils adoptent bien une conception de la citoyenneté fondée sur l'indigénéité, telle que la décrit Neocosmos, qui repose sur la descendance et le lieu de naissance.

4. Sur le thème des « relations avec les étrangers dans le quartier », animé avec des élèves du Hillbrow Theatre.

Hérodote, n° 174, La Découverte, 3e trimestre 2019.

Dans les questionnaires, la figure de l'étranger est principalement associée aux non-nationaux. À la question ouverte: «Qu'est-ce que le mot étranger signifie pour vous?», 79% des élèves ont répondu «quelqu'un d'un autre pays». Le flou de la notion n'est que rarement souligné dans les réponses. Seuls 9% ont fourni des réponses telles qu'«un nouvel arrivant» ou «un inconnu». Dans les entretiens, le mot «étranger» était également quasi automatiquement associé au critère de la nationalité. Les moyens de son acquisition entrent également en jeu. À Yeoville, les élèves tendent à établir une différence d'appartenance entre les élèves nés en Afrique du Sud de parents sud-africains et ceux nés de parents non sud-africains. Quand je demandais leur nationalité, les élèves m'incitaient à préciser si j'entendais la nationalité «de droit ou de naissance». Ils opèrent en effet la distinction entre une citoyenneté acquise par descendance ou par naturalisation. Lors des ateliers, des élèves dont les parents venaient d'Angola et du Congo, ayant toujours vécu à Johannesburg et se disant sud-africains, ont subi des virulentes protestations de leurs camarades à deux reprises. Pour eux, la migration transfrontalière ne peut autoriser à clamer l'appartenance au pays d'accueil: «On peut pas déménager dans un autre pays et devenir complètement quelqu'un d'autre» (atelier, 3e, Yeoville).

Le lieu de naissance revêt une importance fondamentale pour les élèves car il renvoie aux «racines». Les élèves ayant participé aux ateliers théâtre à Yeoville ont ainsi souligné l'importance de connaître les noms de ses ancêtres, car cela indique sa tribu et son statut. Deux participantes étaient fières de m'annoncer qu'elles étaient des «filles de chef», et que chaque membre de leur communauté devait leur témoigner du respect quand elles retournaient dans leurs villages au Cap Oriental. Cela montre que les identités tribales, qui préexistaient au système des bantoustans mais que ce dernier a rigidifiées, continuent d'influencer les subjectivités des élèves, même en centre-ville, où le zonage ethnique n'a jamais été pratiqué.

De plus, les discours des lycéens reflètent la criminalisation officielle des sans-papiers. Ils croient souvent que les migrants viennent et résident illégalement en tant qu'«étrangers sans papiers». L'expression «sauteur de frontière» (*border-jumpers*) désigne ainsi fréquemment les Zimbabwéens. Les mythes du franchissement de la rivière Limpopo «à la nage pour échapper aux crocodiles» sont répandus, et les élèves immigrés les utilisent pour railler l'ignorance de leurs camarades.

Enfin, la figure de l'étranger est très racialisée. La plupart des élèves ont souligné que les «étrangers» ont une peau «trop noire». Pour beaucoup d'élèves, les discriminations envers les «étrangers» devraient être appelées «racisme», et le terme est généralement employé comme synonyme de discrimination. Les élèves se montraient parfois en colère lorsqu'ils commentaient ces formes racistes de xénophobie:

Hérodote, n° 174, La Découverte, 3e trimestre 2019.

Ils disent « tuez ces gens, ils prennent notre travail »... Mais ils ne le disent qu'à des Noirs, comme nos frères du Nigeria. Et les Blancs alors ? Parce qu'il y a aussi des Blancs d'autres pays ici. Ils travaillent aussi ! Pourquoi ils ne se plaignent pas d'eux ? Nous créons nos propres frontières entre nous (groupe de discussion, 2de/1re, Alexandra).

Les Blancs, presque entièrement absents des quartiers étudiés, ne sont en effet pas étiquetés « étrangers » par les lycéens. Cette racialisation de la figure de l'étranger et de l'appartenance reflète à la fois la citoyenneté différenciée parmi les Sud-Africains à l'époque coloniale et de l'apartheid, et le système d'immigration à double entrée.

Ainsi, les classifications raciales, la nationalité, les frontières internationales et rurales influencent la perception de l'étranger chez les lycéens. Les interpellations étatiques identitaires du colonialisme et de l'apartheid sont recyclées dans le discours des élèves. Ils confirment le caractère hégémonique du discours politique de la xénophobie décrit par Neocosmos. Cependant, les discours seuls ne permettent pas de saisir les appropriations subjectives de l'étranger chez les lycées. Les interactions décrites par les lycéens révèlent que leurs subjectivités politiques diffèrent localement.

« Ici, ça craint pas autant qu'à Soweto » : les exclusions dans les lycées des townships

Les questionnaires révèlent que les lycéens de Yeoville sont plus susceptibles que ceux d'Alexandra de contester les stéréotypes dominants sur les migrants internationaux. Ainsi, 38 % et 33 % des lycéens de Yeoville y réfutaient les affirmations selon lesquelles les « étrangers prennent le travail des Sud-Africains » et « travaillent plus dur que les Sud-Africains », ce qui représente respectivement 8 % et 11 % de plus qu'à Alexandra. Là, ils étaient plus nombreux à considérer que l'accès à l'emploi devrait être réservé aux Sud-Africains. De même, 42 % des élèves d'Alexandra contre 19 %[5] de ceux de Yeoville étaient d'accord avec l'affirmation selon laquelle les « étrangers sans papiers ne devraient pas avoir accès aux écoles ou aux hôpitaux sud-africains ». À Yeoville, de nombreux élèves ont souligné que l'obtention de papiers peut s'avérer difficile ; alors qu'à Alexandra ils avaient tendance à criminaliser les sans papiers. Les groupes de discussion à Orlando Est ont confirmé la prévalence de stéréotypes à l'égard des migrants internationaux parmi les lycéens de la township : « On pense que les Zimbabwéens qui viennent n'ont pas d'argent et volent... Et que les Nigériens vendent de la drogue » (groupe de discussion, 5e/2de, Orlando Est).

5. 27 % parmi les lycéens sud-africains de Yeoville.

Hérodote, n° 174, La Découverte, 3e trimestre 2019.

Les discours des lycéens des townships laissent ainsi entrevoir des attitudes plus excluantes vis-à-vis des migrants internationaux. Il est plus difficile d'étudier les interactions entre les lycéens et les migrants internationaux dans et autour des lycées étudiés. Des entretiens conduits avec des professeurs zimbabwéens à Yeoville, qui avaient enseigné brièvement dans des lycées des townships, et avec des proviseurs suggèrent que les élèves ont tendance à être plus indisciplinés avec les enseignants non sud-africains. Cette question mériterait d'être davantage explorée. L'histoire racontée par la lycéenne Lilly suggère que la minorité des élèves migrants internationaux scolarisée dans les townships est particulièrement exposée aux discriminations.

Lilly, qui est moitié zimbabwéenne et swazie, scolarisée à Yeoville lors de l'entretien, m'a expliqué qu'elle avait dû fuir son ancien lycée à Soweto, car elle y était rejetée par les élèves. Elle a grandi à Soweto depuis ses trois ans et parle parfaitement isiZulu. Elle peut passer pour sud-africaine et garde sa nationalité discrète. Mais, un jour, un professeur l'a accidentellement révélée :

> Les profs nous ont demandé un certificat de naissance pour jouer au netball. J'ai apporté mon certificat zimbabwéen. Quand je l'ai donné à la prof, elle a dit « ce certificat est différent ! » et l'a mis de côté, juste pour voir la nationalité. Ses élèves l'ont vu et ils se sont mis à répéter « Lilly est une Zimbabwéenne ». Après, pendant la récréation, ils se sont TOUS précipités vers moi en disant « Lilly tu es une Zimbabwéenne ! », parce qu'à Soweto, normalement, y a que des citoyens locaux. Les Zimbabwéens ne sont pas d'ici. Ils ont pris des papiers et écrit « Lilly est une Zimbabwéenne », et ils les ont accrochés aux arbres de la cour... Ils ont dit au proviseur que je suis différente parce que je suis étrangère, une Kwerekwere. C'est pour ça que j'ai changé d'école... (Lilly, 1re, Yeoville).

La suspicion ostentatoire de l'enseignante à l'égard du certificat, qui ne servait probablement qu'à confirmer l'âge pour participer à un match de netball, témoigne peut-être de sa méconnaissance des règles de confidentialité. Elle est avant tout symptomatique de la pression accrue qui s'exerce sur le personnel scolaire dans les écoles publiques pour vérifier les papiers des élèves, surtout ceux des immigrés [Bouyat, 2018]. Cette pression passe par la menace de sanctions financières pour accueil d'élèves considérés « étrangers illégaux » en vertu de l'*Immigration Act* de 2002. Ces « barrières de papier » et le fait que les immigrés nouvellement arrivés soient mal équipés pour la scolarité multilingue spécifique aux townships, filtrent leur présence et en font des exceptions remarquables qui préféreraient ne pas être remarquées. Le rejet de Lilly fait aussi écho à la récurrence des attaques xénophobes à Soweto. Certes, les élèves impliqués ont été punis et un message de lutte contre les discriminations a été porté par le proviseur. Pourtant, pour Lilly, il était trop risqué de rester là où elle n'était « visiblement pas la bienvenue » si jamais

Hérodote, n° 174, La Découverte, 3e trimestre 2019.

« des attaques xénophobes éclataient ». Elle souligne au contraire que Yeoville est un refuge contre la xénophobie : « Ici, ça craint pas autant qu'à Soweto. » Ainsi, le filtrage des élèves immigrés dans les lycées publics, la prévalence de discours et attaques xénophobes, combinés au comportement de l'enseignante, ont fabriqué le rejet de Lilly et sa décision de quitter le lycée et le quartier. C'est un exemple de mobilité spatiale visant à échapper à l'inertie de la xénophobie exacerbée dans un lieu [Bourdieu, 1993].

Toutefois, les discriminations quotidiennes au lycée prennent plutôt la forme de brimades, portant la plupart du temps sur la langue. À Yeoville, les différences linguistiques recouvrent peu ou prou les différences de nationalité, et l'exclusion vise plutôt les Congolais francophones et les Angolais lusophones. À Alexandra et Orlando, les moqueries ciblent plutôt les migrants ruraux, dont les élèves qui parlent l'isiXhosa, venant du Cap Oriental, ou ceux qui parlent venda et sepedi, originaires du Limpopo. Or, même si les lycéens de Yeoville ne considéraient pas de tels comportements comme relevant de la discrimination, ceux d'Alexandra et d'Orlando Est les qualifiaient plus volontiers de « tribalisme ». Dans les groupes de discussion, les élèves d'Orlando Est considéraient même le tribalisme comme « la pire discrimination » s'exerçant à leur encontre, plus encore que la xénophobie. Ceci est d'autant plus significatif que des attaques sont survenues devant le lycée quelques semaines avant la discussion. Cela indique que la stratégie du « diviser pour mieux régner » lors de la constitution des townships [Bonner et Segal, 1998] a laissé des traces encore perceptibles chez les élèves.

Les attitudes des élèves de Yeoville semblent donc plus inclusives envers les migrants internationaux, et celles des lycées des townships semblent plus exclusives en général. Les subjectivités politiques sont contrastées localement. Ces disparités sont exacerbées par le personnel scolaire.

Quand les pratiques du personnel scolaire (dé)font les frontières

Les pratiques du personnel diffèrent entre Yeoville et les townships. En effet, le personnel scolaire se fait le relais de la diversité urbaine et des cultures politiques locales. Pour analyser leur rôle, le concept d'« habitus organisationnel-racial » forgé par Carter [2012, p. 73-74] est utile. En s'appuyant sur une comparaison entre des lycées d'Afrique du Sud et des États-Unis, Carter montre que les lycées sont des organisations créant des dispositions parmi les élèves et qu'elles conditionnent leur capacité à évoluer dans différents contextes culturels. Elle conclut que l'histoire et la localisation d'un lycée ont une influence décisive sur les manières d'agir du personnel et que cela contribue à renforcer ou à déconstruire les frontières entre les élèves. Les pratiques du personnel scolaire

Hérodote, n° 174, La Découverte, 3e trimestre 2019.

permettent ainsi d'expliquer en partie les contrastes entre les subjectivités politiques des lycéens.

Au sein des lycées de Yeoville, le personnel s'est ouvertement positionné contre la xénophobie. Ils ont accueilli très favorablement ma recherche, et travaillent régulièrement avec l'une des ONG les plus influentes du pays sur la question des migrants, l'African Diaspora Forum (ADF), dont le siège se trouve à Yeoville. En avril 2015, certains élèves ont pris part à la « marche des habitants de Johannesburg contre la xénophobie », coorganisée par l'ADF [Bouyat et Malavoli, 2016]. J'ai également reçu le soutien du personnel pour la création d'une pièce de théâtre avec les élèves sur les attaques, jouée devant certaines classes en mai 2015. Des activités interculturelles telles que l'*Africa Day* sont fréquemment proposées par les lycées. Le militantisme antixénophobie fait partie de leur habitus organisationnel. Les proviseurs ont même expliqué que cette posture pouvait faire des lycées une cible lors des attaques. En avril 2015, alors qu'elles éclataient dans la banlieue voisine de Jeppestown, des rumeurs circulaient à tel point que les lycées fermèrent leurs portes pour une journée.

A contrario, dans les lycées des townships, la xénophobie semble peu abordée. Lors des ateliers à Alexandra, les élèves se montraient désireux d'engager la discussion sur les attaques. Certains élèves plus âgés se rappelaient avoir évoqué les attaques de mai 2008 à l'école, mais pas en 2015. À Orlando Est, des professeurs ont indiqué avoir planifié un dialogue :

> Je commencerai par dire : on obtient ce pour quoi on a travaillé. Vous ne pouvez pas prendre le bien d'autrui et penser que ça vous permettra de vivre. On ne peut voler qu'une seule fois... Et rappelez-vous que des gens meurent quand il y a de la xénophobie ! La police viendra, ils vont tirer, c'est une émeute... Vous vous mettez en danger (professeur de sciences sociales, Orlando Est).

La priorité semblait pragmatiquement être de dissuader les élèves de piller, laissant peu de place à la déconstruction du discours xénophobe. Les professeurs à Alexandra considéraient eux que « c'en était fini » de la xénophobie. Le proviseur a remarqué que les attaques ont « stigmatisé » le quartier et semblait peu enclin à encourager des discussions.

Ces réponses timides font écho aux difficultés qui se présentèrent post-mai 2008, lorsque l'ADF tenta de monter un ambitieux projet de « carnaval panafricain » à Alexandra. Il était conçu comme un projet de réconciliation et visant à restaurer la « politique radicale-inclusive » locale. L'ADF réussit à établir des partenariats avec la police et le département de l'Éducation pour animer des ateliers dans 18 lycées d'Alexandra pour préparer le carnaval. Des élèves ont même été reçus par des ambassadeurs, dont celui du Zimbabwe par exemple [ADF, 2008].

Hérodote, n° 174, La Découverte, 3e trimestre 2019.

Cependant, les syndicats SADTU et COSAS mirent fin au projet, en déclarant ne pas avoir été suffisamment associés. D'après une membre de l'ADF impliquée dans le projet, ils mentionnèrent que le carnaval ternirait la réputation d'Alexandra. À leurs yeux, mener un projet antixénophobe suggérait implicitement que les habitants étaient xénophobes. Ils s'opposèrent probablement aussi car ils n'avaient pas le contrôle sur les ressources et la promotion du carnaval.

L'amalgame entre « dénonciation des attaques » et « stigmatisation », revenu en 2008 et en 2015, témoigne ainsi du caractère politiquement sensible de la xénophobie à Alexandra, qui entrave la capacité à l'aborder en classe.

De plus, la mise à l'écart des migrants ruraux dans les lycées des townships semble renforcée par le personnel. En effet, plusieurs lycéens ont évoqué des discriminations liées à la langue, qu'ils estiment relever du « tribalisme » pratiqué par le personnel. Leo a ainsi raconté comment les professeurs se regroupent « par langue » :

> Ce truc de la salle des profs nous affecte beaucoup... Ils ont des salles de profs dans lesquelles ils se mettent entre eux ! Cette salle est Pedi, celle-ci est Xhosa, celle-là est Zulu. Si je vais là, ils sauront qu'untel est Pedi. Ça marche comme ça (Leo, 1re, Alexandra).

Mes observations confirment que le personnel, tout comme les lycéens, a tendance à se regrouper en fonction des langues parlées, ce qui ne peut être considéré comme une pratique délibérée d'exclusion, mais renforce de fait les clivages. Son institutionnalisation par l'école est toutefois difficile à trancher sans davantage de recherche. Cependant, il est significatif que Leo l'ait décrit comme quelque chose qui « affecte énormément » les lycéens. Il a aussi évoqué comment un professeur a rabaissé un élève lors d'un cours, car ce dernier parlait xhosa. Le syndicat COSAS s'est saisi de l'affaire mais, selon Leo, le département de l'Éducation l'a étouffée :

> C'était un prof Pedi et il s'adressait à un élève en disant « tu es un Xhosa, tu es stupide, tu ne sais rien ». Avec COSAS, nous sommes passés à l'action. Ils ont ouvert un dossier et fait une enquête. Le département [d'Éducation] a tenu une réunion. On a dit, on ne veut plus de ce prof ! Il y avait assez de preuves pour dire qu'il était en tort, tous les élèves étaient d'accord ! Mais le directeur du district a étouffé l'affaire, le prof est toujours là.

Il s'agit du seul cas de « tribalisme » officiellement signalé et pris en charge par le département. Toutefois, la frustration de Leo prouve que l'intervention n'a pas mis fin au conflit. Le signalement confirme la forte politisation des discriminations scolaires à Alexandra. Mes recherches suggèrent que certains enseignants se livrent à des railleries plus ou moins ouvertes en fonction de la tribu des élèves, mais cela reste souvent inaperçu.

Hérodote, n° 174, La Découverte, 3e trimestre 2019.

Conclusion

Les représentations de l'étranger en Afrique du Sud sont façonnées par les multiples restrictions de la liberté de mouvement et la ségrégation raciale et ethnique du passé. La xénophobie contemporaine en porte les marques et reflète l'imposition d'une distinction « impulsée du haut » entre nationaux et non-nationaux post-1994, renforcée depuis 2008. La conception de la citoyenneté postapartheid fondée sur l'indigénéité et la passivité est de plus en plus hégémonique. Néanmoins, elle n'est pas uniformément adoptée. Dans les lycées panafricains de Yeoville, les élèves de divers pays africains étudient ensemble et entendent des langues étrangères dans les rues. Leurs professeurs viennent souvent d'autres pays et promeuvent les échanges interculturels. Bien que les stéréotypes et discriminations soient présents, la fréquentation des lycées semble atténuer les attitudes négatives des élèves à l'égard des migrants internationaux. La mobilisation antixénophobe est forte dans le quartier, et fait partie intégrante de l'habitus organisationnel des lycées. En revanche, les élèves migrants internationaux constituent une petite minorité dans les townships. Les étrangers sont plutôt associés à la figure de l'épicier ou du vendeur de rue, créant un ressentiment populaire toujours plus fort dans les contextes de ségrégation persistante et de crise des infrastructures. Des récits susceptibles de contrecarrer les stéréotypes xénophobes trouvent peu d'écho au sein des lycées en situation de pénurie chronique. Dans ces derniers, évoquer les attaques qui éclatent dans les environs est plutôt tabou : le sujet divise et stigmatise les habitants. Les pratiques du personnel scolaire tendent même à renforcer les frontières linguistiques et la marginalisation des élèves appartenant à des minorités, dans des townships historiquement marqués par la distinction entre résidents urbains et migrants ruraux.

Ces disparités spatiales ne sont pas fixes. Il semble pertinent de creuser comment les espaces de diffusion d'un discours xénophobe hégémonique sont reconfigurés dans le temps. Plus précisément : comment la capacité d'atténuation de la xénophobie peut-elle dépasser son ancrage local, et quel rôle d'amplificateur les lycées peuvent-ils jouer ? Pour explorer ces questions, la notion de « travail de transplantation » proposée par Bourdieu [1993] mériterait d'être précisée. Il me semble stimulant de différencier un travail de transplantation « par l'import », qui attire comme un aimant ; et un travail « par l'export », qui rayonne. Le rayonnement requiert des moyens importants. L'ADF propose régulièrement des interventions ponctuelles dans les écoles de townships affectés par la violence xénophobe. Cependant, un projet qui s'étend dans le temps et cherche à dépasser le périmètre scolaire est politiquement plus complexe et nécessite davantage de budget, comme l'illustre l'annulation du carnaval à Alexandra, qui devait initialement se tenir sur trois années. Au contraire, le travail « aimanté » semble plus prometteur. Les lycées

Hérodote, n° 174, La Découverte, 3e trimestre 2019.

de Yeoville constituent un refuge pour les élèves immigrés touchés par la xénophobie, y compris ceux des townships. Ils fournissent une plateforme pour nouer des mobilisations contre la xénophobie ou des festivités panafricaines en réunissant des lycéens d'autres quartiers. Attirer des visiteurs pour des séjours marquants semble diffuser l'atténuation localisée de la xénophobie, car ces séjours sont incorporés dans les structures mentales. Le passage dans les lycées de Yeoville permet la poursuite de trajectoires scolaires pour les élèves immigrés de Johannesburg, auxquels l'accès aux lycées publics est refusé car ils n'ont pas les papiers requis. Les lieux scolaires de l'antixénophobie ont ainsi une capacité à voyager et à créer des brèches, qui rappellent que la xénophobie, à l'instar de tout discours hégémonique, reste toujours inachevée, y compris dans ses formes spatiales.

Bibliographie

ADF (2008), *Alex Pan African Carnival. Report on activities*, Summary.

BENIT-GBAFFOU C. et MKWANAZI E. (2012), « Expressions de la xénophobie en réunion publique et construction d'une identité de quartier : le cas de Yeoville, à Johannesburg », *Politique africaine*, n° 127.

BONNER P. et SEGAL L. (1998), *Soweto, A History*, Maskew Miller Longman, Cape Town.

BOURDIEU P. (1993), « Effets de lieu », *in* P. BOURDIEU (dir.), *La Misère du monde*, Seuil, Paris.

BOUYAT J. (2018), « Des barrières de papier digitalisées : vérifications d'identité et exclusion des élèves immigrés dans les lycées populaires de Johannesburg », *Politique africaine*, n° 152.

BOUYAT J. et MALAVOLTI C. (2016), « #NOTOXENOPHOBIA prend la rue à Johannesburg », *Journal des anthropologues*, n° 144.

CARTER P. (2012), *Stubborn Roots, Race, Culture, and Inequality in U.S. and South African Schools*, Oxford University Press, Oxford.

DE WET T. *et al.* (2008), *Johannesburg Poverty and Livehood Study*, Centre for Social Development in Africa, Johannesburg.

FAUVELLE-AYMAR C. et SEGATTI A. (2011), « People, space and politics : an exploration of factors explaining the 2008 anti-foreigner violence in South Africa », *in* L. LANDAU (dir), *Exorcising the Demons Within. Xenophobia, Violence and Statecraft in Contemporary South Africa*, Wits University Press, Johannesburg.

FOURCHARD L. (2018), *Trier, exclure et policer. Vies urbaines en Afrique du Sud et au Nigeria*, Les Presses de Sciences Po, Paris.

FOURCHARD L. et SEGATTI A. (2015), « Introduction of xenophobia and citizenship : the everyday politics of exclusion and inclusion in Africa », *Africa*, n° 85.

HAYEM J. (2013), « From May 2008 to 2011 : xenophobic violence and national subjectivity in South Africa », *Journal of Southern African Studies*, n° 39.

KATSAURA O. et ABE T. (2016), « Social cohesion against xenophobic tension : a case study of Yeoville, Johannesburg », *African Study Monography*, n° 37.

Hérodote, n° 174, La Découverte, 3e trimestre 2019.

MISAGO J.-P. et MLILO S. (2019), *Xenophobic Violence in South Africa: 1994-2018, an Overview*, Wits University Press, Johannesburg.
NEOCOSMOS M. (2006), *From Foreign Natives to Native Foreigners: Explaining Xenophobia in Contemporary South Africa*, Codesria, Dakar.
NIEFTAGODIEN N. (2011), « Xenophobia's local genesis: historical constructions of insiders and the politics of exclusion in Alexandra township », *in* L. LANDAU (dir), *Exorcising the Demons Within. Xenophobia, Violence and Statecraft in Contemporary South Africa*, Wits University Press, Johannesburg.
NIEFTAGODIEN N. (2015), « Public history in Alexandra: facing the challenges of tourism and struggle heroization », *in* R. SILVERMAN (dir.), *Museum as Process: Translating Local and Global Knowledge*, Routledge, New York.
PEBERDY S. (2001), « Imagining immigration: inclusive identities and exclusive politics in post-1994 South Africa », *Africa Today*, n° 48.
SEGATTI A. (2011), « Reforming South African immigration policy in the post-apartheid period (1990-2010) », *in* A. SEGATTI et L. LANDAU (dir.), *Contemporary Migration to South Africa: a Regional Development Issue*, World Bank.
STATSSA (2018), *Mid-Year Population Estimates 2018.*

Hérodote, n° 174, La Découverte, 3e trimestre 2019.

Immigration et libre circulation dans le référendum sur l'appartenance du Royaume-Uni à l'Union européenne

Thibaud Harrois[1]

Le référendum britannique sur l'appartenance à l'Union européenne (UE), organisé le 23 juin 2016, a conduit à la victoire des partisans de la sortie de l'UE, qui ont rassemblé 51,9 % des voix des 72 % d'électeurs qui sont allés voter. Neuf mois plus tard, le gouvernement conservateur, dirigé par Theresa May, déclenchait l'article 50 du traité de Lisbonne, engageant ainsi le processus qui devait conduire la nation à quitter l'UE. Ainsi, 41 ans après l'avoir approuvée lors d'un premier référendum, le peuple britannique a décidé de mettre un terme à la relation avec l'Europe. Ce résultat, largement inattendu, a été un véritable choc tant au Royaume-Uni que dans les autres États membres, une « blessure pour l'Europe » dans les mots d'Angela Merkel. Il met en question le processus d'intégration européen à l'heure où l'électorat de plusieurs pays du continent est de plus en plus sensible aux discours eurosceptiques qui opposent UE et souveraineté nationale. Mais, au Royaume-Uni, le résultat du référendum a aussi rendu évidents des fractures sociales et des questionnements identitaires dont les élections législatives précédentes n'avaient pas permis de mesurer l'ampleur, notamment à cause du mode de scrutin majoritaire uninominal à un tour. Lors de la campagne du référendum de 2016, le débat s'est focalisé sur quelques thèmes saillants reflétant les principales inquiétudes des électeurs : l'économie, l'identité et la souveraineté nationales et le contrôle de l'immigration. Les partisans du retrait ont résumé leur approche de ces questions sous le slogan « *Let's take back control* » (« Reprenons

Hérodote, n° 174, La Découverte, 3e trimestre 2019.

1. Maître de conférences en civilisation britannique, université Sorbonne Nouvelle-Paris 3.

le contrôle »), jouant sur l'idée que le Royaume-Uni serait un État vassal auquel la bureaucratie bruxelloise imposerait des mesures sur lesquelles Londres n'aurait plus prise. Comme l'ont montré Harold Clarke, Matthew Goodwin et Paul Whiteley à partir d'une étude suivie de l'attitude de la population britannique vis-à-vis de l'UE (l'*Essex Continuous Monitoring Survey*), l'inquiétude des électeurs à propos de l'immigration permet d'expliquer non seulement le choix de quitter l'UE mais aussi, à plus long terme, les raisons de la grande instabilité de l'opinion publique britannique à l'égard de l'appartenance à l'Union [Clarke, Goodwin et Whiteley, 2017]. De surcroît, les partisans de la sortie de l'UE ne se sont pas seulement préoccupés de données démographiques objectives mais leur vote a également été motivé par des questions d'identité, en particulier concernant la manière dont ils percevaient l'évolution de la définition de l'identité nationale [Swales, 2016, p. 2].

L'importance de la question de l'immigration dans la construction du sentiment antieuropéen chez les électeurs a déjà été démontrée par de nombreuses études portant sur l'euroscepticisme en Europe [Boomgaarden *et al.*, 2011 ; Kentmen-Cin et Erisen, 2017]. Le fait que ces deux thèmes de l'immigration et de l'identité aient été au centre des préoccupations des électeurs en 2016 semble ainsi confirmer une tendance que l'on retrouve ailleurs dans l'UE et qui, dans le cas du Royaume-Uni, date du milieu des années 2000, au moment où l'élargissement de l'UE de 2004 a permis une immigration importante en provenance des nouveaux États membres. Le discours tenu par la droite populiste, et plus particulièrement l'UKIP (United Kingdom Independence Party, parti pour l'indépendance du Royaume-Uni), parti antieuropéen et anti-immigration, a rencontré un succès grandissant auprès des électeurs. Le parti a engrangé des succès aux élections européennes et locales jusqu'à jouer un rôle de premier plan lors du référendum de 2016 [Cutts, Goodwin et Milazzo, 2017 ; Goodwin et Milazzo, 2015]. Ce succès s'explique par l'hostilité de l'opinion publique à l'égard de l'immigration et les inquiétudes portant sur ses conséquences, notamment économiques et culturelles. Mais alors que dans de nombreux pays la crainte suscitée par l'immigration porte principalement sur le thème des emplois que ces immigrés raviraient aux nationaux, elle semble s'être concentrée au Royaume-Uni sur la question de l'accès aux services publics, les immigrés étant accusés de faire peser un poids inconsidéré sur le système de protection sociale [Schnapper, 2018].

Afin d'interpréter les raisons qui ont poussé les électeurs à choisir le Brexit, cet article interrogera la manière dont l'immigration européenne, en particulier de l'est de l'UE, a été perçue au Royaume-Uni comme une menace pour le pays et son identité, menace à laquelle seule une sortie de l'UE pouvait mettre un terme. Alors que les décisions concernant l'immigration européenne ne faisaient pas l'objet de débat au sein de l'opinion publique jusque dans les années 2000, l'arrivée de flux

Hérodote, n° 174, La Découverte, 3e trimestre 2019.

plus importants en provenance d'Europe de l'Est après 2004, accompagnée d'une politisation du débat sur l'UE, a conduit un nombre grandissant de Britanniques à exprimer leur rejet des décisions prises par les élites concernant la politique européenne dans le domaine, rompant ainsi le « consensus permissif » qui existait sur la question [Hooghe et Marks, 2009]. Après avoir présenté les contours de la politique britannique d'immigration et son inscription dans le contexte européen, on analysera la façon dont la question de l'immigration s'est progressivement imposée comme un enjeu majeur dans le débat sur l'UE. On étudiera spécifiquement le rôle de l'immigration et la libre circulation lors de la campagne référendaire de 2016. Enfin, on envisagera les conséquences du vote du 23 juin 2016 sur la politique du gouvernement après le Brexit en matière d'immigration.

L'européanisation de l'immigration au Royaume-Uni

Depuis 2004, l'immigration au Royaume-Uni s'est de plus en plus « européanisée ». Le terme « européanisation » permet de désigner une politique « située entre les institutions de l'État-nation et une organisation supranationale en construction » [Favell, 2000]. Il renvoie généralement au degré d'harmonisation entre les lois et décisions prises par un État et celles de l'UE, à la façon dont les acteurs nationaux influencent ou sont influencés par l'UE ou bien, plus rarement, au niveau d'européanisation du comportement des citoyens. L'européanisation de l'immigration apparaît comme un phénomène relativement récent au Royaume-Uni. En effet, la principale vague d'immigration de l'après-Seconde Guerre mondiale provenait des colonies ou anciennes colonies britanniques. Sujets de la Couronne, ces migrants avaient le droit de s'installer au Royaume-Uni selon les termes de la loi sur la nationalité (*British Nationality Act* de 1948). De même, un nombre important de ressortissants irlandais se sont installés au Royaume-Uni comme les y autorisaient les dispositions de la zone commune de voyage (*Common Travel Area*) qui regroupe les deux États. Ainsi, de la fin de la guerre jusqu'en 1962, l'immigration en provenance de ces régions constituait un droit basé sur une vision large d'une citoyenneté impériale. L'adoption en 1962 d'une première loi sur l'immigration en provenance du Commonwealth (*Commonwealth Immigration Act 1962*) a marqué un tournant puisque cette immigration ne serait plus de droit mais dépendrait d'une autorisation délivrée par les autorités. Le gouvernement britannique se réservait dès lors la possibilité de n'accepter que certains immigrés, sur la base de critères comme la nationalité, le niveau de qualification ou le rapprochement familial. Cette politique est toujours celle appliquée au Royaume-Uni pour les ressortissants d'États qui ne sont pas membres de l'UE ou de l'Espace économique européen (EEE).

Hérodote, n° 174, La Découverte, 3e trimestre 2019.

En revanche, la liberté de circulation au sein de l'UE est garantie par le droit européen. Aux dispositions du traité sur le fonctionnement de l'Union européenne s'ajoutent celles de la directive 2004/38/CE du Parlement européen et du Conseil « relative au droit des citoyens de l'Union et des membres de leurs familles de circuler et de séjourner librement sur le territoire des États membres ». Cette directive du 29 avril 2004 a repris un grand nombre de mesures plus anciennes dont certaines dataient des années 1960. Outre la libre circulation, la directive garantit un éventail de droits économiques et sociaux, y compris celui de travailler dans n'importe lequel des États membres, ce qui depuis les années 1960 a été progressivement élargi jusqu'à inclure toutes les activités économiques mais aussi les études et la retraite. Bien que le droit de séjour inconditionnel soit limité à trois mois si aucune activité économique telle que définie dans le traité n'est justifiée, en réalité l'étendue de la définition de ces activités économiques signifie que les citoyens européens peuvent circuler librement pour une période illimitée.

Puisque précisément les citoyens européens qui se sont installés au Royaume-Uni l'ont fait en vertu d'un droit qui leur est donné par les traités, il ne s'agit pas réellement d'immigrés au sens légal du terme. Cela n'a pas empêché le terme d'être employé abondamment ces dernières années, ce qui peut être analysé comme une victoire des arguments de la droite populiste, en particulier de l'UKIP, mais peut également être lié à la faiblesse du sentiment britannique d'appartenance à une identité paneuropéenne [Dennison et Geddes, 2018, p. 1140]. Le discours de méfiance, voire d'hostilité envers l'immigration européenne a également été nourri par l'augmentation du nombre de ces immigrés dans les années 2000.

Ford, Jennings et Somerville identifient trois phases distinctes dans la façon dont l'opinion publique a perçu la question migratoire. De l'arrivée de Margaret Thatcher au pouvoir jusqu'à la fin du mandat de John Major à Downing Street en 1997, la politique des conservateurs s'est caractérisée par un contrôle très strict de l'immigration et un faible intérêt de l'opinion publique pour cette question. En revanche, entre 1997 et 2004, après l'arrivée de Tony Blair à Downing Street, la « libéralisation sélective » des politiques d'immigration a conduit à une vague d'immigration plus importante, avec en particulier, au moins dans un premier temps, une augmentation importante du nombre de demandeurs d'asile en provenance d'Asie et d'Afrique. En choisissant de ne pas imposer de restrictions temporaires à la libre circulation des ressortissants des huit nouveaux États membres de l'UE en Europe centrale et orientale, le gouvernement Blair s'est démarqué du reste de l'Union, où seules l'Irlande et la Suède ont appliqué une politique similaire. Pour les travaillistes, l'objectif était de répondre aux besoins du marché tout en renforçant leur nouvelle image de parti favorable aux entreprises. La libre circulation des travailleurs était ainsi associée à la modernisation de l'économie britannique et dans ce contexte une main-d'œuvre flexible pourvue par

Hérodote, n° 174, La Découverte, 3e trimestre 2019.

ces nouveaux arrivants participait à répondre aux besoins d'un marché du travail largement dérégulé. Enfin, après 2004, le niveau d'intérêt de l'opinion publique pour cette question s'est accru à mesure que le nombre d'immigrés, y compris en provenance de l'UE, augmentait. On identifie alors une tension croissante entre l'attention portée par le gouvernement aux réactions de l'opinion publique et la nécessité de faire appel à la main-d'œuvre d'autres États de l'UE pour répondre aux besoins de l'économie nationale. En choisissant de privilégier la réponse aux nécessités économiques, les décideurs ont ignoré les préférences de l'opinion publique, jusqu'à ce que retentisse l'appel en faveur d'un référendum sur l'appartenance à l'UE formulé par les opposants les plus fervents au projet d'union. Face à la popularité grandissante des idées eurosceptiques, voire europhobes, portées principalement par l'UKIP, on constate depuis les années 2000 un changement de discours sur l'immigration, principalement de la part des conservateurs, mais aussi des travaillistes [Ford, Jennings et Somerville, 2015].

La question de l'immigration dans le débat politique britannique avant 2016

L'immigration s'est imposée lentement comme une question capitale dans le débat public au Royaume-Uni. Différents sondages d'opinion et enquêtes menés auprès des électeurs la font apparaître comme une préoccupation centrale dès les années 2000. En 2014, année des dernières élections européennes, le *British Social Survey* estimait que 77 % des personnes ayant répondu à l'enquête étaient favorables à une réduction du nombre d'immigrés et que 34 % d'entre elles considéraient cette question comme le problème le plus important auquel le pays était confronté. Cette inquiétude s'est traduite dans les urnes par le succès de l'UKIP qui rassembla 27,5 % des voix aux élections européennes de 2014 (contre 6,7 % en 1999 et un peu plus de 16 % en 2004 et 2009), faisant de lui le premier parti britannique au Parlement européen avec un total de 24 sièges. Un an plus tard, le parti a rassemblé un peu plus de 12 % des voix aux élections législatives, mais le mode de scrutin majoritaire à un tour ne lui a permis d'obtenir qu'un seul siège à Westminster.

Le succès croissant de l'UKIP a été perçu comme une menace par les deux principaux partis, conservateur et travailliste. Chez les premiers, on se méfiait d'un parti dont un grand nombre de militants étaient en réalité d'anciens conservateurs. Pour les seconds, le danger venait surtout de la manière dont l'UKIP séduisait les électeurs des anciennes régions industrielles, notamment dans le nord de l'Angleterre, d'habitude acquises aux travaillistes. Du côté des conservateurs, le parti a adopté un discours et des politiques de plus en plus eurosceptiques et anti-immigration depuis le milieu des années 1990. Lors des

Hérodote, n° 174, La Découverte, 3e trimestre 2019.

élections de 2005, le chef de file conservateur Michael Howard a choisi de placer le thème de l'immigration au cœur de sa campagne en adoptant un discours radical qui lui a valu de nombreuses critiques, y compris à l'intérieur de son propre parti. Brandissant la menace d'émeutes raciales, il réclamait notamment le renforcement des contrôles et la réduction du nombre d'étrangers dans le pays[2]. Après la défaite des conservateurs et l'élection d'un nouveau chef de file, David Cameron, l'un des principaux engagements pris par l'opposition puis, après 2010, par le gouvernement de coalition a continué de porter sur la réduction de l'immigration nette au Royaume-Uni « de centaines de milliers à des dizaines de milliers » d'immigrés chaque année[3]. L'annonce d'un tel objectif était d'abord destinée à souligner la différence d'approche de la question migratoire qui existait avec les travaillistes, ce qui a permis en effet aux conservateurs de remporter les élections de 2010 et de 2015. Mais en chiffrant de la sorte leur ambition, les conservateurs allaient surtout perdre du terrain face à l'UKIP dont le chef de file, Nigel Farage, a utilisé l'incapacité du gouvernement à atteindre l'objectif régulièrement répété pour renforcer sa popularité. Alors que l'immigration nette au Royaume-Uni dépassait les 332 000 personnes, l'UKIP, rejoint ensuite par d'autres partisans de la sortie de l'UE, a eu tôt fait d'annoncer que ce ne serait qu'en quittant l'Union que l'objectif fixé par Cameron pourrait être atteint. De plus, en amalgamant immigration hors UE et circulation de citoyens européens, le gouvernement a permis de considérer la réduction de l'immigration comme un objectif supérieur au respect des dispositions inscrites dans les traités européens. Dès lors, la libre circulation des travailleurs n'apparaissait plus comme un élément intangible face au désir de contrôler les flux d'immigration, approche que Cameron a de nouveau adoptée lors des renégociations qui ont précédé l'organisation du référendum [Dennison et Geddes, 2018, p. 1143].

De son côté, le parti travailliste devait choisir l'une des trois stratégies adoptées par les partis de centre gauche dans des situations comparables : soit maintenir son discours libéral-internationaliste favorable à l'immigration et au multiculturalisme ; soit désamorcer le problème en évitant d'aborder la question ; soit adopter, au moins en partie, le programme de ses opposants en proposant de limiter l'immigration et de mettre un frein au multiculturalisme pour privilégier un discours sur l'intégration [Bale, 2014]. Lorsqu'il avait été au pouvoir pendant les années 1960

2. « Howard defends immigration stance » (« Howard défend sa position sur l'immigration »), BBC News, 19 avril 2005, <http://news.bbc.co.uk/2/hi/uk_news/politics/vote_2005/frontpage/4458925.stm>, consulté le 25 avril 2019.

3. D. Cameron, « David Cameron on immigration : full text of the speech », *The Guardian*, 14 avril 2011, <www.theguardian.com/politics/2011/apr/14/david-cameron-immigration-speech-full-text>, consulté le 25 avril 2019.

Hérodote, n° 174, La Découverte, 3e trimestre 2019.

et 1970, le parti travailliste avait allié la première et la troisième attitude, en réduisant le nombre d'entrées d'immigrés tout en insistant sur la définition d'une politique d'intégration, notamment sous l'impulsion de Roy Jenkins, ministre de l'Intérieur dans le gouvernement d'Harold Wilson. De nouveau au pouvoir à partir de 1997, les travaillistes avaient dans un premier temps ouvert les frontières, en particulier aux ressortissants des nouveaux membres de l'UE. Et même si des restrictions ont été plus tard imposées sur le nombre de demandeurs d'asile autorisés à demeurer sur le territoire, cela n'a pas suffi à empêcher la victoire des conservateurs aux élections de 2010. L'arrivée d'Ed Miliband à la tête du parti a été l'occasion d'un tournant dans le discours sur l'immigration. Le nouveau chef de file, ainsi qu'Yvette Cooper, la ministre de l'Intérieur du gouvernement fantôme, ont ainsi déclaré que, même si l'immigration avait pu avoir des conséquences positives pour l'économie britannique, l'arrivée de nombreux Européens depuis 2004 avait eu également des répercussions négatives sur la vie des citoyens dans certaines régions. Par conséquent, il conviendrait désormais de protéger les droits et les salaires des travailleurs britanniques tout en veillant à ce que les immigrés ne profitent pas abusivement des aides sociales d'État.

Au final, l'idée qui a fini par se répandre était que les immigrés (originaires ou non de l'UE) faisaient peser un poids de plus en plus difficilement supportable à l'État-providence en rendant l'accès aux écoles, aux hôpitaux ou aux logements plus compliqué pour les Britanniques [Schnapper, 2018]. Alors que les recherches menées sur le sujet démontrent que ces idées sont infondées [IPPR, 2014, p. 20-27], elles ne sont pas moins largement partagées dans l'opinion publique, répandues par la presse populaire, à l'exemple du *Sun* ou du *Daily Mail*, deux tabloïds conservateurs. L'idée que les Européens installés au Royaume-Uni viendraient non pas tant pour travailler que pour profiter des avantages sociaux aux frais du contribuable britannique y a été régulièrement présentée dans les années qui ont précédé le référendum. Pour mettre un terme à cette situation, l'idée qu'il faillait en finir avec la libre circulation des personnes au sein de l'UE a fini par être débattue non seulement par l'UKIP, mais aussi par les conservateurs et certains travaillistes, dont Yvette Cooper, qui proposait par exemple que les ressortissants d'autres pays de l'Union qui arrivaient dans le pays ne puissent plus bénéficier immédiatement des crédits d'impôts ou de la possibilité de percevoir des allocations familiales pour leurs enfants résidant hors du Royaume-Uni[4].

4. Y. Cooper, « Yvette Cooper's immigration speech in full » (discours complet d'Yvette Cooper sur l'immigration), politics.co.uk, 7 mars 2013, <https://politics.co.uk/comment-analysis/2013/03/07/yvette-cooper-s-immigration-speech-in-full>, consulté le 25 avril 2019.

Hérodote, n° 174, La Découverte, 3e trimestre 2019.

L'immigration est donc devenue un sujet central dans le débat politique britannique et a pris une place encore plus importante lorsqu'il a été question d'organiser un référendum portant sur l'appartenance à l'UE. La question de la libre circulation n'a pas été évoquée dans le discours de David Cameron du 23 janvier 2013 où, dans les locaux londoniens de Bloomberg, le Premier ministre a annoncé sa volonté de renégocier la place du Royaume-Uni dans l'UE et a promis l'organisation d'un référendum en cas de victoire aux élections législatives de 2015. Mais face à la montée de l'UKIP qui était sorti vainqueur des élections européennes de 2014, Cameron a cherché à montrer qu'il était prêt à répondre aux préoccupations des électeurs concernant l'immigration en y consacrant un discours le 28 novembre 2014. Le Premier ministre reprenait l'idée du poids trop important que représentait pour les services publics ou le logement social un nombre élevé d'immigrés. Dès lors, la proposition du chef du gouvernement était de « contrôler » l'immigration et l'attribution des allocations. Bien qu'il se dise toujours favorable au principe de la libre circulation des travailleurs, Cameron souhaitait tout de même ajouter des garde-fous, comme la possibilité de renvoyer dans leurs pays les ressortissants européens qui n'auraient pas trouvé d'emploi au bout de six mois ou celle de retarder l'accès aux droits sociaux.

Après que les conservateurs ont remporté une victoire inespérée aux élections de 2015, Cameron a engagé des négociations avec Bruxelles au cours desquelles la question de la libre circulation a été amplement discutée. Dans la lettre qu'il a adressée à Donald Tusk, président du Conseil européen, le 10 novembre 2015, Cameron présentait le Royaume-Uni comme un pays déjà surpeuplé dont les services publics ne pouvaient continuer à supporter la pression exercée par une immigration toujours plus nombreuse. Il mentionnait par ailleurs des « abus » dont certains immigrés seraient coupables, comme la fraude aux allocations et les mariages blancs. Par conséquent, il souhaitait que seuls les ressortissants européens ayant vécu au Royaume-Uni pendant un minimum de quatre années puissent bénéficier des droits sociaux, et qu'ils ne puissent plus transférer leurs allocations familiales hors du pays.

Les autres chefs d'État et de gouvernement européens ont été plutôt réceptifs aux demandes formulées par David Cameron, surtout dans les pays où des questions comparables avaient animé le débat politique national, comme cela avait été le cas en Allemagne ou en Autriche par exemple. Même les pays de l'Est, au premier rang desquels la Pologne, que les dérogations accordées au Royaume-Uni affecteraient directement, ont approuvé l'accord trouvé au Conseil européen des 18 et 19 février 2016, qui reprenait toutes les demandes formulées par Cameron concernant la libre circulation. En effet, le gouvernement britannique avait obtenu de pouvoir limiter les flux de travailleurs s'ils menaçaient d'avoir des « incidences négatives » pour le pays. De plus, le Royaume-Uni pourrait limiter l'accès aux

Hérodote, n° 174, La Découverte, 3e trimestre 2019.

prestations liées à l'emploi pendant une période pouvant aller jusqu'à quatre ans. Toutefois, une telle discrimination entre citoyens était incompatible avec les principes de l'appartenance au marché unique et de la libre circulation. Le Conseil a donc dû contourner les traités en proposant un « mécanisme d'alerte et de sauvegarde » qui ne pourrait être déclenché par un État membre que pour « faire face aux situations caractérisées par l'afflux d'une ampleur exceptionnelle et pendant une période prolongée de travailleurs en provenance d'autres États membres » qui affecterait « des aspects essentiels de son système de sécurité sociale ». Dans ce cas, il reviendrait à la Commission de proposer de restreindre l'accès des ressortissants européens aux prestations sociales dans le pays concerné, ce qui ne pourrait ensuite être mis en œuvre qu'avec l'accord de tous les chefs d'État et de gouvernement réunis en Conseil. Il s'agissait donc d'une victoire pour le Premier ministre conservateur car le Conseil validait l'idée que l'on ne pouvait obtenir d'aide sociale sans avoir préalablement contribué à l'économie nationale et prévoyait un mécanisme qui répondait aux demandes britanniques. Mais la presse eurosceptique britannique et de nombreux députés conservateurs ont refusé de voir cela comme une réelle avancée, dénonçant la complexité du processus et le rôle des institutions de l'UE dans celui-ci. Les partisans de la sortie de l'UE ont ensuite utilisé cet événement dans la campagne du référendum pour insister sur l'impossibilité d'empêcher la libre circulation tant que le Royaume-Uni demeurerait dans l'Union, tandis que Cameron et les partisans du maintien dans l'UE tentaient, en vain, d'éviter le sujet.

La campagne du référendum

La campagne électorale qui a précédé le référendum du 23 juin 2016 a laissé une place importante à la question de l'immigration, notamment en lien avec la manière dont celle-ci pesait sur les services publics. Néanmoins, ce n'a pas été le seul sujet évoqué pendant la campagne, qui a également porté sur la question de la souveraineté nationale et a débattu des bénéfices de l'appartenance à l'UE pour l'économie britannique.

Les partisans de la sortie de l'UE se sont divisés en deux campagnes, l'une officielle, *Vote Leave*, dominée par les conservateurs, et une campagne dissidente, non officielle, *Leave.EU*, dont faisaient partie les principaux cadres de l'UKIP, y compris son chef de file, Nigel Farage. Mais les deux groupes ont usé d'une stratégie similaire, abordant les différents thèmes à l'aune de l'immigration. Du côté de la campagne *Vote Leave*, le slogan « *Take Back Control* » devait résumer l'approche des conservateurs : reprendre le contrôle à la fois de l'élaboration des lois, des dépenses et des frontières. Les attaques contre la politique du gouvernement

Hérodote, n° 174, La Découverte, 3e trimestre 2019.

sont parfois parvenues de l'intérieur même de celui-ci. Priti Patel, alors secrétaire d'État au Travail, qui avait affirmé qu'il n'était pas raciste de s'inquiéter du nombre d'immigrés au Royaume-Uni[5], est allée jusqu'à déclarer que les enfants d'immigrés européens imposaient une « pression énorme et insupportable » sur les écoles anglaises, ce qu'une éventuelle adhésion de la Turquie à l'UE ne ferait qu'aggraver[6]. Autre figure de *Vote Leave*, l'ancien maire de Londres Boris Johnson, bien que favorable à l'immigration lorsqu'il avait la responsabilité de la capitale, a également fait part de ses réserves quant aux choix effectués par le gouvernement qui, selon lui, étaient à l'origine des craintes exprimées par les Britanniques :

> Je suis pour l'immigration, mais je suis surtout pour le contrôle de l'immigration. Des Britanniques de toutes origines ethniques et sociales sont sincèrement inquiets de l'immigration incontrôlée et de la pression qu'elle impose sur les services de proximité. Les gens ont tout à fait raison de se demander pourquoi nous ne pouvons pas contrôler nos frontières. Nous devons répondre à ces inquiétudes en reprenant le contrôle de ces frontières[7].

Du côté de *Leave.EU*, Nigel Farage avait commencé à prévoir dès 2015 la stratégie qu'il souhaitait mettre en œuvre dans le contexte du référendum en organisant une enquête de grande ampleur auprès des électeurs. Cette dernière avait confirmé que la question de l'immigration pourrait jouer un rôle essentiel pour convaincre les indécis de voter pour la sortie de l'Union. Farage n'a donc pas hésité à faire de ce thème le leitmotiv de sa campagne, allant jusqu'à poser devant une affiche électorale panoramique montrant une file de réfugiés originaires du Moyen-Orient sur une route des Balkans accompagnée du slogan « *Breaking Point* » (« point de rupture »). Cette photographie, largement reprise dans les médias, a été reçue comme une provocation. Non seulement la file des réfugiés représentée sur l'affiche était sans lien direct avec l'UE, mais cette photo a été publiée le jour de l'assassinat de la députée travailliste Jo Cox par un militant d'extrême droite. Elle peut être vue comme l'illustration parfaite de la manière dont l'UKIP a créé et exploité la confusion entre libre circulation des citoyens européens, adhésion

5. C. Hope, « Priti Patel interview : It's not "racist" to worry about immigration », *The Daily Telegraph*, 16 avril 2016.

6. T. Ross, « Migration pressure on schools revealed » (Révélations sur la pression migratoire sur le système scolaire), *The Daily Telegraph*, 7 mai 2016.

7. B. Johnson, déclaration sur l'immigration, « Boris Johnson : the only way to take back control of immigration is to Vote Leave on 23 June », *Vote Leave*, 26 mai 2016. <www.voteleavetakecontrol.org/boris_johnson_the_only_way_to_take_back_control_of_immigration_is_to_vote_leave_on_23_june.html>, consulté le 25 avril 2019.

possible de la Turquie à l'UE et crise des réfugiés pour susciter la crainte des électeurs face à une vague d'immigration que l'on ne pourrait maîtriser.

La division du camp des partisans de la sortie de l'UE a permis à la campagne menée par Nigel Farage d'insister sur le thème de l'immigration pour attirer les électeurs dont c'était la préoccupation principale, laissant à la campagne officielle *Vote Leave* la possibilité de se concentrer sur des sujets tels que la souveraineté ou l'économie, préoccupations principales des eurosceptiques, surtout conservateurs, depuis les débats sur la ratification du traité de Maastricht et la crise du système monétaire européen au début des années 1990 [Clarke, Goodwin et Whiteley, 2017].

Quant au parti travailliste, sa position pour le moins ambiguë reflétait ses divisions internes. Responsable de l'ouverture complète des frontières aux ressortissants d'Europe de l'Est dès 2004, le parti mené par Jeremy Corbyn continuait en 2016 d'être favorable à la libre circulation, conformément à son engagement internationaliste. Cependant, constatant qu'une partie de l'électorat populaire, qui vote traditionnellement pour les travaillistes, était sensible aux arguments anti-immigration formulés par les partisans d'une sortie de l'UE, le parti s'est abstenu de prendre position de manière claire et ferme. Jeremy Corbyn, issu de l'aile la plus à gauche du parti, traditionnellement plus eurosceptique, a mené une campagne tout en retenue en faveur du maintien dans l'UE, évitant le plus possible d'aborder le sujet de l'immigration.

En tout état de cause, l'opinion des électeurs sur la question de l'appartenance à l'UE n'a pas changé au cours de la campagne du référendum, étant donné la prééminence du débat sur l'immigration, à propos de laquelle les électeurs avaient déjà un avis tranché avant le référendum. En réalité, le camp de la sortie de l'UE a eu une avance constante dans les intentions de vote tout au long de la campagne et l'importance du débat sur l'immigration a été telle pendant les mois qui ont précédé le référendum que l'attitude des électeurs sur le sujet a pu être utilisée comme un outil de prédiction de la victoire des partisans de la sortie de l'UE dans certaines régions, plus encore que leurs convictions directement sur la question de l'appartenance à l'UE [Clarke, Goodwin et Whiteley, 2017 ; Dennison et Geddes, 2018, p. 1147]. Ce sont bien l'immigration et l'économie qui ont le plus influencé le choix des électeurs, l'analyse des résultats du référendum confirmant que les partisans de la sortie de l'UE ont été motivés essentiellement par l'idée qu'en quittant l'Union, il serait possible de réduire le nombre d'immigrés [Swales, 2016]. Il convient cependant de remarquer que, géographiquement, il n'existe pas de corrélation entre le nombre d'immigrés sur un territoire donné et le choix de voter pour la sortie de l'UE. Alors que près de la moitié des résidents londoniens est née hors du Royaume-Uni, la ville a voté clairement en faveur du maintien dans l'UE. Par opposition, certaines régions anglaises pauvres, notamment les zones côtières et le Nord, ont voté pour quitter l'UE, de même que les régions

Hérodote, n° 174, La Découverte, 3e trimestre 2019.

ayant connu un afflux récent d'immigrés européens, comme l'East Anglia[8]. Ces régions ont comme point commun d'être en grande difficulté économique et d'avoir connu un bouleversement démographique rapide provoqué par l'arrivée de ressortissants d'Europe de l'Est, qui sont venus principalement pour travailler dans le secteur agricole [Schnapper, 2018]. Néanmoins, il n'est pas certain que la sortie de l'UE ait l'effet escompté. En effet, les premiers projets annoncés par le gouvernement dans le but de réduire l'immigration ont été vivement critiqués. Ainsi l'annonce d'un renforcement des contrôles visant particulièrement les travailleurs gagnant moins de 30000 livres par an a suscité des interrogations de la part des principaux patrons d'entreprises britanniques, par la voix de Carolyn Fairbairn, directrice générale de la Confederation of British Industry, le plus important syndicat patronal britannique, qui s'inquiète des conséquences que pourrait avoir une réduction drastique de l'immigration, particulièrement de cette main-d'œuvre européenne non qualifiée ou peu qualifiée, pour l'économie et la société britanniques[9].

Quelle politique d'immigration après le Brexit ?

Le résultat du référendum de 2016 a permis de mettre en exergue le fait que les régions qui ont le plus souffert du déclin industriel qui a touché le Royaume-Uni depuis les années 1960 et qui n'ont pas pu tirer les mêmes bénéfices de la mondialisation que les régions du sud de l'Angleterre, mieux ancrées dans les grands réseaux européens, ont été les régions les plus enclines à manifester leur peur des changements induits par l'appartenance à l'UE et leur rejet de l'immigration. Alors que les coupes budgétaires engagées par le gouvernement conservateur depuis 2010 ont pesé lourdement sur les politiques publiques, le sentiment d'abandon social exprimé par de nombreux électeurs au moment du référendum de 2016 s'est en réalité avant tout traduit par un rejet de l'immigration et de l'UE plutôt que des politiques gouvernementales. Face à la désindustrialisation, à une croissance ralentie et à des politiques sociales menacées, l'UE n'était pas vue comme une solution mais comme un problème supplémentaire, dont l'immigration était l'un des symptômes.

8. A. Travis, « Fear of immigration drove the leave victory – not immigration itself » La peur de l'immigration a conduit à la sortie de l'UE – et non l'immigration elle-même), *The Guardian*, 24 juin 2016.

9. M. Savage, « Bar on low-skilled immigrants will hurt UK, say bosses » (La restriction du nombre d'immigrés peu qualifiés nuira au Royaume-Uni, déclarent les chefs d'entreprise), *The Guardian*, 2 décembre 2018.

Le gouvernement de Theresa May a très vite pris cela en compte en déclarant que, dans les discussions avec l'UE, la fin de la libre circulation serait la priorité du gouvernement, avant même la limitation des conséquences du Brexit pour l'économie du pays. Néanmoins, la manière dont l'accord de retrait a été négocié a finalement montré que la stratégie britannique manquait de clarté et de cohérence, et devait gagner en flexibilité. Du côté européen, le Conseil de l'UE a réaffirmé clairement en décembre 2017 que « les quatre libertés sont indissociables et qu'elles ne sauraient faire l'objet d'un choix à la carte », ce qui signifiait que le Royaume-Uni ne pourrait rester membre du marché unique tout en mettant un terme à la libre circulation. Il était par ailleurs essentiel pour l'UE de garantir les droits des citoyens européens déjà installés au Royaume-Uni, sans quoi elle ne s'engagerait pas à garantir les droits des Britanniques résidant dans un État membre de l'UE.

Dans son discours de Lancaster House de janvier 2017, Theresa May a affirmé que la libre circulation des personnes entre le Royaume-Uni et l'UE devait cesser, même si les droits des ressortissants de l'Union européenne sur le territoire britannique seraient maintenus et vice versa. En juin 2017, le gouvernement a annoncé la mise en place d'un statut de résident permanent (« *settled status* ») pour les ressortissants européens et les membres de leur famille résidant au Royaume-Uni. Ce statut doit permettre à ceux qui en bénéficieront de continuer à travailler, étudier et accéder aux prestations sociales et aux services publics après le Brexit dans les mêmes conditions que lorsque le pays était membre de l'UE. Ces dispositions ont été reprises dans le Livre blanc sur l'immigration présenté en décembre 2018 par le ministère de l'Intérieur britannique. Ce dernier document précise néanmoins qu'après une période qui pourrait durer jusqu'à la fin de l'année 2020 (en fonction de la date effective de sortie du Royaume-Uni de l'UE), les mêmes critères s'appliqueront pour l'immigration en provenance de l'UE que pour l'immigration hors UE. Au-delà, le gouvernement insiste sur la nécessité d'autoriser l'accès au territoire britannique uniquement en fonction des besoins de l'économie britannique en termes de qualifications. Alors que l'économie britannique dépend largement de travailleurs immigrés, rien ne permet d'affirmer que l'opinion publique continuera de soutenir une politique d'ouverture à cette main-d'œuvre étrangère et si elle sera sensible aux appels des entreprises et de leurs dirigeants en ce sens. Le référendum a renforcé la politisation du débat sur l'immigration et, par conséquent, a suscité des questionnements profonds sur l'avenir de l'organisation de l'économie britannique ainsi que sur le modèle politique qui pourra la soutenir.

Hérodote, n° 174, La Découverte, 3ᵉ trimestre 2019.

Conclusion

Il est désormais reconnu que l'immigration et la libre circulation sont deux thèmes qui ont joué un rôle clef dans la décision britannique de quitter l'UE. Le « partenaire difficile » qu'était le Royaume-Uni s'est montré incapable, ou du moins peu désireux, d'abandonner son aspiration à contrôler directement sa politique d'immigration pour adopter les principes de la libre circulation tels que définis dans le droit européen. Il n'a d'ailleurs jamais cessé de voir les autres citoyens de l'UE comme des immigrés, ce que, légalement, ils n'étaient pas. Le débat sur l'Europe, qui s'était déjà considérablement polarisé depuis la fin des années 1990, s'est confondu avec le débat public sur l'immigration, qui est elle-même devenue de plus en plus européanisée depuis les années 2000 et l'adhésion de nouveaux États d'Europe de l'Est à l'UE. Cette question polémique est devenue un élément décisif dans le processus de décision des électeurs, le Premier ministre conservateur n'ayant que très peu de chances de gagner une nouvelle élection s'il ne donnait pas de gages aux partisans les plus eurosceptiques et anti-immigration. Il en est allé de même après le référendum de juin 2016 puisque la Première ministre Theresa May a affirmé son intention de sortir du marché unique afin de reprendre le contrôle des flux migratoires en provenance du continent, même si cela devait engendrer des difficultés pour l'économie nationale.

Bibliographie

BALE T. (2014), « Putting it right? The Labour Party's big shift on immigration since 2010 » (Une rectification ? Le grand virage du parti travailliste sur l'immigration depuis 2010), *The Political Quarterly*, vol. 85, n° 3, p. 296-303.

BOOMGAARDEN H., SCHUCK A., ELENBAAS M. et DE VREESE C. (2011), « Mapping EU attitudes : conceptual and empirical dimensions of euroscepticism and EU support » (Cartographie des attitudes vis-à-vis de l'UE : dimensions conceptuelles et empiriques de l'euroscepticisme et du soutien à l'UE), *European Union Politics*, vol. 12, n° 2, p. 241-266.

CLARKE H., GOODWIN M. et WHITELEY P. (2017), *Brexit : Why Britain Voted to Leave the EU* (Brexit : pourquoi la Grande-Bretagne a voté pour sortir de l'UE), Cambridge University Press, Cambridge.

CUTTS D., GOODWIN M. et MILAZZO C. (2017), « Defeat of the People's Army ? The 2015 British general election and the UK Independence Party (UKIP) » (La défaite de l'Armée du peuple ? L'élection législative britannique de 2015 et le Parti pour l'indépendance du Royaume-Uni (UKIP)), *Electoral Studies*, vol. 48, p. 70-83.

DENNISON J. et GEDDES A. (2018), « Brexit and the perils of "Europeanised" migration » (Le Brexit et les dangers de migrations « européanisées »), *Journal of European Public Policy*, vol. 25, n° 8, p. 1137-1153.

Hérodote, n° 174, La Découverte, 3e trimestre 2019.

FAVELL A. (2000), « L'européanisation ou l'émergence d'un nouveau "champ politique" : le cas de la politique d'immigration », *Cultures & Conflits*, n° 38-39.

FORD R., JENNINGS W. et SOMERVILLE W. (2015), « Public opinion, responsiveness and constraint : Britain's three immigration policy regimes » (Opinion publique, réactivité et contrainte : les trois régimes de la politique d'immigration au Royaume-Uni), *Journal of Ethnic and Migration Studies*, vol. 41, n° 9, p. 1391-1411.

GOODWIN M. et MILAZZO C. (2015), *UKIP : Inside the Campaign to Redraw the Map of British Politics* (UKIP : au cœur de la campagne pour redessiner la carte politique du Royaume-Uni) Oxford University Press, Oxford.

HOOGHE L. et MARKS G. (2009), « A postfunctionalist theory of European integration : from permissive consensus to constraining dissensus » (Une théorie post-fonctionnaliste de l'intégration européenne : d'un consensus permissif à un dissensus restrictif), *British Journal of Political Science*, vol. 39, n° 1, p. 1-23.

INSTITUTE FOR PUBLIC POLICY RESEARCH (IPPR) (2014), *A Fair Deal on Migration for the UK* (Un accord juste sur les migrations pour le Royaume-Uni), IPPR, Londres.

KENTMEN-CIN C. et ERISEN C. (2017), « Anti-immigration attitudes and the opposition to European integration : a critical assessment » (Attitudes anti-immigration et opposition à l'intégration européenne : bilan critique), *European Union Politics*, vol. 18, n° 1, p. 3-25.

SCHNAPPER P. (2018), « Immigration et État providence dans le référendum britannique sur la sortie de l'Union européenne », *in* J.-C. BARBIER (dir.), *Un retour des nations en Europe ? Réflexions sur la crise politique de l'Union européenne*, La Documentation française, Paris.

SWALES K. (2016), *Understanding the Leave Vote* (Comprendre le vote pour la sortie de l'UE), NatCen Social Research, Londres.

Hérodote, n° 174, La Découverte, 3e trimestre 2019.

Crise de la représentation de la nation en France

Jérémy Robine[1]

En France, il est faux de parler de crise migratoire : en 2015 et depuis, les flux d'arrivées n'ont pas connu de hausse significative (graphique 1 et tableau 1). En revanche, il y a bien eu un phénomène aggravé, celui des campements sauvages à Calais, Grande-Synthe ou Paris, composés de réfugiés désirant rejoindre le Royaume-Uni et confrontés à la difficulté du passage de la Manche. C'est cela qui amène les acteurs du champ de l'hébergement d'urgence à évoquer une crise de l'accueil plutôt qu'une crise migratoire. En réalité, le phénomène des camps n'est pas si nouveau, le Centre de Sangatte ayant accueilli 70 000 personnes entre son ouverture en 1999 et sa fermeture en 2002. En revanche, les passages pédestres – et très dangereux – des Alpes n'existaient pas avant la réinstallation de contrôles à la frontière de Menton.

TABLEAU 1. – ENTRÉES ANNUELLES PAR MOTIF DEPUIS 2010

Motif	Ordre de grandeur	Part
Familial	90 000	45 %
Étudiant	60 000	30 %
Économique	20 000	10 %
Humanitaire	20 000	10 %
Divers	10 000	5 %
Total	**200 000**	**100 %**

Source : « Fiches thématiques : Flux d'immigration », « Immigrés et descendants d'immigrés en France », Insee.

1. Maître de conférences à l'Institut français de géopolitique, université Paris 8.

Hérodote, n° 174, La Découverte, 3e trimestre 2019.

GRAPHIQUE 1. – AUCUNE AUGMENTATION DES ARRIVÉES DEPUIS 2015

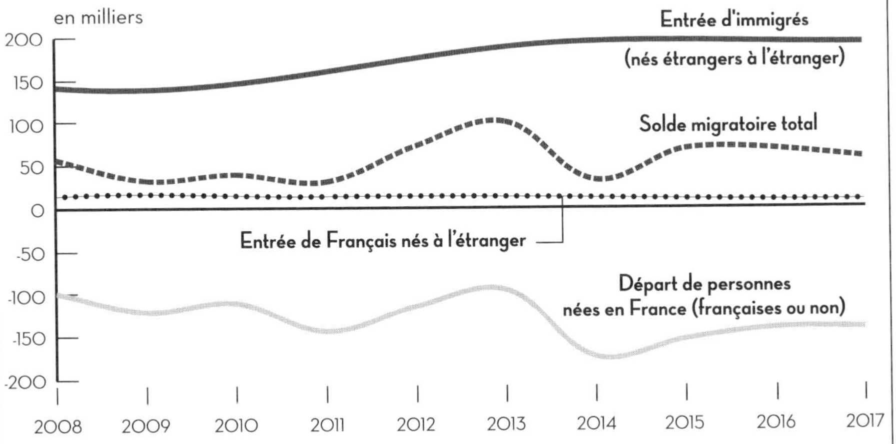

Source : *« Solde migratoire selon le lieu de naissance ou la nationalité en 2017 », Insee, 2019*
Graphique conçu par Jérémy Robine
HÉRODOTE N°174

Au regard des chiffres, la France n'est donc clairement pas confrontée à une crise migratoire qui aurait pour cause une arrivée massive de migrants. Néanmoins, depuis la percée du FN au milieu des années 1980, le sujet de l'immigration est resté continuellement central dans le débat politique, que le parti d'extrême droite semble imploser comme en 1999 ou au contraire au plus haut électoralement comme en 2002 ou en 2017. L'immigration de travail en France a été stoppée en 1973, et depuis très légèrement réouverte, comme le montrent les 20000 entrées annuelles pour motif économique. Depuis les années 1980, ce qu'évoque le parti d'extrême droite avec ce terme d'immigration n'est pas le phénomène de l'arrivée actuelle en France de personnes étrangères, mais de l'existence de Français issus de l'immigration, essentiellement en provenance des anciennes colonies françaises. Depuis, les *façons de nommer* ces Français ont évolué au gré des préoccupations et des événements géopolitiques : enfants d'immigrés, jeunes de banlieue, nouveaux Français, musulmans (alors qu'ils ne le sont pas tous, tant s'en faut !)...

Trois décennies après ses premières victoires locales, le FN, devenu Rassemblement national, n'a jamais pu conquérir le pouvoir. Néanmoins, il a bien remporté des victoires culturelles, en témoignent la disparition de l'expression de « lepénisation des esprits » remplacée par celle de « dédiabolisation » et

Hérodote, n° 174, La Découverte, 3e trimestre 2019.

la légitimité acquise par ses thèses dans les médias, notamment télévisuels, l'exemple le plus marquant étant les nombreuses occasions de s'exprimer données à Éric Zemmour, brièvement annoncé parmi les têtes de liste RN pour les élections européennes du 26 mai 2019, présence médiatique intense qu'il qualifie lui-même de « rôle gramscien[2] ». À partir de 2001, les attentats djihadistes aux États-Unis puis en Europe ont évidemment aidé le FN dans sa tentative de conquête de l'hégémonie culturelle et c'est au lendemain des attentats de New York, de ceux de Paris ensuite, que Jean-Marie puis Marine Le Pen ont pu accéder au second tour de l'élection présidentielle. En conséquence, ces Français descendants de l'immigration issue des anciennes colonies françaises sont toujours vus par une partie significative de leurs concitoyens comme des immigrés, malgré désormais deux générations nées en France et devenues adultes, dont de nombreux représentants sont parfaitement insérés, en politique ou dans les médias, dans le monde de l'entreprise ou dans la fonction publique. La ségrégation favorise le maintien de cette représentation d'arrivées récentes (*cf. infra*). Autrement dit, quand une partie des Français dit qu'il y a « trop d'immigrés », il s'agit d'évoquer des flux considérables d'arrivées qui n'existent pas ; mais ce qui valide cette représentation fausse, c'est la conviction qu'il y aurait trop de personnes arabes et noires en France en général, et dans certains territoires en particulier... territoires qui peuvent être largement fantasmés, à l'exemple du « 9-3 » (département de la Seine-Saint-Denis) pour un habitant d'une des nombreuses villes petites ou moyennes de province. Le « 9-3 » est une représentation, celle d'un territoire abandonné aux ou conquis par « les immigrés » ou « les musulmans », à laquelle des communes comme Vaujours ou Les Pavillons-sous-Bois ne sont pas associées, alors qu'elles font bien partie de la Seine-Saint-Denis [Robine, 2016]. Une partie de leurs habitants peut partager cette représentation du « 9-3 » et, du coup, s'inquiéter d'une menace vécue comme plus proche encore. De façon générale, l'évaluation par les Français de la proportion d'immigrés ou de personnes issues de l'immigration dans leur quartier est systématiquement exagérée, souvent triplée ou quadruplée [Douzet *et al.*, 2010][3] !

Ce qui est en cause c'est donc la diversité, raciale ou des origines visibles, au sein de la nation. La représentation majoritaire de la nation en France ne laisse pas, ou pas encore, place à la diversité des origines et des cultures. Nous ne vivons donc pas une crise migratoire, ni même une réelle crise de l'accueil, car de nombreux

2. L. Soullier, « Européennes : Marine Le Pen a proposé à Éric Zemmour d'être numéro trois sur sa liste », *Le Monde*, 13 mai 2019.

3. Des sondages plus récents montrent que le taux d'immigrés est multiplié par trois dans l'opinion, celui de musulmans par quatre. Par exemple : « Perceptions are not reality : things the world gets wrong » par l'institut Ipsos MORI's, 2014.

Hérodote, n° 174, La Découverte, 3e trimestre 2019.

dispositifs existent, et le nombre de places a considérablement augmenté[4]. Enfin, partout en France, des collectivités territoriales, des associations ou des citoyens se mobilisent pour améliorer l'accueil. Nous traversons la plus récente formulation de la crise de l'identité nationale, qui se déploie depuis trois décennies du fait de l'absence de réponse politique positive au fait que la société française devient plus visiblement diverse, et non à cause des flux migratoires. En effet, du fait des décès et des départs et de l'augmentation de la population dans son ensemble, la part de la population issue de l'immigration en France reste stable (graphique 2). Un paradoxe réside dans le fait que plus les enfants ou petits-enfants d'immigrés s'insèrent, plus ils sont visibles, et plus le sentiment d'invasion peut se répandre ; à l'inverse, les travailleurs immigrés des années 1970, vivant dans les bidonvilles ou des taudis et travaillant à l'usine, étaient particulièrement invisibles. La visibilité accrue, qui concerne également les pratiques religieuses, musulmane ou évangéliste, est le propre des sociétés postcoloniales. Mais les discours sur la nation et les transformations qu'elle traverse font défaut, à l'exception du discours réactionnaire au sens strict porté par l'extrême droite, et c'est sans doute la raison de sa relative victoire culturelle. Béatrice Giblin a mis en évidence le déclin de l'idée de nation à gauche après la Seconde Guerre mondiale et la guerre d'Algérie [Giblin, 2017] ; c'est sans doute ce qui explique son incapacité à formuler jusqu'à présent une représentation inclusive de la nation qui puisse contester au RN son électorat et mobiliser fortement celles et ceux qui incarnent la diversité de la nation.

À l'occasion de la campagne des élections européenne de 2019, Emmanuel Macron assume une ligne politique forte sur le choix de l'Europe. Ce n'est pas là un discours nouveau, puisque c'est celui porté depuis les années 1990 et le référendum sur le traité de Maastricht par le centre, du Parti socialiste à l'ancien Rassemblement pour la République. Face à l'extrême droite qui annonce la disparition de la France dans l'Europe sous un tsunami migratoire fantasmé – la première organisant le second –, il s'agit d'affirmer que l'avenir de la nation française est au cœur de l'Union européenne. Depuis 2005 au moins et le référendum sur la Constitution européenne, puis le non-respect du vote et l'adoption du traité de Lisbonne en 2007,

4. En 2019, il y a 41 670 places dans les centres d'accueil pour demandeurs d'asile (CADA) et 1 500 ouvertures prévues, ce qui est insuffisant et a conduit à créer 34 000 places d'hébergement d'urgence des demandeurs d'asile (HUDA). En 2016, 10 000 places ont été créées en centres d'accueil et d'orientation (CAO) à l'occasion du démantèlement de la « jungle de Calais », dont 4 500 existent toujours. La même année, 5 351 places ont été créées dans le cadre d'un programme d'accueil et d'hébergement des demandeurs d'asile (PRAHDA), puis près de 3 000 en centres d'accueil et d'examen de situation administrative (CAES). Il existe, enfin, 7 000 places de centres provisoires d'hébergement (CPH, destinés aux personnes ayant obtenu l'asile politique), dont 5 000 ont été créées depuis 2018. *Source* : La Cimade.

Hérodote, n° 174, La Découverte, 3e trimestre 2019.

cette profession de foi n'emporte plus l'adhésion des classes populaires. Quel autre discours sur la nation et son identité serait à même de le faire, et ainsi de réduire enfin l'influence électorale et politique de l'extrême droite? À ce sujet, il est intéressant de noter que, bien qu'il n'ait pas été un grand succès[5], les Français qui ont participé au grand débat décidé par E. Macron pour tenter de sortir de la crise des Gilets jaunes n'ont pas fait de l'immigration ou de l'identité nationale leur priorité[6]. Affirmer pour autant que la question ne préoccuperait pas nos concitoyens serait absurde; néanmoins, il n'est pas certain qu'elle soit si centrale que l'affirment ou le postulent nombre de responsables politiques ou de journalistes.

Graphique 2. – La part des immigrés dans la population durablement stable

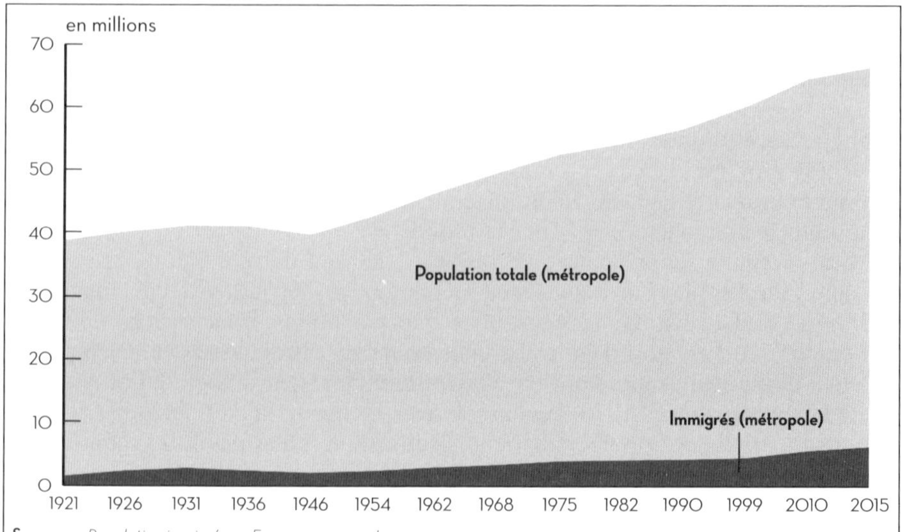

Source : *« Population immigrée en France en 2015 », Insee, 2019*
Graphique conçu par Jérémy Robine
HÉRODOTE N°174

5. Avec un peu moins de 2 millions de contributions au total, souvent plusieurs ayant le même auteur, il a d'emblée peu convaincu de son utilité. V. Mazuir, « Le grand débat national », *Les Échos*, 8 avril 2019; « Plus de deux tiers des Français pensent que le "grand débat national" ne va pas résoudre la crise politique », BFMTV, 13 mars 2019.

6. J. Pascual, « L'immigration, angle mort du grand débat national », *Le Monde*, 15 mars 2019.

Hérodote, n° 174, La Découverte, 3e trimestre 2019.

Un autre point lié au mouvement des Gilets jaunes semble significatif : l'apparition sporadique de manifestations d'antisémitisme dans ou en marge de ce mouvement. À rebours de l'idée que l'antisémitisme en France ne concernerait plus aujourd'hui que les seuls musulmans de banlieue, tandis que Marine Le Pen en aurait expurgé le RN « dédiabolisé », ces manifestations d'antisémitisme témoignent de la persistance des préjugés contre les Juifs dans l'ensemble des classes populaires, même si un tabou a longtemps été imposé. Bien qu'à chaque fait antisémite relaté par la presse, la quasi-totalité des personnalités politiques réaffirme que les Juifs font pleinement partie de la nation, ils restent aux yeux de beaucoup de Français des concitoyens *a minima* suspects et moins légitimes, et cela me semble aussi le produit d'une représentation majoritaire de la nation qui n'autorise pas la diversité.

Est-il alors souhaitable – ou tout simplement inévitable – que demain les Français se représentent majoritairement leur nation comme intrinsèquement multiculturelle ? À chaque citoyen de s'en faire une idée. Néanmoins, deux facteurs semblent déterminants pour l'avenir de la représentation que les Français se font de leur nation : l'évolution de la ségrégation et le rapport à l'islam et aux musulmans.

La ségrégation résidentielle ne peut pas facilement être mesurée en France, le choix étant toujours de ne pas nous doter des données qui le permettraient. La ségrégation raciale est pourtant une évidence sociale et spatiale. L'article de Jérôme Fourquet et Sylvain Manternach dans ce numéro l'établit de façon éclatante pour le cas marseillais. Tout le monde sait que la Paillade à Montpellier, le Mirail à Toulouse, le Neuhof à Strasbourg, le Val Fourré à Mantes-la-Jolie ou des communes entières de Seine-Saint-Denis sont des territoires depuis longtemps dédiés *de facto* à l'habitat des personnes arabes et noires, françaises ou non, bien que ces cités aient d'abord été construites pour loger les ouvriers et les employés (blancs) durant les Trente Glorieuses. Un remplacement de population y a bien eu lieu dans les années 1970, produit de trois facteurs : la poursuite de la trajectoire résidentielle des premiers habitants souvent vers des pavillons, la politique de résorption des bidonvilles et surtout la crise de désindustrialisation qui a eu pour conséquence, entre 1973 et 1976, la fin de l'immigration de travail et de la noria migratoire, et l'installation définitive en France des travailleurs immigrés qu'a accompagnée l'institutionnalisation du droit au regroupement familial. Le chômage de masse s'est traduit par une hausse des loyers impayés et, aux yeux des opérateurs du logement social, cela a rendu les familles immigrées, plus nombreuses, plus sûres, les allocations familiales et les aides au logement assurant le paiement des loyers. Depuis, ces quartiers sont de notoriété publique des territoires de ségrégation que chacun évite s'il le peut. Le refus des « statistiques ethniques » apparaît dès lors incompréhensible, comme si mesurer la ségrégation avait le pouvoir de créer ce que chacun connaît déjà. Ces quartiers font d'ailleurs

Hérodote, n° 174, La Découverte, 3e trimestre 2019.

l'objet depuis les années 1970 de politiques dédiées, formellement devenues la Politique de la ville après l'arrivée au pouvoir de François Mitterrand, et incarnées par l'Agence nationale de la rénovation urbaine (ANRU) depuis fin 2003.

Au lendemain des émeutes urbaines de novembre 2005, l'ANRU et son créateur Jean-Louis Borloo ont fortement communiqué sur le très ambitieux Programme national de rénovation urbaine (PNRU), dont les travaux ont duré plus de dix ans. Des quartiers ou même des pans entiers de certaines villes ont été profondément transformés, et c'était nécessaire ; néanmoins, le PNRU n'a pas réglé le « problème des banlieues », car il ne s'agissait pas d'une politique de déségrégation. Le Nouveau programme national de renouvellement urbain (NPNRU), qui lui succède et dont les travaux débutent à peine, prend l'objectif de déségrégation plus sérieusement en charge. Désormais, dans une opération ANRU, il est impossible de reconstituer l'offre de logement social sur site, y compris en zone tendue (où l'offre totale de logement est trop faible). Les logements réhabilités ou détruits dans des territoires où le logement social (public ou privé) est dominant devront être diversifiés, et des logements sociaux reconstruits là où ils sont moins nombreux. Le pari est bien d'atténuer la ségrégation sociale et raciale... sans avoir les outils pour la mesurer et préciser ses caractéristiques, pourtant particulières à chaque territoire, par exemple quant à l'échelle où elle s'organise (immeuble, quartier, commune...). Il ne sera donc pas facile d'évaluer le résultat du NPNRU en la matière.

La ségrégation atteint les écoles, collèges et lycées où les élèves sont peu mélangés, et l'institution scolaire aggrave même le phénomène [Bodet, 2018]. La conviction partagée que l'avenir d'un enfant est déterminé par les établissements qu'il fréquente pousse chaque famille à optimiser sa trajectoire scolaire, en fonction des moyens et informations à sa disposition. Éric Maurin a décrit précisément ce « séparatisme social » en 2004 [Maurin, 2004]. Or, la ségrégation a de très nombreux effets délétères pour la cohésion nationale. Elle produit de part et d'autre nombre d'idées fausses sur la situation des *autres*, et autant de frustrations. La Cour des comptes a montré en 2012 qu'en dépit de la représentation de milliards dépensés dans la politique la ville ou dans l'éducation prioritaire, les quartiers concernés reçoivent moins d'argent public par habitant que tout autre territoire métropolitain [Cour des comptes, 2012]. Les policiers en charge de ces secteurs témoignent qu'il ne s'agit pas des coupe-gorge qu'on imagine souvent, et que la délinquance souvent y est concentrée dans de tout petits espaces, mais parfois à des niveaux extrêmement élevés [Robine, 2016]. Enfin, la pression des rigoristes musulmans n'y pèse pas du poids dénoncé par les chroniqueurs télévisés qui en ont fait leur spécialité. En témoigne par exemple la contre-enquête du Bondy Blog qui a montré que l'affaire du bar PMU de Sevran prétendument interdit aux femmes avait été montée de

Hérodote, n° 174, La Découverte, 3e trimestre 2019.

toutes pièces[7], ce qui a amené Hervé Brusini, directeur en charge du numérique et de la diversité à France Télévisions, à reconnaître un « bug[8] », sans avoir, loin de là, la publicité du reportage initial[9]. Olivier Klein, le maire de Clichy-sous-Bois, commune souvent considérée comme l'archétype du ghetto de banlieue, considère que le problème principal aujourd'hui est que « les religions ne sont pas toutes égales dans leur capacité à pratiquer leur culte dans de bonnes conditions », insistant sur la diversité des faits religieux en banlieue [Klein, 2018]. En Seine-Saint-Denis, Wilfried Serisier a montré qu'il s'ouvre plus de lieux de cultes chrétiens (et notamment évangélistes) que musulmans [Serisier, 2016]. Dans les ghettos, on imagine encore facilement l'autre côté comme une société d'abondance, dans l'ignorance complète des difficultés que peuvent vivre les habitants des territoires périphériques.

Depuis les attentats terroristes de 2001 et tous les suivants jusqu'aux plus récents en France, l'opposition à l'immigration s'incarne principalement par le rejet des comportements des musulmans pratiquants visibles dans l'espace public. L'islam est perçu comme la marque d'une altérité irréductible et les musulmans seraient dans une stratégie de conquête, en dépit du fait que les musulmans français rejettent quasi unanimement la violence et l'obscurantisme, et que la pratique religieuse a plutôt tendance à faiblement diminuer à la seconde génération [Beauchemin *et al.*, 2016][10]. Il faut prendre garde de confondre visibilité accrue, ou même revendiquée comme légitime par des militants qui ne sont pas nécessairement eux-mêmes très pratiquants, et accroissement de la religiosité. La ségrégation joue là aussi un rôle important, car la pratique visible du culte musulman ou des coutumes associées sont concentrées dans des territoires particuliers, dont beaucoup de Français ne connaissent que ce qui en est montré ou dit dans les médias. Néanmoins, il est indispensable de tenir aussi compte de la profonde crise du monde musulman, qui se traduit par d'incessantes guerres ou rébellions contre des régimes autoritaires pratiquant la répression de façon féroce. Dans le monde arabe plus particulièrement, ces régimes se réclamaient du nationalisme (parfois

7. N. El Moaddem, « Bar PMU de Sevran : la contre-enquête du Bondy Blog », Bondy Blog, 10 mars 2017.

8. A. Kucinskas, « Reportage dans un bar de Sevran "sans femmes" : un "bug" selon Hervé Brusini », *L'Express*, 9 février 2018.

9. X. Martinage, « Les réactions se multiplient après le reportage de France 2 dans un café à Sevran », LCI, 9 décembre 2016.

10. Grossièrement : 50 % des descendants d'immigrés ont une pratique religieuse moindre que leurs parents, 40 % ont une pratique identique et 10 % une pratique plus marquée. À plus long terme, la pratique religieuse musulmane semble en augmentation en France du fait de l'arrivée plus nombreuse des femmes, de la religiosité accrue des sociétés musulmanes depuis les années 1970 et du déclin des idéologies nationalistes ou socialistes au Maghreb.

Hérodote, n° 174, La Découverte, 3e trimestre 2019.

panarabe), ce qui a favorisé les oppositions islamistes, puis la naissance d'organisations djihadistes internationales, qui commettent leurs crimes de l'Indonésie au Sahel, et parfois en Europe. Cette situation et les attaques subies en France depuis 2012 et surtout 2015 sont évidemment de nature à rendre inquiétante la figure du musulman, d'autant plus qu'elle est inconnue, reléguée à l'espace dangereux du « 9-3 » ou des quartiers nord de Marseille.

La place réservée aux femmes est le sujet le plus vif. Dans le monde arabe, on observe de nombreuses régressions, même si les mobilisations des femmes y sont aussi plus puissantes que jamais, au Maghreb comme dans la péninsule Arabe. L'évolution de la situation inédite en Algérie pourrait avoir une influence importante, les femmes étant en première ligne des mobilisations qui ont permis la chute de Bouteflika (au moment de l'écriture de cet article), alors que le pays semblait depuis deux décennies s'enfermer dans une bigoterie encouragée par le régime. En France, la polémique sur le voile a profondément déchiré la gauche [Robine, 2016] et les féministes, entre celles et ceux qui tiennent le voile pour un instrument d'oppression des femmes imposé par les hommes ou le patriarcat, et celles et ceux qui défendent la liberté de choix, affirmant que les cas de contraintes sont l'exception et qu'interdire le voile ou l'imposer sont deux oppressions équivalentes. L'observateur attentif des quartiers ségrégués peut seulement remarquer que la situation n'y est pas celle souvent décrite dans les médias audiovisuels d'une hégémonie masculine sur l'espace public (sauf peut-être les stades) ou d'une généralisation des tenues religieuses, pour les femmes comme pour les hommes. Là encore, la ségrégation joue un rôle déterminant, en ceci qu'elle permet que des discours pour le moins caricaturaux semblent crédibles à ceux qui vivent hors des territoires ségrégués.

L'extrême droite progresse en France à cause de cette situation de blocage au sujet de la représentation dominante de la nation, essentiellement liée à la ségrégation raciale et aggravée par la crise djihadiste. L'opposition à l'immigration fait recette électoralement alors même que les flux migratoires sont déjà réduits au minimum[11], et ce qui est en cause, c'est la représentation dominante de la nation, de qui en est légitimement membre. Aucune force politique ne place ce sujet au cœur de son discours à part le RN, aucun des partis de gauche, plus particulièrement, ne propose un projet fort pour envisager de manière positive et désirable une nation diverse et inclusive. La fracture en son sein au sujet du voile

11. C'est-à-dire le droit reconnu comme fondamental des résidents, Français ou étrangers, à faire venir leurs proches et le droit d'asile, ainsi que des étudiants dont la venue est souhaitée dans la concurrence universitaire mondiale. Les 10 000 entrées économiques correspondent à des travailleurs très qualifiés ou des secteurs économiques qui ont de grandes difficultés à recruter (tableau 1).

Hérodote, n° 174, La Découverte, 3e trimestre 2019.

joue ici un rôle central et, de façon plus générale, la radicalité des positions de chacun. Or le blocage pousse à la radicalité.

C'est en particulier vrai d'une partie de ceux qui, parmi la génération des enfants d'immigrés née dans les années 1980 ou 1990, ont réussi leur insertion sociale. Ayant généralement le sentiment d'avoir réussi grâce à une volonté de fer et au soutien sans faille de leurs familles contre les discriminations et un système scolaire dissuasif [Diallo, 2019], et souvent devenus eux-mêmes des parents inquiets de l'insertion de leurs propres enfants, ils utilisent pour décrire la société française des termes provocants, comme ceux de « racisme d'État ». Cette expression n'est sans doute pas opportune, et elle est généralement comprise à contresens. Il ne s'agit pas de dénoncer les *intentions* racistes de l'État ou du gouvernement, mais les effets discriminatoires des politiques publiques en général, l'Éducation nationale, la police ou la Justice étant plus particulièrement visées. L'expression de « racisme systémique » rend mieux compte de cette idée que ce qui fait obstacle à l'épanouissement des habitants arabes ou noirs, français ou étrangers, n'est pas tant les intentions racistes d'individus fussent-ils haut placés, ni même l'extrême droite, que l'ensemble des désavantages subis, dans l'orientation scolaire, dans la qualité des établissements, dans l'accès au logement ou à l'emploi, etc. Ce faisant, ces militants – mais aussi des médecins, enseignants, journalistes, artistes... – considèrent acquis que la France est un pays à la fois divers et traversé par des systèmes (axes) d'inégalités et de privilèges, qui concernent la classe sociale, le genre, l'orientation sexuelle, le handicap, la religion ou la race, au sens de catégories sociales [Guillaumin, 1981].

Il leur est généralement opposé l'idée qu'utiliser les catégories raciales les renforcerait et risquerait d'engendrer des revendications croissantes de séparation entre les groupes, chaque personne ayant une identité singulière composée de multiples identités collectives imposées ou choisies qui peuvent changer au cours de la vie. Du point de vue de ceux qui subissent les discriminations, il est difficile de croire que le « communautarisme[12] » représente la principale menace et, là encore, il leur semble qu'il s'agit avant tout de les empêcher de décrire le réel. À leurs yeux, l'objectif n'est pas d'en finir avec l'idéal de Françaises et Français égaux, mais de déconstruire le mythe selon lequel l'égalité est acquise puisque proclamée par les principes républicains et la loi, afin d'atteindre plus d'égalité. Ils affirment que la prégnance des catégories raciales qui leur sont assignées les empêche de vivre librement une identité singulière, y compris des personnes asiatiques, telle Grace Ly qui dénonce la banalité des préjugés racistes concernant les Asiatiques.

12. Mis entre guillemets car il n'existe pas en France de mouvement politique prônant l'organisation communautaire de la société.

Hérodote, n° 174, La Découverte, 3e trimestre 2019.

Ces derniers bénéficiant d'une image positive au regard des autres groupes issus de l'immigration, ces préjugés sont rarement dénoncés et l'assignation raciale d'autant plus puissante [Ly, 2018][13].

Comment imaginer l'apaisement de ces tensions? Paradoxalement, depuis les années 1980 la progression de l'extrême droite va de pair avec l'amélioration de la situation sur le plan des inégalités raciales. Les crimes racistes ont quasiment disparu, même s'il reste le problème du comportement de certaines unités de police spécifiquement dédiées aux quartiers ségrégués [Robine, 2016], qui produit une dizaine de décès par an (généralement accidentels lors de poursuites parfois contestables, mais cela reste bien différent des assassinats purs et simples des années 1970). L'insertion économique, sociale et culturelle a immensément progressé et les Français arabes et noirs exercent toutes les professions et accèdent à tous les niveaux de responsabilités si ce n'est le cercle fermé des dirigeants des grandes entreprises, que les femmes n'ont d'ailleurs, elles non plus, pas encore conquis. La ségrégation raciale reste une réalité, néanmoins elle s'est atténuée, notamment car une partie des enfants de ceux qui résidaient dans les cités il y a trente ans ont emménagé ailleurs, en centre-ville ou dans des pavillons. La pratique du culte musulman est plus facile et plus acceptée sur le terrain, des mosquées dignes ont remplacé les salles de prière clandestines, et des Français musulmans très insérés, comme Marwan Muhammad[14], ont décidé de prendre en main l'organisation et la représentation du culte auparavant contrôlé par les seuls consulats maghrébins. Enfin et surtout, la cohésion nationale a résisté aux attentats djihadistes, preuve éclatante de la résistance aux thèses lepénistes. Néanmoins, tous les territoires n'en sont pas au même point. Effet de la ségrégation, il y a un gouffre sur le rapport à la diversité entre les métropoles, où elle est banale, et la France des petites villes et des villages, où elle ne peut être qu'imaginée, comme entre le nord-est et l'ouest de Paris. Comme l'affirmaient les antiracistes des années 1980 et 1990, « casser les ghettos » reste à l'ordre du jour.

Bibliographie

BEAUCHEMIN C., HAMEL C. et SIMON P. (dir.) (2016), *Trajectoires et origines. Enquête sur la diversité des populations en France*, Ined, Paris.

BODET J. (2018), « La ségrégation scolaire : un enjeu géopolitique », *Hérodote*, n° 170.

13. Amanda Jacquel, « Grace Ly en lutte contre l'invisibilité des Asiatiques de France », BondyBlog, 6 juin 2018.

14. Voir site web : <https://lesmusulmans.fr>

Hérodote, n° 174, La Découverte, 3e trimestre 2019.

COUR DES COMPTES (2012), « La politique de la ville, une décennie de réformes », rapport public de la Cour des comptes.

DIALLO R. (2019), *Ne reste pas à ta place !*, Marabout, Paris.

DOUZET F., ROBINE J. et BENADBDERRAHMANE C. M. (2010), « Les enjeux de la concentration spatiale des immigrants », Rapport final post-enquête qualitative TeO pour l'Ined.

GIBLIN B. (2017), *Le Paradoxe français. Entre fierté nationale et hantise du déclin*, Armand Colin, Paris.

GUILLAUMIN C. (1981), « "Je sais bien mais quand même", ou les avatars de la notion de "race" », *Le Genre humain*, vol. 1, n° 1, « La science face au racisme ».

KLEIN O. (2018), « Donner aux habitants des quartiers populaires l'envie de rester. Entretien par J. Robine », *Hérodote*, n° 170.

LY G. (2018), *Jeune fille modèle*, Fayard, Paris.

MAURIN É. (2004), *Le Ghetto français, enquête sur le séparatisme social*, Seuil, « La République des idées », Paris.

ROBINE J. (2016), « Le 9-3, symbole du ghetto dans la nation », *Hérodote*, n° 162.

SERISIER W. (2016), « Le défi des islams en Seine-Saint-Denis », *Hérodote*, n° 162.

Hérodote, n° 174, La Découverte, 3e trimestre 2019.

Cent ans d'immigration racontés par les prénoms

Jérôme Fourquet[1]
et Sylvain Manternach[2]

Retour sur une polémique : le prénom comme marqueur culturel

Les propos d'Éric Zemmour adressés à Hapsatou Sy, tenus le 13 septembre 2018, à l'occasion de l'enregistrement de l'émission « Les terriens du dimanche[3] » ont provoqué de vives et nombreuses réactions, notamment la demande d'excuses de la part de la chroniqueuse de l'émission à l'adresse du polémiste de droite. Après avoir suggéré que la jeune femme aurait dû s'appeler Corinne, il déclara : « C'est votre prénom qui est une insulte pour la France [...] les prénoms incarnent l'histoire de la France donc votre prénom n'est pas dans l'histoire de la France, que ça vous plaise ou non. » Suite à ce qu'elle a vraisemblablement considéré comme une attaque personnelle, Hapsatou Sy lui a répondu : « Vous venez de m'insulter parce que mon prénom fait partie de mon identité. »

Malgré leur confrontation, il nous semble évident que les deux protagonistes de cette affaire s'accordent sur le fait que les prénoms constituent des marqueurs identitaires majeurs et nous pensons que cet échange, au-delà de son aspect polémique, est très révélateur de ce que les prénoms peuvent nous dire de notre « histoire » et de notre « identité » individuelles et collectives. Ce sont d'ailleurs

1. Directeur du département Opinion et stratégie d'entreprise de l'Ifop.

2. Géographe, cartographe.

3. D'abord écartés lors de la diffusion de l'émission le 16 septembre 2018, ces propos ont été diffusés sur Internet par Hapsatou Sy le 18 septembre et largement commentés sur les réseaux sociaux et les plateaux télévisés les jours suivants.

Hérodote, n° 174, La Découverte, 3e trimestre 2019.

les historiens qui se sont le plus souvent consacrés à l'étude du phénomène de prénomination. Ainsi, pour John Dickinson,

> le prénom est un marqueur culturel. Il est partie intégrante d'un complexe sociologique, qui renvoie à des sensibilités régionales (ou nationales), à des logiques familiales, à des modèles de conduite, à des genres de vie. Par voie de conséquence, les transformations de la prénomination se présentent à nous comme un élément notable et un indicateur précis des changements vécus par une société [Dickinson, 1998].

L'étude des prénoms est en effet une méthode extrêmement féconde lorsque l'on se consacre à l'analyse des bouleversements culturels et démographiques. L'étude de l'évolution dans l'attribution des prénoms en France depuis 1900 peut être réalisée en s'appuyant sur le volumineux fichier Insee des prénoms[4]. Ainsi, comme nous l'avons montré dans *L'Archipel français. Naissance d'une nation multiple et divisée*, la raréfaction du prénom Marie[5] au cours du XXe siècle et sa géographie départementale illustrent spectaculairement l'affaiblissement de la matrice catholique tandis que la multiplication du nombre des prénoms utilisés et des prénoms rares confirme le basculement dans une société de l'individualisme de masse. Le succès des prénoms américains auprès des classes populaires depuis les années 1980 montre par ailleurs la capacité d'influence de la *world culture* véhiculée par les médias de masse et une forme d'autonomisation culturelle des classes populaires.

Un outil révélateur de l'histoire des migrations et de l'assimilation

Mais l'étude des prénoms est également un outil précieux qui permet de suivre l'histoire et les modalités des immigrations en France depuis 1900. Le dénombrement des attributions de prénoms de différentes origines à partir du fichier de données brutes de l'Insee (l'Institut n'a opéré aucun regroupement ou classement dans son fichier) permet tout d'abord de dater le commencement puis de suivre le développement des différentes vagues migratoires que notre pays a connues. Nous nous pencherons dans cet article sur quelques-unes des immigrations les plus emblématiques et significatives en commençant par l'arrivée des Polonais au début des années 1920 pour aller jusqu'aux immigrations les plus contemporaines en provenance du continent africain.

4. L'Insee fournit chaque année deux fichiers actualisés distincts : un fichier national qui récence tous les nouveau-nés et leur prénom, et un fichier qui détaille les attributions de chaque prénom à l'échelle géographique des départements.

5. Près de 20 % des naissances féminines se voient attribuer le prénom Marie en 1900 contre moins de 0,3 % en 2016 [Fourquet, 2019].

Hérodote, n° 174, La Découverte, 3e trimestre 2019.

Au travers de l'analyse statistique des attributions de prénoms de différentes origines, nous pouvons par ailleurs prendre la mesure de l'ampleur des flux et des volumes de populations concernées mais également observer l'implantation originelle puis l'éventuelle dispersion de ces différents groupes sur le territoire national. Cette analyse géographique peut également être réalisée à une autre échelle, comme nous le ferons dans la dernière partie de cet article en réalisant un focus sur la ville de Marseille, porte d'entrée historique de plusieurs vagues d'immigration en France.

Enfin, *last but not least*, l'analyse anthroponymique sur la longue durée s'avère être une méthode utile pour évaluer, *via* l'abandon plus ou moins rapide ou au contraire la persistance des prénoms d'origine par les populations immigrées et leur descendance, la puissance de la machine assimilatrice républicaine au cours du XXe siècle et la volonté de ces différents groupes de se fondre dans la population majoritaire ou à l'inverse d'afficher un certain particularisme. Si le taux de mariage ou d'union mixte constitue habituellement un indicateur majeur retenu par les démographes pour évaluer le degré et le rythme d'intégration d'un groupe minoritaire à une population majoritaire [Tribalat, 2017], on peut penser que le choix du prénom pour ses enfants (voire pour soi-même, quand certains immigrés décident de franciser leur prénom) représente également un indicateur assez fiable et suffisamment congruent avec le taux d'exogamie pour apprécier ce processus d'assimilation. Après dépouillement de nombreuses listes électorales, il nous est en effet apparu que les choix des prénoms différaient ainsi très sensiblement selon les groupes ethnoculturels.

Les immigrations polonaise, portugaise et asiatique

Au lendemain de la Première Guerre mondiale, des centaines de milliers de Polonais sont venus travailler en France, et principalement dans le secteur minier qui manquait cruellement de bras après la Grande Guerre. On estime qu'entre 1920 et 1930 près de 500 000 Polonais s'installèrent en France, le plus gros contingent se fixant dans le bassin minier du Pas-de-Calais. Les Polonais étaient très nombreux dans les communes minières, constituant parfois jusqu'à 40 % des effectifs des mineurs de fond. Cette forte concentration, associée à la spécificité de cette immigration, ne plaidait pas pour son intégration rapide. Et, de fait, la communauté polonaise vivait en vase clos, encadrée par ses propres prêtres catholiques, et avait créé très rapidement ses propres structures (clubs sportifs, associations culturelles, sections syndicales et équipes de mineurs constituées sur une base nationale, etc.). Cultivant un très fort sentiment patriotique (la Pologne venait d'accéder à nouveau au statut d'État souverain), beaucoup de Polonais envisageaient à l'époque de rentrer rapidement au pays une fois qu'ils auraient économisé un peu d'argent.

Hérodote, n° 174, La Découverte, 3e trimestre 2019.

Dans ce contexte, la transmission de la langue revêtait une importance particulière, et la communauté polonaise obtint (avec l'appui du puissant patronat des mines) que, dans les communes où elle était fortement implantée, des cours du soir en polonais soient proposés, une première dans l'histoire de l'école de la République. Conséquence et illustration de son fonctionnement en « circuit fermé », les mariages mixtes étaient quasiment inexistants dans les années 1930 à 1940 [Kastrubiec, 1991] et, de la même manière, nombre de prénoms attribués durant cette période dans ces familles étaient des prénoms polonais.

GRAPHIQUE 1. – PROPORTION DE NOUVEAU-NÉS PORTANT UN PRÉNOM POLONAIS DANS LE PAS-DE-CALAIS

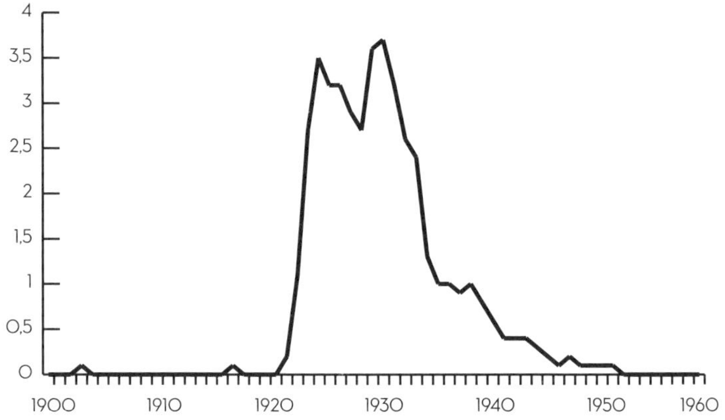

Source : *Insee, traitement Sylvain Manternach et Jérôme Fourquet*
Graphique conçu par Sylvain Manternach et Jérôme Fourquet
HÉRODOTE N°174

La courbe ci-dessus nous livre des indications précieuses. La proportion des prénoms polonais parmi les nouveau-nés du Pas-de-Calais décolle en 1921-1922, soit un ou deux ans après les premières arrivées, et se maintient à un niveau élevé jusqu'au milieu des années 1930. La conjoncture politique et sociale pèse de tout son poids sur cette courbe, qui fléchit durant la période 1928-1930, marquée par de fortes tensions sociales et des rapatriements forcés de mineurs polonais dans un contexte de fort accroissement du chômage. Mais la courbe révèle que la préférence pour les prénoms polonais a été de courte durée, puisqu'on ne l'observe que sur une période de vingt-cinq ans, des premières arrivées en 1920 à la fin de la Seconde Guerre mondiale. Alors que cette communauté vivait repliée sur elle-même à son arrivée, tout se passe comme si, en l'espace d'une génération, elle

Hérodote, n° 174, La Découverte, 3e trimestre 2019.

s'était fondue dans le reste de la population française. Des études locales ont d'ailleurs révélé un très fort taux de mariages mixtes au sein de la seconde génération, confirmant le mouvement vers une assimilation rapide.

L'arrivée massive de ressortissants portugais dans les années 1960-1970 présente un phénomène assez proche de celui des Polonais. En l'espace de quelques années, plusieurs centaines de milliers de Portugais sont en effet arrivées en France. Consécutivement, les données de l'Insee ont enregistré un pic de prénoms portugais parmi les nouveau-nés entre les années 1970 et 1975. Mais, à l'instar de ce que l'on a observé pour les prénoms polonais dans le Pas-de-Calais, ce phénomène a été de très courte durée, et les Carlos, João, Pedro et Rui sont rapidement retournés à l'anonymat statistique dès le milieu des années 1980.

GRAPHIQUE 2. – ÉVOLUTION DE 1930 À 2016 DU NOMBRE DE NOUVEAU-NÉS MASCULINS PORTANT DIFFÉRENTS PRÉNOMS PORTUGAIS

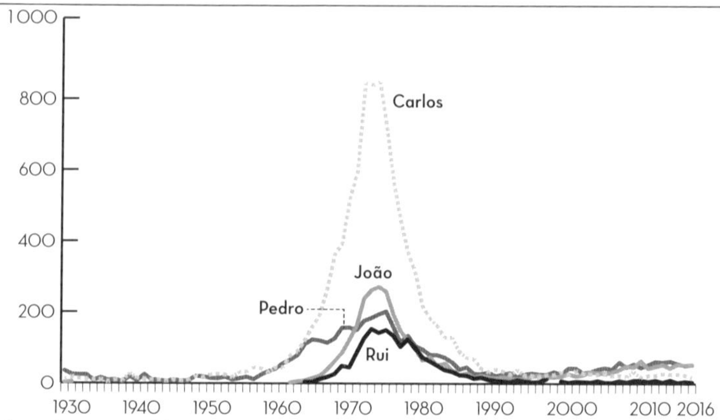

Source : *Insee, traitement Sylvain Manternach et Jérôme Fourquet*
Graphique conçu par Sylvain Manternach et Jérôme Fourquet
HÉRODOTE N°174

L'abandon relativement rapide du choix d'un prénom polonais ou portugais nous semble lié au tarissement des arrivées après quelques années pour ces deux immigrations, quand l'arrivée régulière de membres de la communauté d'origine favorise à l'inverse la persistance des mariages endogames et contribue à maintenir le groupe dans le bain culturel du pays d'origine. La multiplication des mariages mixtes, la diffusion géographique progressive de ces populations ainsi qu'une intégration économique réussie ont certainement été des éléments décisifs qui expliquent la rapidité de ce processus.

Hérodote, n° 174, La Découverte, 3e trimestre 2019.

Nous nous sommes également intéressés à la population d'origine asiatique présente en France en utilisant les listes électorales du 13e arrondissement de Paris, qui abrite une population d'origine asiatique significative. Cette monographie, qui n'a pas vocation à être parfaitement représentative des comportements de l'ensemble de la population d'origine asiatique vivant en France, offre néanmoins des éléments chiffrés assez robustes et révélateurs d'une forte tendance à l'attribution de prénoms français ou européens. Ainsi, 52 % des personnes portant un patronyme asiatique et inscrites sur les listes électorales dans le 13e arrondissement ont un prénom français ou européen. Seuls 48 % d'entre eux possèdent un prénom renvoyant à leur pays ou culture d'origine. Cette proportion de porteurs d'un prénom français ou européen s'établit à 75 % pour les personnes ayant un patronyme asiatique mais étant nées en France, et que l'on peut considérer comme constituant la seconde génération[6].

Le taux est logiquement beaucoup plus faible, quoique assez élevé, parmi les personnes nées dans ces pays : 39 % possèdent ainsi un prénom français ou européen[7]. Cette proportion varie quelque peu selon le pays de naissance[8] : 52 % des personnes nées au Laos et 45 % de celles nées au Cambodge portent un prénom français ou européen contre un tiers de celles qui sont nées au Vietnam ou en Chine. Ces taux élevés peuvent, selon nous, renvoyer au fait qu'une part significative de ces personnes était issue de familles ou de milieux ayant des liens avec la puissance coloniale qu'était la France (cadres « indigènes » de l'administration coloniale, milieux d'affaires, professions libérales, minorités chrétiennes, etc.), ce qui a pu conduire certaines familles à donner des prénoms français à leurs enfants. On touche là au fait qu'une partie de l'immigration des *boat people* a été constituée de cadres ou de personnes disposant d'un capital culturel et/ou économique non négligeable, ce qui a pu faciliter leur intégration une fois arrivés en France. On peut également penser que ce taux de prénoms français ou européens parmi les immigrés asiatiques de la première génération, beaucoup plus élevé que dans l'immigration maghrébine ou africaine (comme nous le verrons plus loin), traduit le fait qu'une part

6. Compte tenu de la période d'arrivée principale de cette population en France, qui correspond à la fin des années 1970 et au début des années 1980 (crise des *boat people*), les personnes qui sont nées en France et sont inscrites sur les listes électorales (ce qui implique qu'elles aient au moins dix-huit ans) constituent très majoritairement la seconde génération et très marginalement la troisième génération.

7. Nous avons constaté des résultats quasiment identiques en analysant les listes électorales de Bussy-Saint-Georges en Seine-et-Marne. Dans cette commune, qui abrite également une population d'origine asiatique importante, 74 % des personnes portant un patronyme asiatique et étant nées en France ont un prénom français ou européen, et c'est le cas également de 39 % de ceux qui sont nés dans leur pays d'origine.

8. L'information sur le pays de naissance est présente dans le fichier des listes électorales parisiennes, ce qui a permis d'affiner cette analyse.

Hérodote, n° 174, La Découverte, 3e trimestre 2019.

significative de ces immigrants asiatiques a fait le choix de changer de prénom au moment de son arrivée en France ou quelques années après, dans l'optique de favoriser son intégration. Ce choix a été, comme on l'a vu, encore plus fréquent quand il s'est agi de prénommer les enfants nés en France. Il convient néanmoins de rappeler que le choix d'un prénom français ou européen concerne souvent le premier prénom. Les enfants portent souvent également un second prénom les rattachant au pays d'origine de leurs parents. Ces familles font ainsi un choix pragmatique : un prénom asiatique couramment utilisé dans la sphère privée, et un prénom occidental plus « passe-partout » favorisant l'intégration des enfants à l'école et dans la vie sociale.

Un fort développement des prénoms arabo-musulmans en France

L'application de l'analyse anthroponymique centrée sur les prénoms donne des résultats tout aussi utiles lorsqu'il s'agit d'étudier la montée en puissance du groupe ethnoculturel arabo-musulman[9] dans la société française au cours des dernières décennies.

Ainsi, à partir du fichier de l'Insee, nous avons dressé un tableau statistique permettant de quantifier le nombre de nouveau-nés portant un prénom d'origine arabo-musulmane depuis 1900. Pour ce faire, nous nous sommes appuyés sur le travail que nous avons réalisé à partir des listes électorales depuis plusieurs années afin de constituer une liste la plus complète possible des prénoms se rattachant aux mondes arabo-musulmans[10]. Les informations complémentaires (lieu et date de naissance notamment) fournies par les listes électorales nous ont permis d'éviter autant que possible les confusions qu'engendre la base culturelle méditerranéenne commune aux trois religions monothéistes. Certains prénoms ont ainsi été traités avec la plus grande précaution ou écartés afin d'éviter toute attribution erronée. Nous avons mené ce lourd travail empirique dans le cadre d'un précédent ouvrage [Fourquet *et al.*, 2015], commandé par la Fondation Jean-Jaurès, il a été systématisé et amplifié dans *L'Archipel français* en nous appuyant sur la base de données de l'Insee qui offre un corpus encore plus volumineux. Au terme de ce travail fastidieux, nous avons recensé 4 550 prénoms masculins et 3 500 prénoms féminins arabo-musulmans différents. Précisons, et cela est important, que, dans notre esprit, cette appellation ne désigne pas une « communauté » (c'est-à-dire un ensemble social normé dans l'espace et dans le temps, dont les membres déclarent partager un ensemble de traits culturels et de relations sociales), mais un groupe social (un ensemble de personnes ayant en commun des caractéristiques sociales) [Schrecker, 2009].

9. Appellation générique que nous utiliserons pour désigner l'ensemble des personnes dont la famille est originaire d'un pays musulman, ce groupe étant, comme nous le verrons, très hétérogène et donc non assimilable à un bloc.

10. Sans prétendre pour autant à l'exhaustivité.

Hérodote, n° 174, La Découverte, 3e trimestre 2019.

En dépit des multiples précautions qui ont entouré ce travail, les chiffres que nous présentons dans les pages qui suivent sont à considérer comme des révélateurs d'ordres de grandeur et de tendances à l'œuvre plus que comme des estimations millimétriques totalement figées[11]. En outre, il convient de rappeler, même si cela va de soi, que toutes les personnes portant un prénom originaire des mondes arabo-musulmans ne sont pas nécessairement musulmanes. Croire ou pas en Dieu est une opinion personnelle que l'analyse onomastique menée ici ne saurait prétendre vérifier.

Nous avons choisi de nous concentrer ici sur la population masculine, dans la mesure où la liste des prénoms masculins arabo-musulmans compte beaucoup moins de prénoms pouvant renvoyer à une autre aire culturelle que la liste des prénoms féminins[12]. Cette proportion de prénoms arabo-musulmans dans la population masculine nous semble pour autant constituer un indicateur robuste lorsqu'il s'agit d'évaluer le poids des personnes d'ascendance arabo-musulmane dans l'ensemble d'une classe d'âge[13].

La courbe ci-dessous représente le pourcentage de garçons portant un prénom arabo-musulman parmi l'ensemble des nouveau-nés garçons, année après année, depuis 1900[14]. La trajectoire de cette courbe est des plus impressionnantes et

---

11. La proximité culturelle des trois religions monothéistes du Bassin méditerranéen participe de la marge d'erreur de même qu'elle nous a obligés à la plus grande prudence dans le cas de certains prénoms.

12. Des prénoms comme Sonia, Nadia ou Inès peuvent, en effet, être donnés à leur fille par des parents n'ayant aucune ascendance immigrée, et décompter systématiquement ces naissances ainsi prénommées dans la catégorie « issus de l'immigration » aboutirait à une surévaluation statistique. Lorsque nous avons travaillé à partir des listes électorales, nous avons pu, dans de nombreux cas (mais pas dans tous, il s'agit encore une fois d'une démarche empirique), nous reporter au nom de famille pour statuer sur l'appartenance ou non de la personne portant ce type de prénom moins typé ou exclusif au groupe issu de l'immigration arabo-musulmane. Dans le cas du fichier de l'Insee, qui ne comporte que des prénoms mais pas les noms de famille, cette étape d'analyse et de vérification ne peut pas être effectuée. Telle est la raison de fond pour laquelle nous présentons dans ce qui va suivre le dénombrement des naissances portant un prénom arabo-musulman sur l'univers des nouveau-nés mâles.

13. À l'issue de nos travaux menés sur les listes électorales de Marseille, Toulouse, Mulhouse, Roubaix, Creil, Aulnay-sous-Bois, Sarcelles et Perpignan, il nous est en effet apparu qu'après avoir réintégré les femmes portant des prénoms non spécifiquement arabo-musulmans mais un patronyme renvoyant à cette aire géographique dans les décomptes, nous obtenions sensiblement la même proportion de personnes d'origine arabo-musulmane parmi les hommes et parmi les femmes, et ce dans chacune des villes étudiées. Nous avons également constaté que ces prénoms étaient très peu portés par des personnes ayant des noms à consonance française et qu'inversement les personnes ayant des noms de famille de type maghrébin portaient dans la très grande majorité des cas des prénoms arabo-musulmans.

14. Les données de l'Insee ne portent que sur les départements métropolitains et n'intègrent pas, pour la période 1900-1962, les départements algériens.

Hérodote, n° 174, La Découverte, 3e trimestre 2019.

montre de manière très nette l'une des principales métamorphoses qu'a connues la société française au cours des dernières décennies : alors que la population issue de l'immigration arabo-musulmane était quasiment inexistante en métropole jusqu'au milieu du XXe siècle, les enfants portant un prénom les rattachant culturellement et familialement à cette immigration représentaient 18,8 % des naissances en 2016, soit près d'une naissance sur cinq. Comme le montre le graphique, cette montée en puissance s'est faite de manière assez progressive dans un premier temps, avant de connaître une très forte accélération au cours des vingt dernières années.

Ainsi, de 1900 à 1950, la proportion de nouveau-nés en métropole portant un prénom arabo-musulman va de manière constante rester proche de 0 %. Un premier frémissement de la courbe se fait sentir à partir du milieu des années 1950, date d'arrivée des premiers contingents de travailleurs immigrés en métropole. La courbe franchit symboliquement la barre des 2 % en 1964, soit deux ans après la fin de la guerre d'Algérie, période marquée par de nouvelles vagues de travailleurs venus des anciennes colonies pour participer au développement économique et industriel du pays, mais aussi par l'arrivée des harkis. La pente de la courbe va s'accentuer ensuite dans les années 1970, notamment après 1976 et l'institutionnalisation du regroupement familial. La dynamique démographique est alors alimentée par l'accroissement de la population issue de l'immigration en âge de procréer ayant grandi sur notre territoire et par la poursuite de l'immigration, soit des hommes et des femmes majoritairement jeunes.

GRAPHIQUE 3. – POURCENTAGE DE PRÉNOMS ARABO-MUSULMANS PARMI LES NAISSANCES DE GARÇONS EN FRANCE

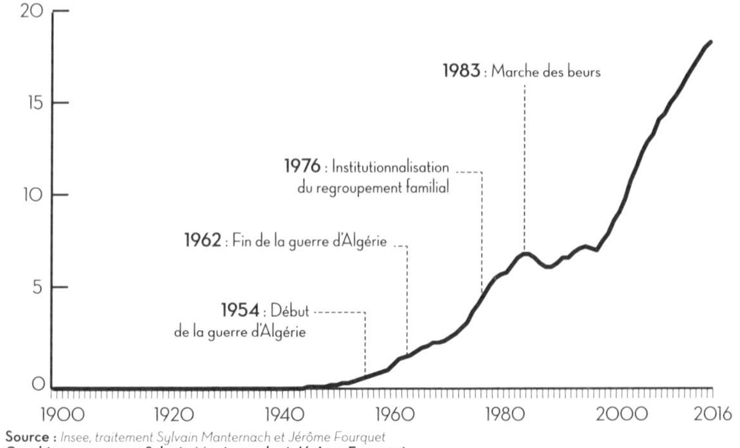

Source : *Insee, traitement Sylvain Manternach et Jérôme Fourquet*
Graphique conçu par Sylvain Manternach et Jérôme Fourquet
HÉRODOTE N°174

Hérodote, n° 174, La Découverte, 3e trimestre 2019.

Au terme de cette première phase de hausse, un premier pic (autour du seuil de 7 % des naissances) sera atteint entre 1983 et 1984, période au cours de laquelle la population issue de l'immigration acquiert une visibilité à l'occasion notamment de la « Marche des beurs » (Marche pour l'égalité et contre le racisme) et de grèves importantes dans le secteur de l'automobile. Un léger tassement s'ensuit au milieu des années 1980, période marquée par une politique migratoire plus restrictive et la mise en place de dispositifs d'aide au retour. La marche en avant reprend à la fin des années 1990, le seuil des 8 % des naissances étant atteint en 1997 pour s'accélérer considérablement depuis lors – et approcher, donc, de la proportion d'une naissance sur cinq ces dernières années.

Tout au long des dernières décennies, la trajectoire de cette courbe est très clairement indexée sur celle du nombre d'immigrés, comme l'a établi la démographe Michèle Tribalat [2017]. Ses travaux distinguent une première période de forte hausse de l'immigration (des années 1960 à la fin des années 1970), puis une phase de stabilisation (années 1980 et 1990), la France connaissant depuis la fin des années 1990 et le début des années 2000 un nouveau cycle migratoire de même intensité que celui que nous avons connu dans les années 1960 à 1980. La courbe de l'évolution de la proportion de nouveau-nés portant un prénom arabo-musulman marque bien, elle aussi, ces trois phases, et la pente de la courbe est la même pour les deux périodes de fortes entrées d'immigrés. Hormis le choix des familles déjà installées en France depuis plus ou moins longtemps, le taux de prénoms arabo-musulmans est donc également affecté par l'intensité des flux migratoires.

L'essor du recours aux prénoms musulmans ne se dément donc pas et s'amplifie même, alors que de nombreuses études ont montré que ces populations étaient simultanément victimes de discriminations dans l'accès au logement ou à l'emploi, notamment [Valfort, 2015]. Cette discrimination insidieuse opérant notamment sur la base des prénoms (figurant sur les CV ou les dossiers constitués en vue de la location d'un logement) ne semble pas dissuader ces familles de faire de tels choix. Parallèlement à l'attachement profond à une culture, une religion et à leurs origines familiales, on peut également voir dans ces choix réitérés une forme de réaction identitaire face à une stigmatisation fréquente et à des situations de discrimination réelles.

Si le choix de prénoms arabo-musulmans demeure massif dans ces familles, l'analyse détaillée des prénoms retenus fait ressortir, d'une part, une diversification des prénoms (le nombre de ces prénoms différents étant en hausse constante à l'instar de ce que l'on observe dans l'ensemble de la population) et, d'autre part, une évolution des goûts. On constate en effet que le nombre d'occurrences pour les prénoms arabo-musulmans « classiques » ou « traditionnels » décline au profit de prénoms plus « modernes » comme le montre le graphique n° 4.

Hérodote, n° 174, La Découverte, 3e trimestre 2019.

GRAPHIQUE 4. – ÉVOLUTION DE LA PART DES PRÉNOMS ARABO-MUSULMANS « CLASSIQUES » ET « MODERNES [15] » DONNÉS EN FRANCE (EN POURCENTAGE DU TOTAL DES PRÉNOMS MASCULINS ARABO-MUSULMANS DONNÉS SUR L'ANNÉE) [16]

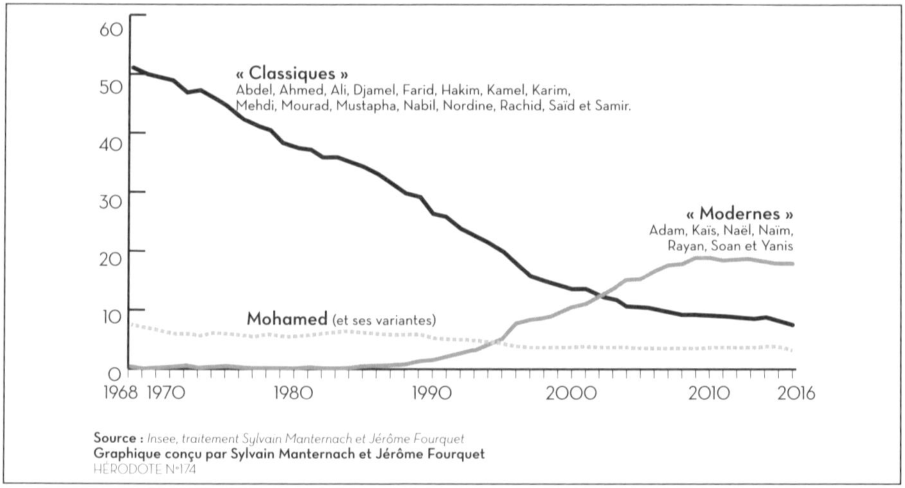

Ces prénoms souvent plus courts se rattachent néanmoins à l'aire culturelle arabo-musulmane. Certains d'entre eux sont ainsi également assez en vogue dans les pays du Maghreb et on les retrouve aussi dans un certain nombre de cas associés avec le prénom Mohamed dans le cadre de prénoms composés par exemple (Mohamed-Adam, Mohamed-Yanis, etc.).

On constate donc des évolutions sémantiques, des préférences pour des prénoms parfois moins « typés » et une grande diversification (le processus d'individualisation

15. Nous remercions Hakim El-Karoui pour ses précieux conseils nous permettant d'établir la liste de prénoms « modernes » dont l'évolution statistique est présentée dans le graphique n° 4.

16. La liste des prénoms « classiques » comprend 272 prénoms, qui représentaient 50,9 % des attributions de prénoms arabo-musulmans masculins en 1968 contre 8,0 % en 2016, et se compose ainsi : Abdel et 158 prénoms composés à partir de cette racine, Mohamed et six variantes orthographiques, 90 prénoms composés à partir de Mohamed et de ses variantes, Ahmed, Ali, Djamel, Farid, Hakim, Kamel, Karim, Mehdi, Mourad, Mustapha, Nabil, Nordine, Rachid, Saïd et Samir. La liste des prénoms « modernes » comprend 7 prénoms et leurs variantes (notamment au niveau de l'accentuation des voyelles), elle ne représentait que 0,4 % des attributions de prénoms arabo-musulmans masculins en 1968 contre 18,0 % en 2016. Elle se compose ainsi : Adam, Kaïs et sa variante avec 2 « s » finaux, Naël, Naïm, Rayan (et Rayane), Soan et cinq variantes orthographiques et Yanis dont trois variantes orthographiques ont également été retenues.

Hérodote, n° 174, La Découverte, 3e trimestre 2019.

et la recherche de la distinction notamment par le prénom touchant l'ensemble de la société). Cependant, les données dont nous disposons, issues de calculs effectués non pas sur des échantillons mais sur l'ensemble des naissances intervenues en France et indiquant une hausse constante de la prévalence de ces prénoms au fil du temps, ne nous permettent pas de souscrire à la thèse défendue par Patrick Simon et Jean-Baptiste Coulmont. Selon leur note récente [Coulmont et Simon, 2019], l'occurrence de ces prénoms chuterait drastiquement dans la troisième génération. Cette génération porterait très majoritairement des prénoms « mixtes » ou français d'après les deux auteurs. Nicolas serait ainsi le second prénom masculin le plus porté dans la troisième génération issue de l'immigration maghrébine. Or, dans un département comme la Seine-Saint-Denis, où cette troisième génération est numériquement très représentée, le fichier de l'Insee ne répertorie que très peu de naissances de Nicolas depuis vingt ans, comme le montre la courbe suivante, quand d'autres prénoms plus « modernes » mais aussi le prénom Mohamed sont attribués beaucoup plus souvent (graphique n° 5).

GRAPHIQUE 5. – ÉVOLUTION DU NOMBRE D'ATTRIBUTIONS DU PRÉNOM « NICOLAS » ET DE CERTAINS PRÉNOMS ARABO-MUSULMANS EN SEINE-SAINT-DENIS (PAR ANNÉE)

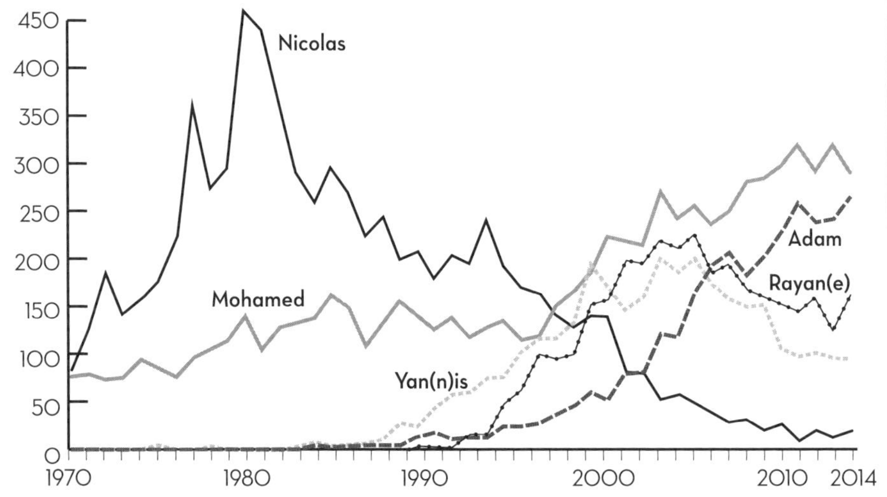

Source : *Insee, traitement Sylvain Manternach et Jérôme Fourquet*
Graphique conçu par Sylvain Manternach et Jérôme Fourquet
HÉRODOTE N°174

Hérodote, n° 174, La Découverte, 3e trimestre 2019.

Géographie de l'implantation des populations issues de l'immigration arabo-musulmane

Parallèlement à l'étude de la dynamique démographique des populations arabo-musulmanes au plan national, les données de l'Insee permettent également d'évaluer l'implantation et le poids relatif de ces populations dans les différents départements, et cela à plusieurs moments de l'histoire. Les quatre cartes qui suivent représentent ainsi, pour différentes périodes, la proportion de nouveau-nés portant un prénom arabo-musulman par département. Nous avons retenu comme premier jalon l'année 1968 car, d'une part, elle correspond à une époque où la proportion de prénoms arabo-musulmans n'avait pas encore commencé d'augmenter fortement (on peut ainsi considérer ce moment comme un état initial) et, d'autre part, c'est cette année-là que les anciens départements de la Seine et de la Seine-et-Oise ont été redécoupés pour donner naissance aux actuels départements franciliens (moins la Seine-et-Marne, qui existait déjà). L'Île-de-France abritant la plus forte population issue de l'immigration, il était nécessaire de pouvoir disposer du même découpage administratif aux différentes périodes afin de pouvoir suivre les évolutions dans le temps.

La carte de 1968 présente une très grande homogénéité. Dans l'écrasante majorité des départements français, la part des naissances débouchant sur le choix d'un prénom arabo-musulman est inférieure à 2 %. La quasi-totalité du territoire n'est, à l'époque, aucunement concernée par l'immigration, à quelques rares exceptions près. Il s'agit soit des grandes aires urbaines et/ou des principaux foyers industriels français, qui nécessitaient de la main-d'œuvre immigrée. C'est le cas à Paris, dans les Hauts-de-Seine et le Val-d'Oise (où sont implantées les usines automobiles de Billancourt et de Flins), en Seine-Saint-Denis (à l'époque très industrialisée), mais aussi en Moselle (mines et sidérurgie), dans le Nord (mêmes activités plus le textile) ou bien encore dans un autre important foyer industriel que constituait alors le triangle Lyon-Saint-Étienne-Grenoble. La proportion de prénoms arabo-musulmans est également plus forte que la moyenne dans les Bouches-du-Rhône et le Var : c'est que les ports de Marseille et de Toulon sont les principales portes d'entrée en France pour les populations en provenance du Maghreb. Mais à l'époque, même dans ces départements, l'occurrence des prénoms arabo-musulmans parmi les nouveau-nés est cantonnée à un niveau très modeste : 6 % en Seine-Saint-Denis ou 6,5 % dans les Bouches-du-Rhône, par exemple.

Quinze ans plus tard, en 1983, se produisent la « Marche des beurs » et les grandes grèves des OS (ouvriers spécialisés) immigrés dans l'automobile. Cette date marque un tournant dans l'histoire de ces populations : leur composante la plus jeune acquiert en effet, à cette occasion, une véritable visibilité dans la société française.

Hérodote, n° 174, La Découverte, 3e trimestre 2019.

CARTE 1. – GARÇONS AYANT REÇU UN PRÉNOM ISSU DES MONDES ARABO-MUSULMANS EN 1968, 1983, 2002 ET 2015
(EN POURCENTAGE DES NAISSANCES MASCULINES SUR L'ANNÉE)

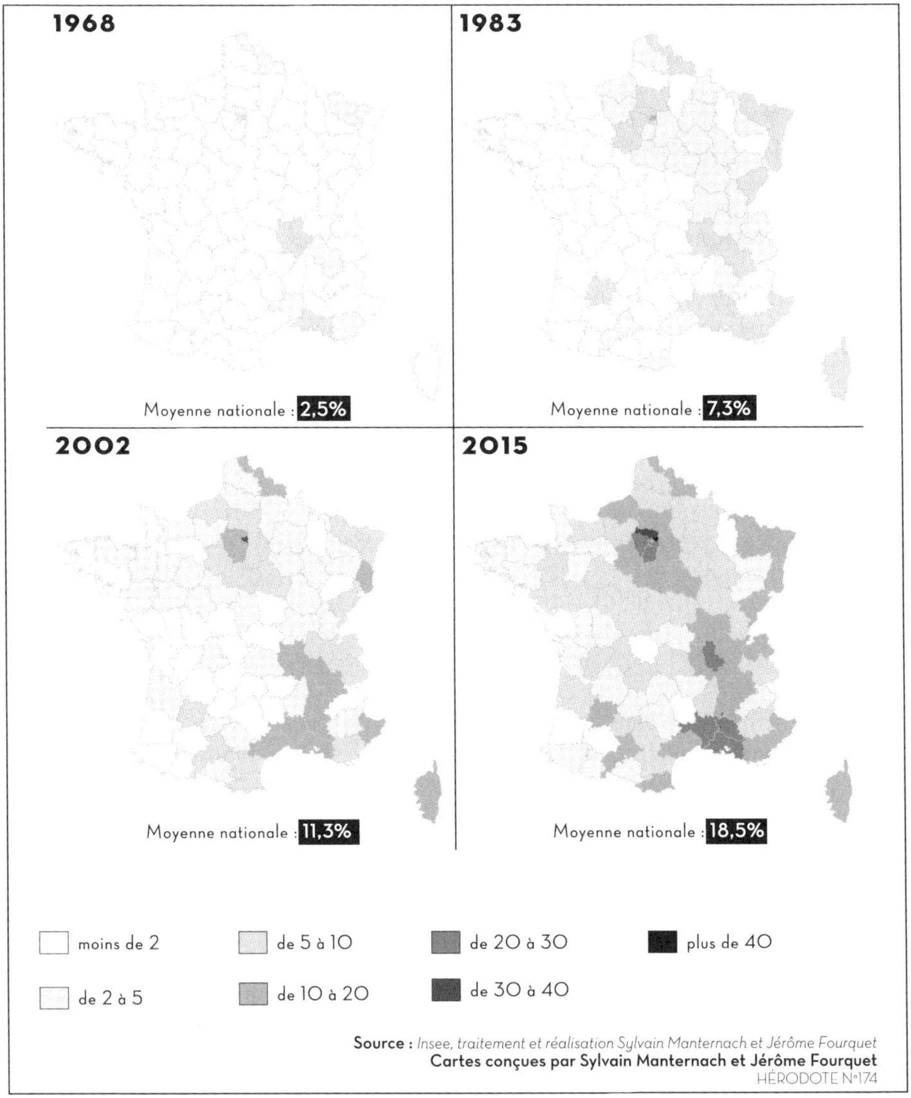

Hérodote, n° 174, La Découverte, 3e trimestre 2019.

Si l'on effectue un second coup de sonde sur ce millésime, on s'aperçoit qu'entre 1968 et 1983 deux phénomènes se sont produits concomitamment : une augmentation de la proportion des nouveau-nés portant un prénom arabo-musulman dans les départements où elle était déjà la plus forte, et un effet de diffusion dans de nouveaux territoires plus ou moins proches. Dans les foyers initiaux, le taux de prénoms arabo-musulmans franchit dès 1983 le seuil des 10 % à Paris et des 15 % dans le « 9-3 ». Parallèlement, le taux augmente pour se situer dans la strate des 5 à 10 % sur les marges du Bassin parisien : départements des Yvelines avec des villes comme Mantes-la-Jolie ou Trappes par exemple, du Val-d'Oise (Argenteuil, Sarcelles), de l'Oise (Creil) ou d'Eure-et-Loir (Dreux). On constate un même phénomène de diffusion en Alsace, à partir du foyer mosellan, ou dans le sud de la France, à partir des Bouches-du-Rhône et du Var (Vaucluse, Alpes-Maritimes, Gard). Plus globalement, se fait jour, à partir de cette époque, un fort contraste de part et d'autre d'une ligne Le Havre-Valence-Perpignan. À l'est de cet axe, la plupart des départements enregistrent une occurrence de 2 à 5 % ou de 5 à 10 % de prénoms arabo-musulmans, alors qu'à l'ouest de la ligne ce taux reste proche de 0 %, à l'exception de quelques départements isolés dans la vallée de la Garonne. On aura reconnu à cette description la carte du vote FN, qui s'apprête à émerger sur la scène électorale précisément à ce moment-là (lors des élections municipales de Dreux et d'Aulnay-sous-Bois en 1983 puis lors des élections européennes de 1984), avec, comme principal ressort, un discours hostile à l'immigration.

La troisième carte présente la situation en 2002, toujours caractérisée par une forte hétérogénéité sur l'ensemble du territoire français. Dans certains départements précocement concernés par une implantation d'immigrés, la proportion de nouveau-nés portant un prénom arabo-musulman atteint désormais un niveau très conséquent. Elle dépasse ainsi le seuil des 30 % en Seine-Saint-Denis. Les Bouches-du-Rhône, le Rhône, le Val-de-Marne et le Val-d'Oise ont franchi la barre des 15 %. Dans le reste de l'Île-de-France, plus d'un enfant sur dix nés dans l'année porte un prénom de ce type, tout comme dans le département du Nord (avec un foyer principal dans la conurbation lilloise : Roubaix et Tourcoing) et du Haut-Rhin (Mulhouse). Le foyer méditerranéen initial (Bouches-du-Rhône, Var) se renforce et se prolonge *via* la vallée du Rhône jusqu'à Lyon. À l'est de la ligne Le Havre-Valence-Perpignan, de nombreux départements affichent un taux de 2 à 5 % ou de 5 à 10 %, alors que dans la moitié ouest du pays, et notamment dans le quart sud-ouest (à l'exception de la vallée de la Garonne), de nombreux territoires continuent de se situer sous le seuil des 2 %. Si, à cette date, la diversité ethnoculturelle est devenue une réalité dans les grands centres urbains et dans le Sud-Est, l'homogénéité démographique qui prévalait historiquement continue de caractériser la France de l'Ouest qui, cette année-là, a continué de mieux résister à la poussée frontiste – on se souvient que la qualification de Jean-Marie Le Pen

Hérodote, n° 174, La Découverte, 3e trimestre 2019.

au second tour de l'élection présidentielle de 2002 s'est principalement jouée dans la France du Sud-Est et du Nord-Est.

En 2015, en cohérence avec la courbe qui indiquait une très forte augmentation de la proportion de nouveau-nés portant un prénom arabo-musulman au plan national à partir des années 2000, la carte fait ressortir une hausse significative dans la plupart des départements. Les contrastes observés précédemment sont toujours présents, mais partout les seuils ont été nettement rehaussés. Le taux dépasse désormais les 40 % des naissances en Seine-Saint-Denis, les 30 % dans le Val-d'Oise et les 25 % dans le Val-de-Marne et dans le Rhône. Le bloc Gard-Bouches-du-Rhône-Vaucluse, d'une part, et l'Ouest francilien (Yvelines, Hauts-de-Seine et Essonne), d'autre part, suivent de près en affichant des taux compris entre 20 et 25 %. Dans tous ces départements, l'équilibre démographique au sein des jeunes générations s'en trouve considérablement modifié. Paris et d'autres départements du grand Bassin parisien élargi (Seine-et-Marne, Oise et Loiret), le Nord, l'Alsace-Moselle, la vallée du Rhône et le pourtour méditerranéen ainsi que la Haute-Garonne affichent quant à eux un taux compris entre 15 et 20 %.

Ces départements pris tous ensemble concentrent une part majeure de la population nationale (il s'agit pour l'essentiel de la France urbaine) mais aussi des naissances. Or, c'est dans cette France-là, cette France démographiquement la plus dynamique, que les nouveau-nés portant un prénom arabo-musulman sont proportionnellement les plus nombreux. Inversement, certains départements démographiquement atones comme la Meuse, la Creuse, la Lozère, le Cantal ou l'Orne figurent parmi ceux qui sont le moins concernés par le phénomène. C'est le cas aussi de la plupart des départements de la moitié ouest du pays, où les taux se situent soit entre 2 et 5 %, soit entre 5 et 10 %.

Le basculement de la société française dans une configuration d'hétérogénéité ethnoculturelle n'opère donc pas avec la même intensité sur l'ensemble du territoire, mais la rapidité du phénomène est assez saisissante. Alimentée par une immigration légale et clandestine qui demeure relativement soutenue et par une moyenne d'âge de la population de culture arabo-musulmane moins élevée que celle de la population « de souche », la dynamique qui s'est enclenchée depuis une vingtaine d'années pourrait se poursuivre pendant un certain temps et transformer en profondeur la physionomie ethnoculturelle de la France.

L'hétérogénéité des populations issues de l'immigration

Si la méthode du dénombrement des naissances *via* l'origine culturelle et géographique des prénoms nous a conduits à raisonner de manière globale, il convient de ne pas perdre de vue que cette population issue de l'immigration

Hérodote, n° 174, La Découverte, 3e trimestre 2019.

arabo-musulmane ne constitue pas un ensemble homogène, tant s'en faut. Il existe de fortes disparités selon le pays d'origine, voire, au sein d'un même pays, selon la région d'origine, l'ancienneté de l'arrivée en France, le rapport à la religion – ou bien encore les orientations politiques.

L'analyse de l'occurrence des prénoms parmi les nouveau-nés permet de bien mettre en lumière la diversité des dynamiques démographiques et migratoires. Si l'on considère, par exemple, une série de prénoms féminins originaires des pays musulmans d'Afrique de l'Ouest (Sénégal, Mali, Burkina Faso, etc.), tels que Fatoumata, Aminata, Hawa, Bintou, Fanta ou Fatou[17], on constate une première hausse de l'occurrence dans les années 1970 et le début des années 1980, les filles nouveau-nées portant ces prénoms passant de moins de 30 par an à plus de 700. Ce niveau va ensuite demeurer stable jusqu'à la fin des années 1990, avant qu'une nouvelle phase de hausse se produise à partir du début des années 2000, mouvement qui fera atteindre à la courbe le seuil des 1 400 naissances portant l'un de ces prénoms en 2016.

GRAPHIQUE 6. – ÉVOLUTION DE 1950 À 2016 DU NOMBRE DE NOUVEAU-NÉES PORTANT DIFFÉRENTS PRÉNOMS FÉMININS D'AFRIQUE DE L'OUEST (FATOUMATA, AMINATA, HAWA, BINTOU, ETC.)

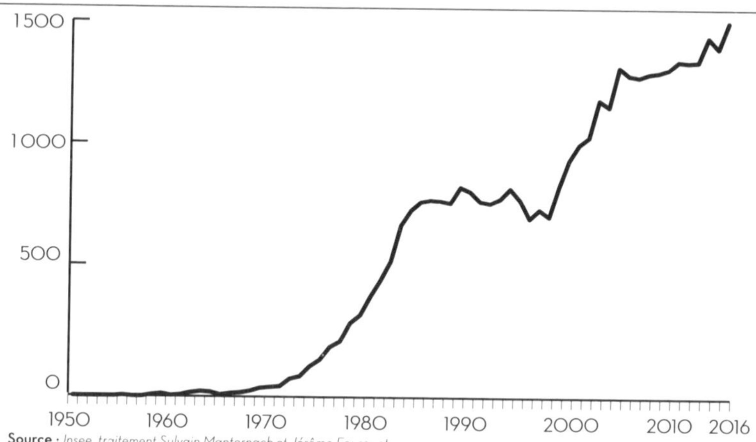

Source : *Insee, traitement Sylvain Manternach et Jérôme Fourquet*
Graphique conçu par Sylvain Manternach et Jérôme Fourquet
HÉRODOTE N°174

17. Nous avons sélectionné au total une série de 20 prénoms féminins fréquemment usités dans cette aire géographique.

Hérodote, n° 174, La Découverte, 3e trimestre 2019.

Cette seconde hausse très rapide aboutissant à un doublement des effectifs s'explique à la fois par l'arrivée à l'âge de la procréation des jeunes filles nées dans les années 1970 et 1980 et par la poursuite et l'accroissement d'une immigration en provenance de ces pays depuis le début des années 2000.

Zoom sur Marseille

Les données présentées ci-dessus, calculées à partir du fichier des naissances de l'Insee, témoignent bien de la diversité des flux migratoires affectant la France. On peut également approcher cette réalité au travers de l'analyse des listes électorales. Si les personnes n'ayant pas la nationalité française ne sont, par définition, pas inscrites sur ces listes, cette source documentaire est néanmoins précieuse dans la mesure où elle permet d'effectuer des zooms sur certaines communes, ce que le fichier de l'Insee, qui n'est renseigné qu'au niveau du département, n'autorise pas.

On l'a vu précédemment, le département des Bouches-du-Rhône est un de ceux qui présentent le plus d'attributions de prénoms arabo-musulmans. Le dépouillement des listes électorales de Marseille montre combien la répartition géographique des populations immigrées est contrastée à l'échelle d'une ville comme Marseille. Par ailleurs, la liste électorale utilisée, que nous avions obtenue en 2014, précise également le pays de naissance des électeurs inscrits. Ce matériau permet du coup de lire l'historique des vagues migratoires dans la cité phocéenne mais également d'étudier l'implantation de ces différentes populations dans l'espace marseillais et d'observer les évolutions éventuelles de ces implantations au fil du temps.

De très fortes concentrations de populations immigrées

Premier constat, la répartition des électeurs portant un prénom arabo-musulman dans les bureaux de vote marseillais est extrêmement inégale. Ces électeurs, essentiellement issus de l'immigration postcoloniale résident et votent (ou s'abstiennent) préférentiellement dans la moitié nord de la ville, les principales concentrations s'observant dans les 1er, 2e, 3e, 13e, 14e et 15e arrondissements (carte n° 2) de Belsunce, au nord de la Canebière, aux cités du parc Kallisté et de la Solidarité situées à l'extrême nord de la commune à la limite de Septèmes-les-Vallons dans le 15e arrondissement. Nous attirons l'attention sur le fait que cette forte présence septentrionale ne doit pas pour autant amener à construire l'égalité « quartiers nord = cités et immigration ». Malgré la puissance évocatrice de l'appellation « quartiers nord », ces derniers sont loin d'être homogènes, notamment au niveau architectural puisque, aux grands ensembles dégradés et/ou paupérisés, il convient d'ajouter les noyaux villageois historiques et des quartiers pavillonnaires

Hérodote, n° 174, La Découverte, 3e trimestre 2019.

construits relativement récemment. Ces deux derniers types d'habitat accueillent une population issue de l'immigration nettement moins importante. C'est donc dans les cités des arrondissements septentrionaux marseillais ainsi que dans l'habitat ancien et dégradé des arrondissements centraux (1er, 2e et surtout 3e) que se trouvent les principales concentrations d'électeurs français portant un prénom arabo-musulman.

La comparaison de la carte des prénoms arabo-musulmans avec la carte n° 3 représentant le taux de ménages sous le seuil de pauvreté (source : données carroyées à 200 mètres de l'Insee) montre la très grande correspondance spatiale des deux phénomènes et démontre la pertinence de la démarche onomastique lorsqu'il s'agit de comparer des données socio-économiques officielles et des données ethnoculturelles à une échelle infra-urbaine d'une grande précision. Ainsi, non seulement les bureaux de vote où se concentrent les électeurs portant un prénom arabo-musulman dans la partie nord de la ville sont très clairement identifiables comme de vastes zones de grande pauvreté sur la carte des carrés Insee, mais même les bureaux isolés des 9e, 10e et 11e arrondissements où se trouve une forte proportion d'électeurs portant un prénom arabo-musulman sont associés à des poches de pauvreté au sein de quartiers plutôt mieux lotis économiquement parlant.

La mise en regard des deux cartes fait également apparaître la spectaculaire ségrégation spatiale et ethnoculturelle dans l'espace marseillais, scindé entre une partie sud où le taux de prénoms arabo-musulmans est très faible (souvent moins de 5 %) et le centre et le nord-ouest de la ville où ce taux dépasse souvent les 35 % ! La même disparité s'observe au niveau du taux de pauvreté, les deux facteurs se superposant quasi parfaitement.

Une forte territorialisation des diverses communautés à Marseille

Parallèlement à cette implantation très inégalitaire de la population issue de l'immigration arabo-musulmane dans la ville, l'analyse de la liste électorale fait également apparaître de fortes concentrations géographiques spécifiques à certaines « communautés ». Cela témoigne d'une gestion sociopolitique propre à Marseille (au-delà des très nombreuses représentations associées à cette ville et à ses habitants) où les discours sur le cosmopolitisme [Peraldi et Samson, 2006, p. 263] et sur la coexistence pacifique des « communautés » cachent un traitement différencié et inégalitaire des populations qui amène Cesare Mattina à la conclusion qu'il existe « à Marseille des gagnants et des perdants des communautés et du jeu communautaire » [Mattina, 2016, p. 224]. Au regard de ce système politique de redistribution de ressources matérielles (logement, emploi municipal...) et symboliques (cérémonies et monuments commémoratifs...) mis en place dans

Hérodote, n° 174, La Découverte, 3e trimestre 2019.

CARTE 2. – PROPORTION D'ÉLECTEURS PORTANT UN PRÉNOM ARABO-MUSULMAN DANS LES BUREAUX DE VOTE DE MARSEILLE[18] (EN 2014)

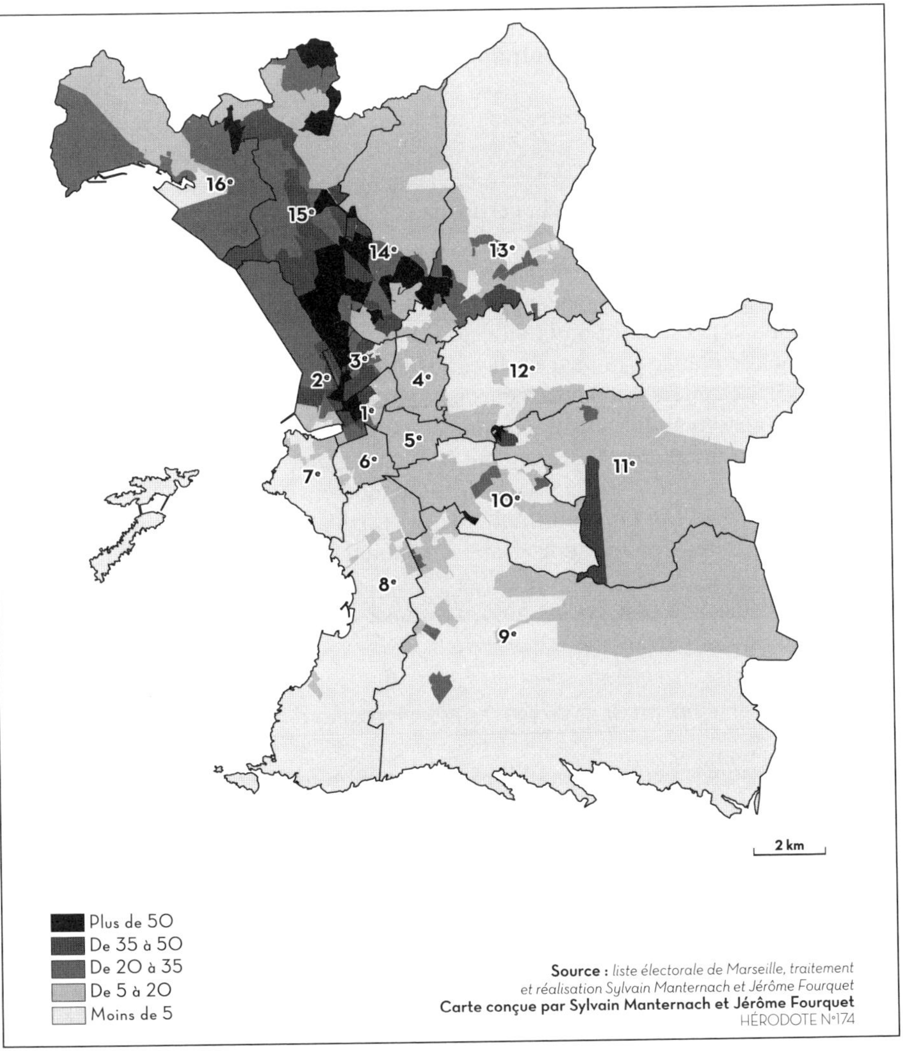

18. Nous adressons nos remerciements à Céline Colange de l'université de Rouen – UMR IDEES 6266 qui nous a fourni le fond de carte des bureaux de vote marseillais.

Hérodote, n° 174, La Découverte, 3e trimestre 2019.

CARTE 3. – TAUX DE MÉNAGES SOUS LE SEUIL DE PAUVRETÉ À MARSEILLE (CARROYAGE INSEE, 2010)

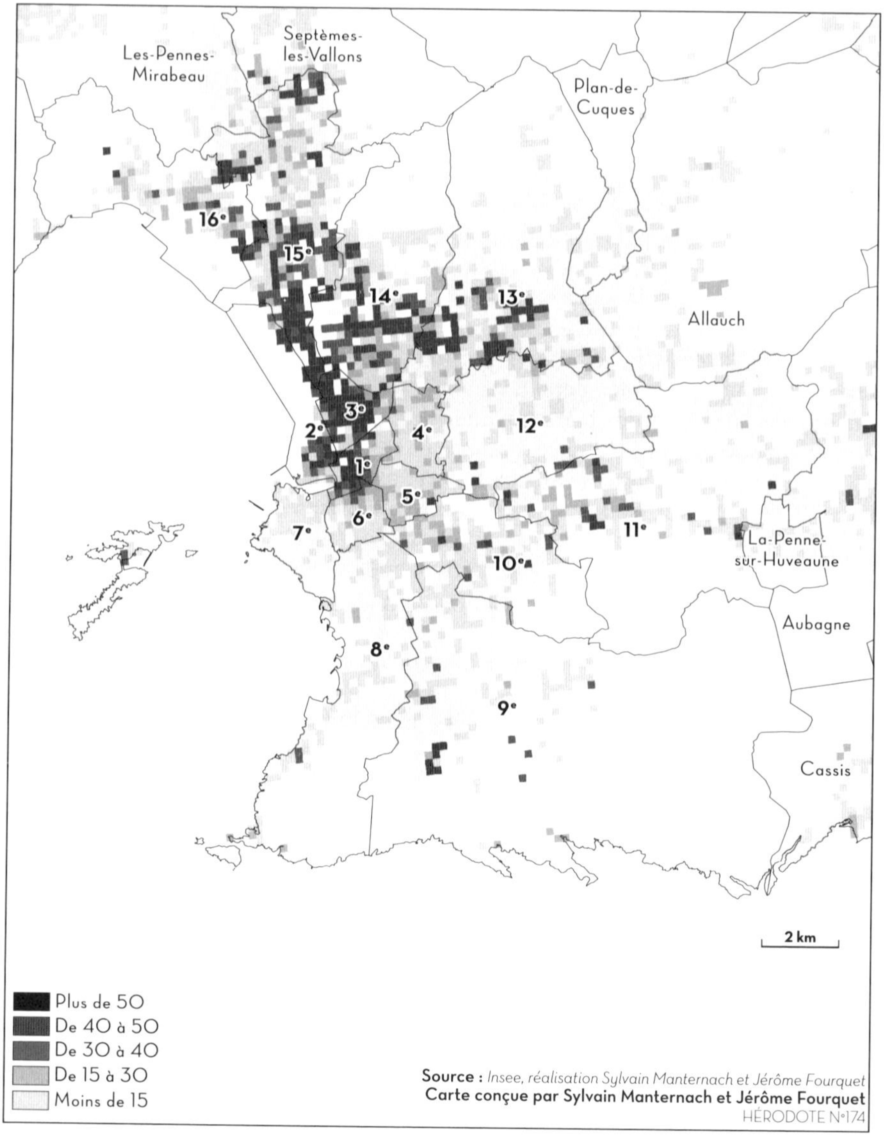

Hérodote, n° 174, La Découverte, 3e trimestre 2019.

les années Defferre et perpétué depuis, la population d'origine comorienne peut sans conteste être classée parmi les communautés perdantes comme le montre la concentration d'électeurs d'origine comorienne et mahoraise dans les secteurs les plus pauvres de la ville (carte n° 4). Nous dénombrons par exemple un peu plus de 40 % d'inscrits se rattachant à cette immigration (soit environ 400 personnes) dans le bureau de vote de la vaste copropriété dégradée du parc Kallisté (15e arrondissement) et 33 % (soit près de 500 électeurs) dans celui de la cité du parc Bellevue (rue Félix Pyat, 3e arrondissement)[19]. On rappellera que ces calculs ne portent que sur les inscrits sur les listes électorales. Si l'on prend en compte les personnes n'ayant pas la nationalité française ou non inscrites sur les listes, on peut faire l'hypothèse que la population d'origine comorienne ou mahoraise est très majoritaire dans ces quartiers. La carte fait également ressortir des concentrations importantes dans certains quartiers des 13e et 14e arrondissements.

Ce regroupement territorial n'est pas propre aux vagues d'immigration les plus récentes, on relève ainsi une forte proportion de patronymes arméniens dans certains bureaux de vote. Implantée depuis les années 1920 à Marseille, la « communauté » arménienne fait partie des communautés dites « gagnantes » du système politique communautaire de l'ère Defferre. Fortement attachés à leur origine et soudés par la foi chrétienne, une intense vie associative et une mémoire traumatique liée au génocide et à l'exil, près de cent ans après leur arrivée massive au début des années 1920, les Français d'origine arménienne de Marseille pèsent plus de 8 % des électeurs inscrits dans une dizaine de bureaux de vote des 12e et 13e arrondissements (dans les quartiers historiques de Beaumont, situé entre Saint-Barnabé et Saint-Julien, et de Saint-Jérôme[20]) avec une pointe à 29 % au cœur du quartier arménien de Beaumont[21]. Plusieurs églises arméniennes (principalement apostoliques) marquent l'ancienneté de l'implantation des Arméniens dans ces territoires où sont également domiciliées de nombreuses associations arméniennes. Sachant que l'immigration arménienne à Marseille date pour l'essentiel des années consécutives au génocide de 1915, la persistance dans certains quartiers d'un phénomène de concentration non négligeable des descendants de cette population, cent ans après son arrivée, est un phénomène qui doit retenir l'attention et qui illustre le fonctionnement et la physionomie assez communautarisés de la cité phocéenne.

19. Dans ces deux secteurs, le taux de ménages sous le seuil de pauvreté dépasse les 70 %.

20. À proximité de l'église apostolique arménienne du boulevard Charles Zeytountzian (jeune appelé d'origine arménienne tué dans une embuscade en Algérie).

21. La densité de cette population est restée plus forte dans ce quartier que dans celui de Saint-Jérôme, où la présence arménienne était historiquement importante, illustrée notamment par l'implantation de Garo (Georges) Hovsepian, maire des 13e et 14e arrondissements de 2001 à 2014 et président de l'Association arménienne de la jeunesse et de la culture de Marseille.

Hérodote, n° 174, La Découverte, 3e trimestre 2019.

CARTE 4. – CONCENTRATIONS NOTABLES D'ÉLECTEURS ISSUS DES « COMMUNAUTÉS » COMORIENNE, ARMÉNIENNE ET « RAPATRIÉE » À MARSEILLE (EN 2014)

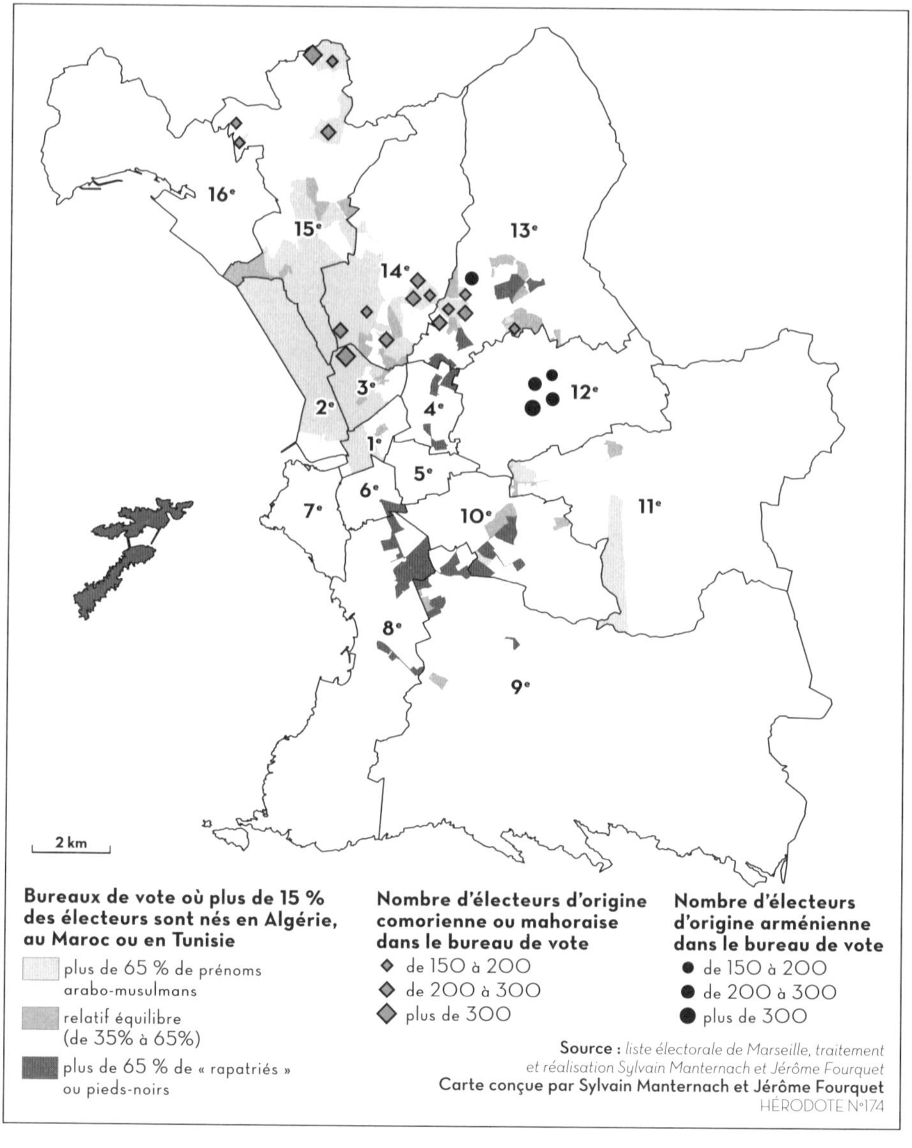

Hérodote, n° 174, La Découverte, 3e trimestre 2019.

La répartition géographique des électeurs nés en Afrique du Nord est également symptomatique de la différence des parcours individuels et collectifs en fonction de l'origine et même, en l'espèce, du groupe ethnoculturel et religieux d'appartenance. Nous avons fait figurer sur la carte n° 4 les bureaux où les électeurs nés en Afrique du Nord (Algérie, Maroc et Tunisie) représentaient plus de 15 % des inscrits de leur bureau de vote puis classé ces bureaux de vote selon que les électeurs « rapatriés » ou portant un prénom arabo-musulman étaient largement majoritaires (plus de 65 %) ou non (au sein du sous-groupe d'électeurs nés en Afrique du Nord). Sur les 124 bureaux de vote où les électeurs nés en Afrique du Nord pèsent plus de 15 %, seuls 23, soit 19 %, présentent une démographie relativement équilibrée tandis que 33, soit 27 %, sont nettement dominés par la présence d'électeurs « rapatriés » et 68, soit 54 %, se caractérisent par une large présence « arabo-musulmane ». On remarque sans surprise que les bureaux où la population née en Afrique du Nord pèse plus de 15 % avec une nette majorité d'électeurs ayant un prénom arabo-musulman correspondent aux bureaux identifiés précédemment (carte n° 2). En conséquence, ces électeurs résident et votent dans les quartiers où le taux de ménages sous le seuil de pauvreté est important selon la cartographie des carrés Insee (carte n° 3). Les bureaux sans dominante marquée entre les deux groupes se trouvent plutôt en périphérie de cette vaste zone. Enfin, la localisation des bureaux d'électeurs « rapatriés » correspond à des quartiers de relative aisance, preuve supplémentaire de parcours résidentiels caractéristiques d'une meilleure réussite sociale.

Par ailleurs, sur l'ensemble de la commune, les électeurs « rapatriés » sont nettement plus nombreux puisqu'ils y représentent six électeurs nés en Afrique du Nord sur dix (soit un peu moins de 37 000 électeurs sur les 61 000 nés sur la rive sud de la Méditerranée[22]). Or, ils ne sont nettement majoritaires que dans 33 bureaux contre 68 pour ce qui est des porteurs d'un prénom arabo-musulman. Ceci indique qu'alors que la population maghrébine demeure concentrée et « fixée » dans certains quartiers (où le taux de pauvreté est élevé), la population rapatriée est nettement plus disséminée et réside dans des quartiers plus favorisés. Lors de son arrivée, la population « rapatriée » était également très regroupée dans certains quartiers (plus de 50 % à Sainte-Marguerite, la Panouse ou la Rose contre moins de 5 % dans les 7 premiers arrondissements de la ville[23]). Elle s'est ensuite progressivement répartie dans l'espace marseillais même si sa présence demeure significative dans les quartiers de Sainte-Marguerite ou de la Panouse (où elle a parfois investi les quartiers pavillonnaires proches des grands ensembles qui

22. Cet équilibre serait sensiblement modifié si l'on prenait en compte leurs descendants nés en France (2e, 3e, voire 4e génération).

23. Au recensement de 1968, au moins 30 % des habitants des 8e, 9e, 10e, 13e, 14e et 15e étaient des rapatriés, *in* « La Rouvière, dernier bastion pied-noir », *L'Obs*, 6 juillet 2012.

Hérodote, n° 174, La Découverte, 3e trimestre 2019.

l'ont accueillie dans un premier temps) ou encore dans l'immense copropriété de La Rouvière (dans la partie sud de la ville). C'est également le cas à la Rose, quartier du 13e arrondissement, aux nombreuses cités HLM (Le Clos La Rose, Frais Vallon, La Sauvagine) séparées par de petits secteurs pavillonnaires. Les rapatriés qui ont connu une ascension sociale moindre y sont demeurés et ont été rejoints par les immigrés maghrébins et africains à partir des années 1970[24].

Le graphique n° 7 vient confirmer les informations fournies par l'outil cartographique puisque dans les bureaux où les électeurs nés en Afrique du Nord sont moins nombreux que la moyenne marseillaise (qui se situe à 12,6 %), quartiers de classes moyennes et supérieures, les électeurs « rapatriés » dominent très largement au sein du groupe « nord-africain ». Inversement, dans les bureaux où les électeurs nés en Afrique du Nord pèsent plus de 20 % des inscrits, le groupe arabo-musulman est largement majoritaire vis-à-vis des rapatriés avec plus de sept électeurs nés en Afrique du Nord sur dix.

GRAPHIQUE 7. – PROPORTION DE PIEDS-NOIRS ET D'ARABO-BERBÈRES PARMI LES ÉLECTEURS NÉS EN ALGÉRIE, AU MAROC OU EN TUNISIE EN FONCTION DU POIDS DE CET ÉLECTORAT DANS LE BUREAU DE VOTE

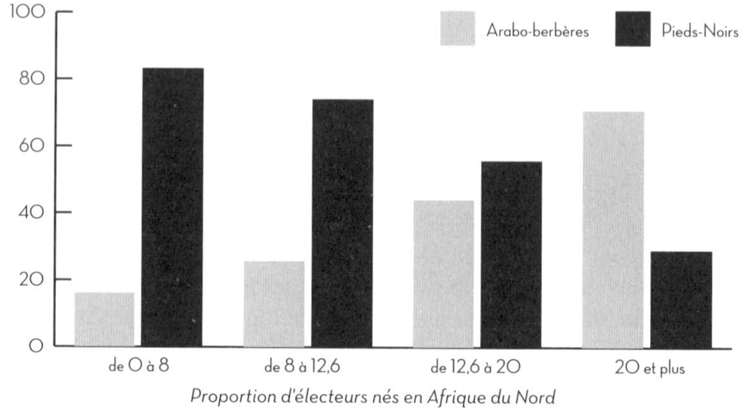

Source : *liste électorale de Marseille, traitement et réalisation Sylvain Manternach et Jérôme Fourquet*
Graphique conçu par Sylvain Manternach et Jérôme Fourquet
HÉRODOTE N°174

24. Dans ces bureaux de vote, les excellents scores réalisés de concert par Marine Le Pen et Jean-Luc Mélenchon lors de l'élection présidentielle de 2017 témoignent de l'imbrication géographique de ces deux populations.

Hérodote, n° 174, La Découverte, 3e trimestre 2019.

Note de lecture : Les Arabo-Berbères représentent 16,2 % (et les pieds-noirs 83,8 %) de l'électorat né en Afrique du Nord dans les bureaux de vote où l'ensemble des électeurs nés en Afrique du Nord représentent moins de 8 % des inscrits.

Conclusion

Notre pays, ainsi que quelques-uns de ses voisins, a connu une évolution démographique majeure au cours des cinquante dernières années. La France est certes un vieux pays d'immigration, la baisse précoce de la natalité (dès la fin du XVIIIe siècle) et la conflictualité avec le voisin allemand y ont rendu la main-d'œuvre immigrée indispensable. La deuxième moitié du XIXe siècle voit même l'introduction du double droit du sol dans la loi française afin de s'assurer que les enfants d'immigrés deviennent français et puissent enfiler l'uniforme militaire en cas de nouveau conflit contre l'Allemagne afin d'éviter de subir une défaite aussi cuisante que celle de 1870 [Giblin, 2017]. Mais cette histoire particulière ne fait pas tout, des crispations identitaires se font jour et le rejet depuis une quarantaine d'années de l'immigration dite postcoloniale par une partie de nos concitoyens est patent.

Dans ce contexte, l'étude des prénoms attribués aux nouveau-nés constitue une méthode originale et fiable lorsqu'il s'agit de retracer l'histoire de ces phénomènes migratoires. L'abandon rapide des prénoms d'origine polonaise et portugaise montre par exemple la puissance de la machine assimilatrice républicaine. Quant au choix massif fait par les immigrés asiatiques de donner un prénom français ou européen à leurs enfants, il n'est sans doute pas étranger à l'image d'immigration modèle dont ils jouissent[25]. Les immigrations maghrébine et africaine ne bénéficient pas d'une telle image surtout lorsque ces migrants sont issus de pays musulmans. La présence de ces immigrés et de leurs enfants ainsi que le poids démographique qu'ils représentent au sein de la population française font l'objet de multiples représentations et théories alarmistes[26] mais aussi de projections démographiques quasi apocalyptiques. L'étude des prénoms arabo-musulmans permet d'évaluer cliniquement le poids des descendants de ces immigrations parmi les enfants nés en France, mais

25. Ainsi, d'après le sondage de l'Ifop *Regards sur les préjugés antisémites 10 ans après la mort d'Ilan Halimi* pour l'UEJF (Union des étudiants juifs de France) et SOS Racisme réalisé en février 2016, à la question de savoir si les sondés ressentent à l'égard de certains groupes « de la sympathie, de l'antipathie ou ni sympathie, ni antipathie », les Asiatiques ne recueillaient que 6 % d'antipathie, les protestants 5 %, les Juifs 9 % et les étrangers en général 11 %. Ce sentiment d'antipathie s'élevait à 16 % concernant les Noirs africains et à 29 % concernant les Maghrébins et était également à 29 % concernant les musulmans.

26. Comme la théorie du « Grand remplacement » de l'écrivain Renaud Camus.

Hérodote, n° 174, La Découverte, 3e trimestre 2019.

aussi de mesurer la très inégale répartition de ces prénoms sur le territoire métropolitain. À cet égard, *Hérodote* ne s'était pas trompé en consacrant son numéro 162, *Le 9-3, un territoire de la nation*, à la Seine-Saint-Denis.

Le cas de Marseille, abordé à travers l'analyse des listes électorales de la commune, démontre bien l'intérêt de procéder à des changements de niveau d'analyse géographique. Ainsi, l'inégale répartition spatiale de la population issue de l'immigration arabo-musulmane apparaît de manière encore plus flagrante au niveau de la cité phocéenne. Le constat, à cette échelle extrêmement fine, d'une très nette corrélation entre la présence de Français portant un prénom arabo-musulman et le taux de ménages sous le seuil de pauvreté est également révélateur des très grandes difficultés économiques qui touchent nos concitoyens issus de l'immigration. Cela se vérifie dans toute une partie des quartiers du nord et du centre de la ville. Mais, même au sud de Marseille, on observe une superposition de poches de pauvreté, avec un nombre important de prénoms rattachant ces Français aux immigrations arabo-musulmans.

Si l'analyse de la prénomination nous a permis de mettre en lumière l'histoire et l'importance de différents flux migratoires, l'onomastique (étude des noms de famille) a fait apparaître, à l'échelle de Marseille, l'implantation géographique, selon des modalités et des temporalités différentes, de certaines communautés (comorienne, arménienne, pied-noir). Ces outils relativement nouveaux nous semblent ainsi très utiles et féconds pour prendre la mesure de la diversification quasi planétaire des flux migratoires qui constituent un des ressorts majeurs de l'archipélisation de la société française dont la cité phocéenne constitue en quelque sorte une loupe grossissante.

Bibliographie

COULMONT B. et SIMON P. (2019), « Quels prénoms les immigrés donnent-ils à leurs enfants en France ? », *Population et Sociétés*, Ined, n° 565, avril.

DICKINSON J. (1998), « La prénomination dans quatre villages de la plaine de Caen. 1600-1800 », *Annales de Normandie*, n° 1.

FOURQUET J. (2019), *L'Archipel français. Naissance d'une nation multiple et divisée*, Seuil, Paris.

FOURQUET J. *et al.* (2015), *Karim vote à gauche et son voisin vote FN*, Fondation Jean-Jaurès/Éditions de l'Aube, Paris.

GIBLIN B. (2017), *Le Paradoxe français. Entre fierté nationale et hantise du déclin*, Armand Colin, Paris.

KASTRUBIEC B. (1991), « Les Polonais en France », *Hommes et Terres du Nord*, n° 1.

MATTINA C. (2016), *Clientélismes urbains, gouvernement et hégémonie politique à Marseille*, Presses de Sciences Po, Paris.

Hérodote, n° 174, La Découverte, 3e trimestre 2019.

PERALDI M. et SAMSON M. (2006), *Gouverner Marseille. Enquête sur les mondes politiques marseillais*, La Découverte, Paris.
SCHRECKER C. (2009), « Qu'est-ce que la communauté ? Réflexions sur un concept et son usage », *Mana*, n° 16, p. 31-50.
TEMIME É. (2007), « Les Arméniens à Marseille. Des années vingt à aujourd'hui », *Hommes et Migrations*, n° 1265, janvier-février.
TRIBALAT M. (2017), *Assimilation : la fin du modèle français. Pourquoi l'islam change la donne*, L'Artilleur, Paris.
VALFORT M.-A. (2015), « Discriminations religieuses à l'embauche : une réalité », Institut Montaigne, Paris.

Hérodote, n° 174, La Découverte, 3e trimestre 2019.

Migrations post-soviétiques en Russie et affirmation de la Nation

Sophie Hohmann[1]

La Russie post-soviétique : un territoire rythmé par des flux migratoires sans précédent

La Russie, après avoir été une terre d'émigration, surtout à partir du XIXe siècle, est devenue une terre d'immigration se caractérisant par des flux de populations inédits à partir du début des années 1990. Les rythmes migratoires se sont accélérés dans les années 2000, s'inscrivant dans le processus de reprise économique et du développement fulgurant de secteurs comme la construction (BTP), l'extraction, les services, nécessitant une main-d'œuvre en nombre. Or la crise démographique en Russie de 1992 à 2013, qui se caractérise par la « croix russe » (la courbe des naissances passe sous celle des décès)[2] (figure 1), va créer les conditions d'un besoin inédit d'immigrants[3] [Blum, 2013 et 2016].

Hérodote, n° 174, La Découverte, 3e trimestre 2019.

1. Enseignant-chercheur à l'Inalco, département Eurasie.

2. La population de Russie est passée de 148 millions en 1993 à 141,9 millions en 2011 (gks.ru). Le déclin le plus important de la population en Russie a été observé entre 1999 et 2005 avec un déficit annuel de 600 000 personnes au moins. En 2017, la croissance démographique de la Russie a été multipliée par quatre, pour atteindre 76 000 personnes, soit 0,5‰ (67 000 personnes sans compter l'apport de la population de la Crimée). Durant le premier semestre de l'année 2018, la croissance de la population russe est négative (– 0,1 %, soit une baisse de 89 000 personnes) et cette baisse est plus marquée que l'année précédente malgré l'impact de la saisonnalité et l'annexion de la Crimée incluant dans le comptage plus de 2 millions de personnes [Ščerbakova, 2018].

3. Il faut souligner l'importance des conséquences de la structure par âge de la population russe : les classes d'âge jeunes sont peu nombreuses, la mortalité reste élevée. Les générations

Ce sont précisément durant ces années de dépression démographique en Russie que les républiques des « Suds » post-soviétiques que sont l'Asie centrale et le Caucase du Sud [Hohmann *et al.*, 2014], quant à elles fortes de leur jeunesse (40 % de moins de dix-huit ans), font face à une situation socio-économique très difficile, à une incapacité des États à composer avec les nouvelles contingences post-soviétiques. Ces migrants, en majorité des hommes jeunes adultes au début du processus migratoire, sont confrontés au délitement des acquis sociaux soviétiques et des filets de sécurité, ils vont donc devoir trouver des alternatives ailleurs. Le marché du travail dans ces pays du Sud post-soviétique est très fragile, subit les conséquences des dépendances sectorielles soviétiques, et se caractérise par des taux de chômage élevés, en plus de la corruption généralisée. Ces caractéristiques constituent un effet « push » considérable pour la jeunesse, en quête de certitudes et de réalisation, de statut social dans une société « post-héroïque » qui est traversée par un processus de désécularisation. L'effondrement de l'idéologie soviétique va alors créer un vide auquel les nouvelles générations vont être brutalement confrontées, n'ayant plus de cadres auxquels se raccrocher pour donner un sens à leur existence et se dessiner des perspectives d'avenir. La migration de travail va constituer un nouveau rituel de passage pour des franges entières de ces sociétés qui vont devoir faire leurs preuves envers leur famille et leur communauté. De la réussite de la mission socio-économique qui leur est octroyée par la communauté vont dépendre leur statut social et leur place dans la communauté. La survie de la famille, de la communauté, des systèmes de loyauté (par le mariage notamment), la pérennisation de la terre en milieu rural sont souvent très dépendantes des rémittences et donc de la réussite de la migration. Le système de noria observé durant les migrations dans les sociétés codifiées et patriarcales du Sud post-soviétique peut être mis en perspective avec les processus migratoires et les générations de migrants originaires d'Algérie vers la France [Bourdieu et Sayad, 1964].

---

creuses sont visibles sur la pyramide des âges russe, avec ses creux, ses traumas, de même que le vieillissement de la population et la faible part de la jeunesse russe. Une croissance naturelle positive fantasmée est irréalisable sans l'apport migratoire dans un contexte démographique marqué par des effets de cohortes et ces stigmates.

Hérodote, n° 174, La Découverte, 3e trimestre 2019.

FIGURE 1. – ÉVOLUTION DE LA NATALITÉ ET DE LA MORTALITÉ EN FÉDÉRATION DE RUSSIE

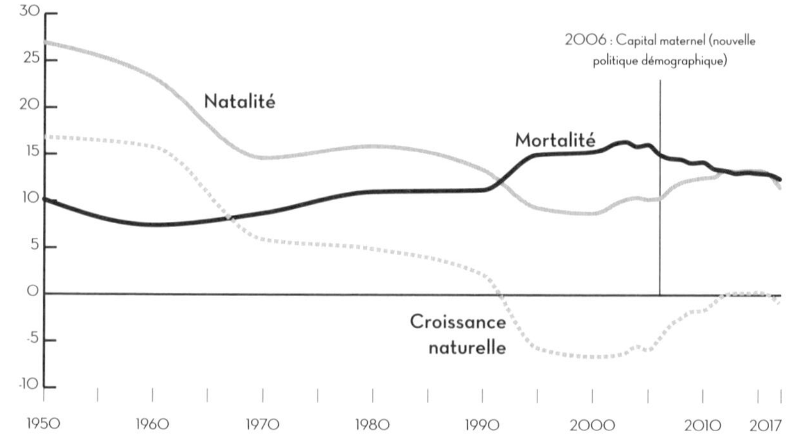

Source : *Rosstat*
Graphique conçu par Sophie Hohmann
HÉRODOTE N°174

Transformation des flux migratoires depuis les années 1980

À l'époque soviétique, dès la fin des années 1980, les flux migratoires se densifient, ils se caractérisent par un immense flux de rapatriés d'origine russe (les compatriotes) de l'étranger proche : 11 millions de russophones entre 1989 et 2002 ont été rapatriés en Russie sur 25 millions se trouvant alors dans les républiques satellites et en Europe de l'Est, ces « pieds-rouges » ou « compatriotes » vont chercher à renouer avec leur identité nationale. Ce processus de « décolonisation » [Žajončkovskaja, 1991] va être doublé et suivi par des migrations forcées, conséquences des conflits nationalistes et séparatistes qui débutent en 1988 pour s'accélérer après le célèbre discours que Boris Eltsine prononce à Kazan en août 1990 devant un parterre de dirigeants des républiques autonomes déclarant : « Prenez autant de souveraineté que vous pouvez en avaler... » Dans un contexte où les séparatismes sont déjà amorcés, ce discours signe l'ouverture de la boîte de Pandore et annonce les bouleversements qui vont agiter l'ensemble des républiques. Les flux migratoires hétérogènes témoigneront de ces bouleversements inédits dans le Caucase du Sud (Haut-Karabagh, Abkhazie, guerre civile en Géorgie) et du Nord (Tchétchénie, Ingouchie, Ossétie du Nord) en Asie

Hérodote, n° 174, La Découverte, 3e trimestre 2019.

centrale (massacres, tensions interethniques dans la Ferghana, puis, entre 1992 et 1997, guerre civile au Tadjikistan). Parallèlement à ce flux d'immigration, une forte émigration se dessine à partir de 1987 avec la libéralisation entamée par Gorbatchev. Les départs de Juifs vers Israël, d'Ukrainiens vers l'Ukraine, d'Arméniens vers l'Arménie, d'Allemands vers la RFA, de Grecs vers la Grèce vont aller croissant pour s'accentuer après la fin de l'URSS entraînant le départ de Russie et d'ex-URSS respectivement de 1,2 million et de 3,8 millions de Soviétiques et ex-Soviétiques entre 1989 et 2003 essentiellement vers les États-Unis, Israël et l'Allemagne [de Tinguy, 2004]. À cela s'ajoute au début des années 1990 une forte transformation du peuplement à l'intérieur des frontières de la Russie post-soviétique avec notamment une désertification des régions arctiques pour des régions plus prometteuses et un vieillissement marqué des populations dans ces régions abandonnées par les classes d'âge plus jeunes.

La reprise économique du début des années 2000 en Russie, après l'élection de Vladimir Poutine à la Présidence, va favoriser les conditions d'immigration d'une main-d'œuvre bon marché, russophone et en quête d'emploi face à l'absence de perspectives dans leur pays d'origine. Dans les années 2010, les migrations de ressortissants d'Asie centrale vers la Russie se situaient dans une fourchette de 2,7 millions à 4,2 millions, soit entre 10 et 16 % de la population économiquement active en Asie centrale. Durant ces années, le solde migratoire approche les 300 000 personnes par an. Le pic migratoire en Russie se situe en 2013 avec en stock plus de 2,7 millions d'Ouzbékistanais, plus de 1,2 million de Tadjikistanais, et 600 000 ressortissants kirghizes. Avec la crise de 2014, la baisse aiguë des cours des minerais et des hydrocarbures (le prix du baril de pétrole est alors passé de 110 à 35 dollars) a provoqué un effondrement de l'économie russe de 3,7 % en 2015, les transferts d'argent effectués par les migrants vers leur pays d'origine ont été réduits de moitié passant de 13,6 milliards de dollars en 2013 à 6,9 milliards en 2016[4].

En 2014, le Service fédéral pour les migrations (FMS) avançait un chiffre de 17,7 millions d'entrées en Russie[5], dont 12,4 millions pour le travail (et 600 000 illégaux arrêtés). 77 % d'entre elles sont des citoyens de la CEI et près de 60 % sont originaires du Tadjikistan, Ouzbékistan et Kirghizstan. En 2017[6], le nombre d'entrées

4. La baisse la plus importante fut observée en Ouzbékistan avec une réduction de 50 % des rémittences, passant de 6,7 milliards de dollars à 2,7 milliards. Au Tadjikistan la baisse était à peu près similaire : 59 % passant de 4,2 milliards de dollars à 1,9 milliard et au Kirghizstan la baisse était de 17 % passant de 2,1 milliards de dollars à 1,7 milliard, <http://geo-politica.info/trudovye-migranty-iz-stran-tsentralnoy-azii-okazalis-v-rossii-v-usloviyakh-neopredelennosti.html>.

5. En 2017, la Direction générale des migrations du ministère des Affaires intérieures de Russie a enregistré 15 millions d'entrées sur le territoire russe [Ščerbakova, 2017].

6. <https://мвд.рф/Deljatelnost/statistics/migracionnaya/item/12162186/>.

Hérodote, n° 174, La Découverte, 3e trimestre 2019.

enregistrées est passé à 15,7 millions, 257 500 immigrants ont obtenu la citoyenneté russe, 295 800 des autorisations de séjour temporaire et plus de 185 800 cartes de résident ont été délivrées. Le solde migratoire en Fédération de Russie était de 212 000 enregistrant une baisse de 19 % par rapport à 2016 (figures 2 et 3). Les principaux pays d'origine en flux étaient l'Ukraine (150 000), le Kazakhstan (72 000), l'Ouzbékistan (64 000), le Tadjikistan (63 000), et l'Arménie (47 000). En termes de stock, le nombre d'immigrés issus des ex-républiques soviétiques s'élevait à environ 2,1 millions de ressortissants d'Ouzbékistan, 100 000 du Kazakhstan, 985 000 du Tadjikistan, 520 000 du Kirghizstan, 15 000 du Turkménistan, 500 000 d'Azerbaïdjan, 400 000 d'Arménie et 2,5 millions d'Ukraine.

FIGURE 2. – MIGRATION NETTE EN FÉDÉRATION DE RUSSIE (EN MILLIERS DE PERSONNES PAR AN)

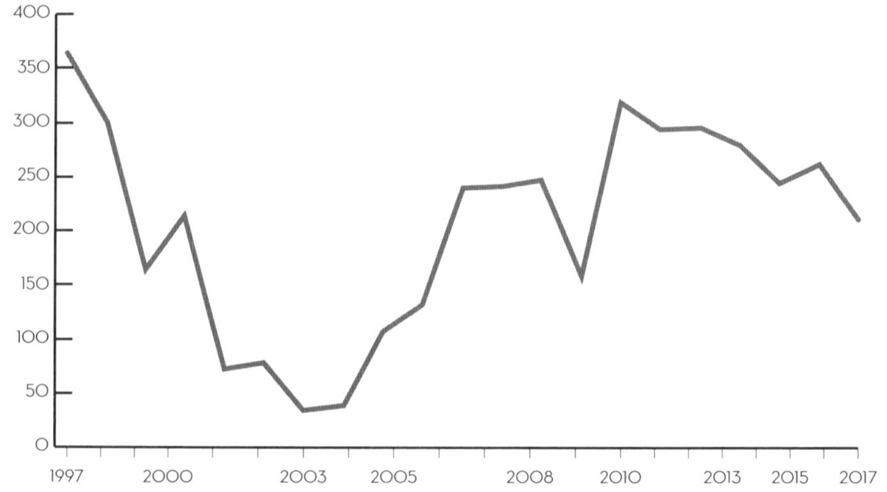

Source : *Rosstat*
Graphique conçu par Sophie Hohmann
HÉRODOTE N°174

Hérodote, n° 174, La Découverte, 3e trimestre 2019.

FIGURE 3. – NOMBRE DE TRAVAILLEURS MIGRANTS EN RUSSIE EN 2016 (EN MILLIERS, PAR PAYS)

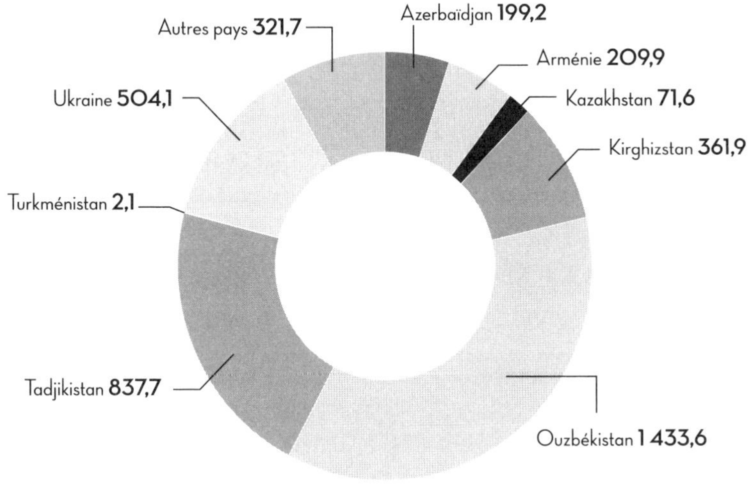

Source : *MVD*
Graphique conçu par Sophie Hohmann
HÉRODOTE N°174

En 2017, les migrants n'ayant pas réussi à renouveler leurs permis de travail en raison des conditions économiques difficiles en Russie ont décidé de repartir dans leur pays d'origine, il y a par ailleurs une volonté de rentrer « chez soi » depuis quelques années, de mettre au profit du village par exemple le savoir-faire acquis en Russie et notamment dans le domaine de la construction. Il y a également, en fonction des générations, des parcours, des déterminations sociales de chacun, la volonté de construire des conditions pour leur famille dans leur pays, leur « patrie », et de renouer avec une identité blessée. Ceci n'est pas toujours facile comme dans la plupart des contextes migratoires où la « double absence » durant toutes ces années a favorisé une relation aux siens et aux autres marquée par le tiraillement entre « ici et là-bas ».

Hérodote, n° 174, La Découverte, 3e trimestre 2019.

Des trajectoires migratoires et professionnelles anciennes

Il est important de rappeler que d'autres formes de migrations ont préexisté à ces flux migratoires post-soviétiques et qu'elles permettent d'expliquer la constitution de réseaux et de débouchés professionnels après 1991. En effet, les mobilités professionnelles, étudiantes, économiques ont connu des phases importantes dans les années 1960 et 1970, époque où les logiques de répartition (*raspredelenie*) envoient des Caucasiens, Centrasiatiques, mais aussi Ukrainiens, Biélorusses, Moldaves travailler dans des niches spécifiques (extraction, ingénierie, construction) au moment où l'industrialisation s'accélère et l'économie reprend (grâce notamment à l'augmentation des prix du pétrole en 1973), les « dispersant » dans toute l'URSS et créant des débuts de diasporas. Ces migrations soviétiques vont créer des conditions favorables dans de nombreuses régions de Russie et de nombreuses niches professionnelles pour les générations à venir, les nouveaux migrants post-soviétiques des années 2000 et jusqu'à nos jours vont profiter pour beaucoup de ces possibilités favorisées par l'encastrement réticulaire des générations précédentes. À l'époque soviétique, les marchés aux fruits et légumes étaient déjà très investis par les Ouzbeks, les Kirghizes ; les réseaux de transport de micro-autobus (*marchrut*) par les Daghestanais, et les niches extractives de minerais majoritairement par des ingénieurs et géologues nord-caucasiens, azéris, kirghizes (et, dans une moindre mesure, kazakhs et turkmènes). Autre exemple, les Azéris contrôlaient près de 80 % du marché soviétique des fleurs en plus de leur présence très forte sur les marchés plus généralement [Yunusov, 2003]. Parallèlement à ce secteur, des étudiants et surtout des ingénieurs du secteur pétrolier s'ajoutaient aux migrants. Heydar Aliev[7] dans les années 1970-1980 avait augmenté les quotas d'étudiants azéris pouvant partir étudier dans les établissements d'enseignement supérieur (VUZ) d'URSS. Toutefois, les étudiants et ingénieurs s'inscrivaient la plupart du temps dans le système d'*orgnabor* qui visait à organiser les migrations internes en répartissant les « migrants » sur les grands projets industriels de l'époque soviétique. Cela permettait de contrôler les déplacements et de les réguler par le biais de la *propiska*[8]. La régionalisation

7. Heydar Aliev, père du président actuel de l'Azerbaïdjan Ilham Aliev, fut premier secrétaire du Comité central du Parti communiste d'Azerbaïdjan en 1969, après avoir été président de la section azerbaïdjanaise du KGB (Service de renseignement). En 1976 il fut nommé membre du Politburo (premier membre musulman de l'histoire du Politburo). Il sera président de l'Azerbaïdjan indépendant entre 1993 et 2003.

8. Dorénavant, le système d'*orgnabor* est différent puisqu'il concerne uniquement les migrations internationales. Ce système ne concerne que quelques centaines de personnes selon le FMS [Iontsev et Ivakhnyuk, 2012].

Hérodote, n° 174, La Découverte, 3e trimestre 2019.

des monopoles était bien connue et se retrouvait dans la territorialisation et l'ethnicisation des marchés surtout.

Certaines niches ont disparu ou se sont transformées, et d'autres se pérennisent. Ceci s'explique par la formation des différentes nationalités originaires des républiques soviétiques par exemple dans des instituts de métallurgie, d'extraction existant au Caucase et en Asie centrale à partir des années 1960 et ensuite envoyés en formation en Russie dans des instituts spécialisés. La même logique s'applique à l'armée, les militaires ayant par exemple travaillé dans la Flotte caspienne vont être envoyés pour certains dans la Flotte du Nord (mer de Barents), ce qui était très prestigieux dans les années 1970 [Hohmann, Laruelle et Burtseva, 2016; Hohmann, 2018] ou en Extrême-Orient comme aux Sakhalines[9], ou encore dans les ports militaires de l'Arctique comme à Tiksi[10]. Des niches vont se créer, se pluri-ethniciser et ce sont ces migrants-là qui créeront en grande partie les conditions économiques des migrations des années 1990 et surtout à partir des années 2000[11].

Définition de la politique migratoire et tentative de réponse au déficit démographique, politiques migratoires mouvantes et composites

La migration apparaît comme un argument de choix pour remédier, certes partiellement, à la croissance naturelle négative. Les politiques de rapatriement des Russes (migrations de retour) des anciennes républiques soviétiques, ont atténué un moment la baisse de la population en Russie[12]. Au début des années 1990 dans une Russie chaotique et libérale, la politique migratoire est balbutiante. Une loi est

9. Entretien réalisé avec Mambet (né en 1977), ingénieur kirghiz formé à Bichkek à l'institut métallurgique (créé au début des années 1950) qui est parti travailler sur invitation sur l'île de Sakhaline pour participer à la construction des structures de forage gazier de GNL en 2007. Mambet a acquis son savoir-faire (forages horizontaux) dans la péninsule de Yamale en Sibérie au début des années 2000.

10. Entretiens et terrain dans la péninsule de Kola en 2015 et 2016, à Yakoutsk en août 2017.

11. Notons ici les conditions spécifiques du Grand Nord russe notamment pour les monovilles de la région de Mourmansk (péninsule de Kola) et les villes militaires fermées sur la côte au nord de Mourmansk qui, dans les années 1990, se sont retrouvées complètement coupées du reste de la Russie en raison de la décentralisation des budgets votée en 1992 (qui a sacrifié la plupart des monovilles de la péninsule), et de l'arrêt des subsides polaires (*poliarnye nadbavki*). Les habitants ont alors émigré dans d'autres régions de Russie plus propices ou en Europe profitant de l'ouverture des frontières (*russkij dreft*).

12. Ces rapatriés sont souvent vieillissants et se distinguent des migrants qui vont suivre : jeunes et avec des modèles démographiques différenciés, taux de fécondité plus élevés, etc.

Hérodote, n° 174, La Découverte, 3e trimestre 2019.

adoptée en 1993 sur « le droit des citoyens de la Fédération de Russie à la liberté de déplacement, au choix de leur lieu de séjour et de résidence » qui étendait ce droit aux citoyens et étrangers séjournant légalement en Russie. Cette loi s'adressait surtout aux migrants forcés qui fuyaient les conflits, les massacres en Asie centrale et dans le Caucase. Le cadre post-soviétique impose de nouvelles politiques qu'il faut inventer dans un contexte complètement nouveau. Le Service fédéral des migrations (FMS) est créé en 1992, il sera dissous en 2016, moment où l'administration des migrations reviendra au ministère de l'Intérieur (Direction générale des affaires migratoires). En 1996, une loi réglemente l'entrée et la sortie du territoire avec des formalités spécifiques. Au début des années 2000, la législation prend d'autres formes et elle répond à des flux de plus en plus importants qui correspondent à la reprise de la croissance économique en Russie et d'un besoin impérieux de main-d'œuvre bon marché. Un tournant dans la politique migratoire est pris en 2002 suite à l'événement du 11 septembre 2001 et aux conséquences restrictives que cela va avoir sur l'ensemble des politiques, et du lien effectué d'emblée entre étrangers venus des Suds et terrorisme. Les deux lois de 2002 portant sur la citoyenneté et sur la situation juridique des étrangers signent une fermeture des frontières aux immigrés et assimilent l'immigré à l'étranger[13]. Les politiques de quotas voient le jour et plusieurs textes de loi les feront évoluer en fonction du contexte. En 2003, une doctrine[14] fondatrice quant à la régulation des processus migratoires est adoptée, elle vise à « garantir un développement socio-économique et démographique stable du pays, sa sécurité, la satisfaction des besoins en main-d'œuvre de son économie en pleine croissance [...] et une utilisation du potentiel intellectuel et professionnel des migrants en vue de réaliser le bien-être et l'épanouissement de la Fédération de Russie » ; cette doctrine vise en réalité à lutter contre les migrants illégaux.

13. Plusieurs lois et règlements portent sur la situation des citoyens étrangers en Fédération de Russie comme la loi fédérale du 25 juin 2002 qui conditionne notamment l'autorisation de travail aux tests médicaux et examens sanitaires obligatoires (VIH, tuberculose, IST), puis la loi fédérale du 14 janvier 2004 (après celle de 1995) sur « la mise en œuvre des mesures contre l'infection par VIH en Fédération de Russie » : législation très stricte sur l'entrée des personnes infectées. La loi fédérale du 15 novembre 2006 porte sur « l'attribution d'autorisations à des citoyens étrangers pour un travail temporaire en Fédération de Russie » avec l'obligation d'effectuer un examen médical dans les 30 jours à compter de la réception de l'autorisation de travail. La question de la santé et des risques sanitaires liés à l'infection par VIH, la tuberculose et les infections sexuellement transmissibles s'inscrit dans un raisonnement très soviétique de la peur de la contagion et s'exerce sous la forme d'une prophylaxie sanitaire mais aussi sociale en fonction des préjugés qui sont transmis par l'origine des migrants (le Tadjikistan notamment avec la toxicomanie et l'afflux du narcotrafic en provenance d'Afghanistan depuis l'ouverture des frontières).

14. Doctrine sur la régulation des processus migratoires dans la Fédération de Russie entérinée par l'ordonnance du gouvernement de la Fédération de Russie, n° 256-r du 1er mars 2003.

Hérodote, n° 174, La Découverte, 3e trimestre 2019.

En 2006, Vladimir Poutine définissait la situation démographique russe comme « le problème le plus grave de la Russie moderne[15] ». Le président russe prévient :

> Si la nation n'est pas capable de se perpétuer, si elle perd ses repères vitaux et ses idéaux, elle n'aura pas besoin d'ennemis étrangers – elle s'effondrera toute seule. [...] Nous devons être plus nombreux et meilleurs si la Russie veut préserver sa souveraineté et sa force.

Cette déclaration marque un tournant politique et une véritable prise de conscience des enjeux multiformes et des conséquences de cette situation démographique. C'est alors que le gouvernement instaure une nouvelle politique démographique essentiellement axée sur l'augmentation de la natalité. Dans ce contexte, un nouveau programme, nommé Capital maternel (*materinskij kapital*), est adopté en 2006. Ce capital est une allocation accordée au niveau fédéral et au niveau régional pour les familles ayant eu un enfant après 2007, à condition qu'il ne s'agisse pas de leur premier enfant. Par ailleurs, ce capital doit impérativement être consacré à l'amélioration des conditions de logement, à l'éducation des enfants ou à l'épargne-retraite de la mère. Le bénéficiaire reçoit un certificat qui lui donne le droit d'utiliser une somme de 429 408 roubles (soit environ 9 000 euros) conservée par le fonds de pension (*pensionnyj fond*). En 2006, la politique d'immigration russe se desserre et sont décidés des amendements à la loi fédérale sur le statut des étrangers et la loi sur l'immatriculation des étrangers et des apatrides. La procédure d'obtention d'un statut légal en Russie est simplifiée, cela pour tenter de remédier à la clandestinité (entre 3 et 15 millions en 2006), et permettre d'obtenir plus facilement une autorisation de séjour temporaire hors quotas en Russie et d'y exercer une activité professionnelle. Par ailleurs, un durcissement du code des infractions s'inscrit dans ces amendements visant à lutter contre l'illégalité de travail, de logement, sanctionnant employés comme employeurs, et logeurs marchands de sommeil. Le besoin impérieux de main-d'œuvre et la nécessité de combler le déficit démographique imposent des compromis au moment où les flux migratoires sont considérables. Les législations de 2006 et 2007 vont tenter de réguler l'immigration en diminuant la part illégale et en simplifiant les procédures d'entrée et de séjour mais les conditions de vie et de travail des migrants restent très précaires et l'illégalité[16] est très difficile à contrôler.

---

15. « Poslanie prezidenta federal'nomu sobraniû Rossijskoj Federacii 10 maâ 2006 goda », (discours du président de la Fédération de Russie à l'Assemblée fédérale, 10 mai 2006), <www.kremlin.ru/events/president/news/9637>.

16. Le Service fédéral des migrations estimait pour 2016 entre 10 et 20 millions de migrants en Russie toutes nationalités confondues, dont de 5 à 10 millions d'illégaux, de 800 000 à 2 millions d'illégaux dans la capitale Moscou.

Hérodote, n° 174, La Découverte, 3e trimestre 2019.

Entre 2000 et 2011 plus d'un million de Centrasiatiques ont reçu la nationalité russe, ce qui est un facteur important d'intégration politique et économique. Les données statistiques fournies par l'organisme russe de la statistique Rosstat, le service fédéral des migrations (FMS) et depuis 2016 le MVD sont à analyser avec prudence, les problèmes de double comptage sont une réalité et l'estimation du solde migratoire se base sur l'estimation des entrées et des sorties du territoire (enregistrements aux frontières) ou par le biais des recensements, ce qui donne des estimations partielles [Blum, 2016]. En 2011, après l'introduction de nouvelles règles comptables, le nombre de ceux qui sont arrivés en Russie en provenance de pays étrangers pour y séjourner de manière permanente ou pour des séjours de 9 mois ou plus a augmenté de 2,6 fois (selon Rosstat), pour atteindre 356 500 personnes contre 139 300 personnes pour 2010. D'autres indicateurs peuvent être utiles pour analyser et croiser les données migratoires, comme le nombre de permis de travail, de permis de séjour, etc. (figures 4 et 5).

FIGURE 4. – PROPORTION DE PERMIS DE TRAVAIL DÉLIVRÉS EN RUSSIE EN FONCTION DES PAYS D'ORIGINE

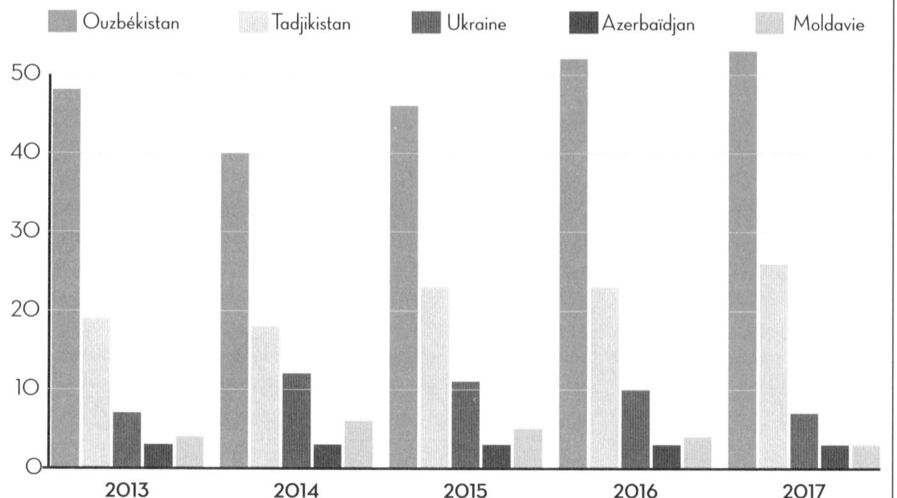

Source : *2018 Chudinovskih The Russian Federation SOPEMI report 2018 December 27*
Graphique conçu par Sophie Hohmann
HÉRODOTE N°174

Hérodote, n° 174, La Découverte, 3e trimestre 2019.

FIGURE 5. – NOMBRE DE PERMIS DE RÉSIDENCE DÉLIVRÉS (EN MILLIERS), EN 2017

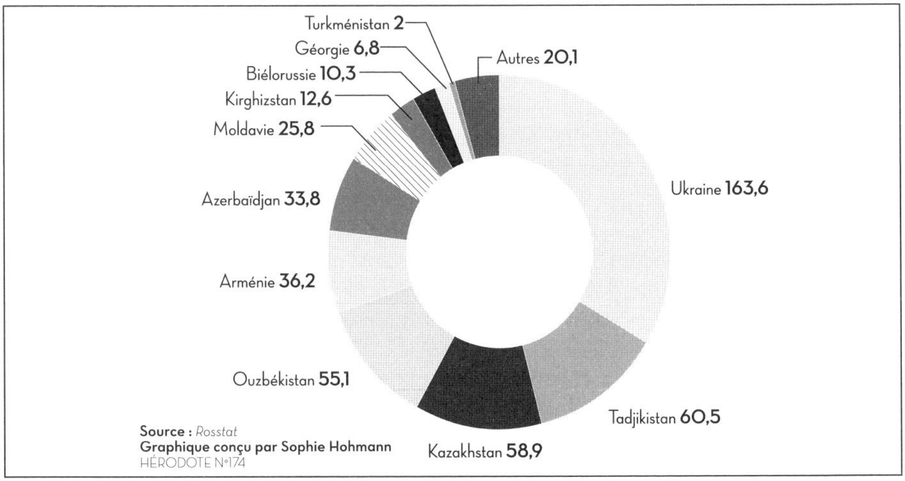

Le Kirghizstan et le Kazakhstan occupent une position particulière en termes de politique migratoire puisque leur adhésion à l'Union économique eurasiatique (UEEA)[17] les a fait entrer dans l'Union douanière et que leurs ressortissants n'ont pas besoin de visa ni de permis de travail pour venir travailler en Russie. Cette liberté de circulation pour les ressortissants des pays ayant adhéré à l'UEEA se traduit par un nombre croissant de migrants issus du Kirghizstan notamment. Au-delà des niches ne demandant pas de qualification, nombreux sont les Kirghizes ayant une formation professionnelle spécifique à tenter leur chance en Russie dans l'extraction[18] et les marchés, les services.

---

17. L'Union économique eurasiatique a été lancée par la Russie, la Biélorussie et le Kazakhstan le 1er janvier 2015. L'Arménie y adhère le 2 janvier et le Kirghizstan le 21 mai 2015. Cette Union avait été pensée au départ en 1992 par Nursultan Nazarbaïev le président du Kazakhstan. En 2010 une union douanière est créée entre la Russie, le Belarus, le Kazakhstan, puis un espace économique commun en 2012 avant de devenir l'UEE dans sa forme actuelle. L'adhésion à l'UEE garantit l'absence de liste noire appliquée aux ressortissants des pays concernés (ce qui n'est pas par exemple du Tadjikistan non signataire qui voit 250 000 migrants interdits du territoire russe).

18. De nombreux entretiens témoignent de ces processus chez les Kirghizes (Salekhard, Vorkuta, Mirnij, villes industrielles de la péninsule de Kola, Norilsk et Dudinka, 2015, 2016, 2017, 2018).

Hérodote, n° 174, La Découverte, 3e trimestre 2019.

Xénophobie, migrantophobie, islamophobie

La montée de la xénophobie dans la société russe s'inscrit dans un contexte de « traumatisme tant politique et économique que territorial et affectif qui pèse encore lourdement » [Laruelle, 2010, p. 22]. Après la fin de l'URSS, seule la « Nation » sédimente la société autour d'une matrice commune, d'une matrice idéologique, le besoin de se rattacher à une grammaire et le besoin d'un contrat social entre la société et l'État constituent une sorte de moteur permettant à la société de juguler ses angoisses générées par la fin de l'URSS. L'anxiété face à l'idée que leur nation serait menacée de disparition, la question de la définition du territoire après 1991 et la menace extérieure sont des idées qui apparaissent clairement dans le discours de Vladimir Poutine en 2006. Les ressources identitaires et symboliques sont mobilisées pour retrouver une normalité, la nation est alors le seul symbole qui transcende les divisions politiques, culturelles, etc. Elle permet de fédérer la société au-delà des clivages, des tensions, des désaccords [Laruelle et Radvanyi, 2016]. Dans les années 2000 avec l'intensification des flux migratoires, la xénophobie se transforme en « migrantophobie », qui traverse de nombreuses sociétés dans le monde. Les *Nachi* et la Jeune Garde tiennent des discours moralisateurs, ils ont par exemple créé des sections de formation destinées aux migrants dans le but de leur enseigner les codes de conduite pour « bien » s'intégrer [Laruelle et Radvanyi, 2016]. Le respect des traditions russes, de la langue, garantie de la russité est au cœur de la rhétorique de ces entrepreneurs de morale.

En septembre 2006, la fameuse rixe entre Tchétchènes et Russes dans un restaurant tenu par un Azéri, qui avait fait deux morts chez les Russes, a engendré une vague xénophobe[19] et des pillages d'une grande violence contre les Caucasiens sans distinction de religion, de nationalité (Azerbaïdjanais, Arméniens, Nord-Caucasiens) dans la ville de Kondopoga[20] en Carélie. Ces actes sont un condensé de plusieurs fractures qui animent la société russe, et la revanche identitaire face à la concurrence sur les marchés de Centrasiatiques et de Caucasiens traditionnellement très présents depuis l'époque soviétique va conduire en janvier 2007 à un règlement leur interdisant de représenter plus de 40 % des vendeurs sur les marchés

19. En 2010, place du Manège à Moscou, des slogans racistes ultranationalistes criés par des milliers de supporteurs du Spartak le lendemain des funérailles d'un jeune supporteur russe tué dans une bagarre avec des Nord-Caucasiens avaient eu des conséquences terribles de chasse aux basanés caucasiens mais aussi centrasiatiques dans les rues de Moscou, Saint-Pétersbourg.

20. Cette ville va devenir le lieu de pèlerinage des nationalistes russes, les « hauts lieux » du combat sont visités et la ville de Konpogoda est rebaptisée « ville héroïque, symbole de la résistance russe », *in* Philippe Randrianarimanana, « Kondopoga, lieu de pèlerinage des nationalistes russes », *Courrier international*, 30 août 2007.

Hérodote, n° 174, La Découverte, 3e trimestre 2019.

et interdisant totalement leur présence sur lesdits marchés en avril. Le patriotisme participe du renforcement des valeurs, surtout à partir de 2012, tournant conservateur de Poutine, au début de son deuxième mandat présidentiel. Cette xénophobie au départ n'est pas orientée contre les migrants spécifiquement, cependant la situation est très fragile et l'histoire tragique de la nounou d'origine ouzbèke, Gultchera Bobokulova, qui avait décapité le bébé qu'elle gardait en mars 2016 à Moscou[21], a défrayé la chronique et surtout les réseaux sociaux qui ont connu un déferlement d'islamophobie et de « migrantophobie » [Oliker, 2018]. Ceci participe à l'hystérie collective à l'encontre des islamistes dans le contexte de la guerre en Syrie et du ralliement de plusieurs milliers de djihadistes post-soviétiques à l'État islamique ou d'autres courants radicaux et/ou terroristes.

Les étiquettes véhiculées par certaines nationalités ne datent pas d'aujourd'hui et l'histoire soviétique témoigne de leur construction notamment au moment de l'affaire du coton en Ouzbékistan dans les années 1980[22] pour les Ouzbeks souvent qualifiés de « mafieux », de la criminalisation de l'économie de l'ombre chez les Azéris, mais aussi chez les Arméniens, les Géorgiens et d'autres nationalités nord-caucasiennes. Sans oublier la relation souvent haineuse contre les Nord-Caucasiens que l'on pourrait faire remonter à l'époque impériale et qui s'est accentuée considérablement avec la première guerre de Tchétchénie, puis la seconde et les attentats terroristes perpétrés par des ressortissants nord-caucasiens (Moscou, Beslan, etc.). Avec la montée du fondamentalisme islamique, l'étiquette s'est transformée en étiquette de « terroristes », « wahhabites » (les deux étiquettes étant associées dans les mentalités post-soviétiques en Russie mais aussi en Asie centrale et dans le Caucase sans avoir de référence à la doctrine wahhabite). L'histoire est fondamentale pour comprendre ces usages sémantiques et cette vision de l'autre dans une société en mal identitaire avec une volonté forte de réaffirmation de la russité, d'une fierté nationale.

Enfin, la manière dont l'annexion de la Crimée en 2014 déplace la vision et la place de l'ennemi va entraîner une baisse de la xénophobie contre les migrants (*migrantophobie*) et réactiver la lutte contre « l'ennemi fasciste » en Ukraine [Laruelle et Radvanyi, 2016]. L'on assiste ici au déplacement du bouc émissaire comme responsable du désordre, des risques et des maux dans la société. Il ne

21. L'examen psychiatrique avait démontré que cette femme était très perturbée et malade. Mais cela a été laissé de côté par les courants xénophobes, islamophobes et migrantophobes qui ont profité de l'occasion pour récupérer ce fait divers tragique et faire des musulmans immigrés des boucs émissaires.

22. Il faut rappeler ici que l'époque brejnévienne fut le véritable âge d'or de la corruption qui s'est considérablement enracinée dans la structure des rapports sociaux, on assiste alors à l'apogée de la « féodalité soviétique » [Werth, 2019].

Hérodote, n° 174, La Découverte, 3e trimestre 2019.

faut pas omettre la portée symbolique du nationalisme et l'instrumentalisation de l'Autre dans ce processus.

Conclusion : affirmation de la nation ?

Selon le point 14 de la dernière Conception de la politique migratoire nationale de la Fédération de Russie de 2019 à 2025[23] :

> L'un des objectifs de la politique migratoire est de créer une situation migratoire permettant de résoudre les problèmes socio-économiques, territoriaux et démographiques de la Russie, d'améliorer le niveau de vie de sa population, d'assurer la sécurité nationale, de protéger le marché du travail national, de promouvoir la coopération internationale, de soutenir la paix et la concorde entre les nationalités et entre les religions dans la société russienne (*rossijskoe obshtshesvo*), de protéger et de préserver la culture russe, la langue russe et le patrimoine historique et culturel des peuples de Russie, qui constituent le fondement de son code culturel (civilisationnel).

Dans cette conception de la politique migratoire, certains points spécifient clairement la nécessité de réinstaller les compatriotes, en particulier des scientifiques, des enseignants, des agents de santé, des agriculteurs, des artisans, des entrepreneurs et des investisseurs et de la volonté d'apporter un soutien financier à ce type de migrations. Cette conception privilégie « la création des conditions et des incitations de réinstallation à titre permanent en Fédération de Russie des compatriotes vivant à l'étranger », ce qui équivaut à un processus d'immigration choisie, sélective et qui se redéfinit en fonction des besoins mais aussi des réactions de la société russe nationaliste.

Pour la première fois, l'idée de protection de la culture russe et d'un code culturel est évoquée à ce niveau. Le durcissement de la politique migratoire s'inscrit dans les évolutions complexes traversées par la Russie depuis les années 1990 jusqu'à nos jours et articulées autour de contextes différenciés. Il est à analyser en perspective des mutations sociopolitiques et économiques et des réactions des populations face à ces flux considérables de personnes. Le contexte international d'aujourd'hui favorise le repli identitaire et la fascination de certaines sociétés pour l'idée de Nation qui façonne d'une certaine manière le consensus entre la société et l'État et consolide l'avenir autour de valeurs très hétérogènes que la Nation peut contenir. L'affirmation de la Nation apparaît comme un élément de

23. Koncepciâ gosudarstvennoij migracionnoij politiki rossijskoij federacii na period do 2025 (Conception pour une politique migratoire nationale de la Fédération de Russie pour une période allant jusqu'à 2025), dont le décret a été signé par Vladimir Poutine le 31 octobre 2018.

Hérodote, n° 174, La Découverte, 3e trimestre 2019.

protection de son identité (de garantie) dans un contexte de désécularisation qui traverse la plupart des sociétés contemporaines, et participe à des crispations identitaires ainsi qu'à une politique migratoire de plus en plus sélective et calculatrice des enjeux démographiques et économiques.

Bibliographie

BLUM A. (2013), « La Russie, grand pays d'immigration. Un scénario démographique probable », *Revue internationale et stratégique*, vol. 92, n° 4, p. 75-85.

BLUM A. (2016), « Russie : des migrations internationales et des politiques migratoires changeantes et complexes », *Diplomatie : affaires stratégiques et relations internationales. Les grands dossiers de Diplomatie*, AREION Group, « Géopolitique des migrants », n° 31, p. 76-78.

BOURDIEU P. et SAYAD A. (1964), *Le Déracinement. La crise de l'agriculture traditionnelle en Algérie*, Éditions de Minuit, Paris.

BRAUX A. (2014), *Moscou/Caucase : migrations et diasporas dans l'espace post-soviétique*, Éditions Petra, Paris.

CASTEL R. (2003), *L'Insécurité sociale*, Seuil, Paris.

CHUDINOVSKIKH O. (2018), *OECD Continuous Reporting System on Migration. International Migration Report. The Russian Federation*, Lomonosov Moscow State University.

DE TINGUY A. (2004), *La Grande Migration. La Russie et les Russes depuis l'ouverture du rideau de fer*, Plon, Paris.

HELENIAK T. (1999), « Out-migration and depopulation of the Russian North during the 1990s », *Post-Soviet Geography and Economics*, vol. 40, n° 3, p. 281-304.

HOHMANN S. (2017), « Partir travailler en Russie : les populations centrasiatiques à l'épreuve de la migration », *Outre-Terre*, n° 48, p. 245-257.

HOHMANN S. (2018), « Arctic labour migration, vulnerability, and social change in the South Caucasus : the case of Azerbaijanis in the polar cities of Murmansk and Norilsk », *in* OKSANIAN K. et AVERRE D. (dir.), *Security, Society and the State in the Caucasus*, Routledge, Londres, p. 120-144.

HOHMANN S. et KURBANOVA R. (dir.) (2018), « Santé et migration en Asie centrale », *Cahiers d'Asie centrale*, n° 27.

HOHMANN S., LARUELLE M. et BURTSEVA A. (2016), « Murmansk. Biography of a city and its population movements », *in* LARUELLE M. (dir.), *New Mobilities and Social Changes in Russia's Arctic Regions*, Routledge, Londres, p. 158-175.

HOHMANN S., MOURADIAN C., SERRANO S. et THOREZ J. (dir.) (2014), *Development in Central Asia and the Caucasus : Migration, Democratisation and Inequality in the Post-Soviet Era*, I. B. Tauris, Londres.

IONTSEV V. A. et IVAKHNYUK I. V. (2012), « Rol'meždunarodnoj trudovoj migracii dlâ èkonomičeskogo razvitiâ Rossii » (Rôle des migrations de travail internationales dans le développement économique de la Russie), Migration Policy Centre, Florence <www.carim-east.eu/media/CARIM-East-2012-RU-28.pdf>.

Hérodote, n° 174, La Découverte, 3e trimestre 2019.

KOLSTØ P. et BLAKKISRUD H. (2016), *The New Russian Nationalism. Imperialism, Ethnicity and Authoritarianism 2000-2015*, Edinburgh University Press, Édimbourg.

LARUELLE M. (dir.) (2009), *Russian Nationalism and the National Reassertion of Russia*, Routledge, Londres.

LARUELLE M. (2010), *Le Nouveau Nationalisme russe*, L'Œuvre éditions, Paris.

LARUELLE M. et RADAVANYI J. (2016), *La Russie entre peurs et défis*, Armand Colin, Paris.

MALYUCHENKO I. (2015), « Labour migration from Central Asia to Russia : economic and social impact on the societies of Kyrgyzstan, Tajikistan, and Uzbekistan, Bishkek », Central Asia Security policy briefs #21, Norwegian Institute of International Affairs, OSCE Academy, <www.osce-academy.net/upload/file/Policy_Brief_21.pdf>.

MKRTCHYAN N. (2005), « Migraciâ v Rossii : zapadnij drejft » (Migration en Russie : la dérive occidentale), *Demoscope Weekly*, p. 185-186.

MKRTCHIAN N. (2007), « La politique d'immigration de la Russie, tours et détours », *Le Courrier des pays de l'Est*, n° 1060, p. 54-68.

MKRTCHYAN N. et KARACHURINA L. (2014), « Migratsiâ v Rossii. Potoki i tsentry pritâženiâ » (Migration en Russie. Flux et centre d'attraction), *Demoscope Weekly*, n° 595-596, 21 avril-4 mai.

OLIKER O. (2018), *Religion and Violence in Russia. Context, Manifestations, and Policy*, CSIS, Rowman & Littlefield, Washington.

ŠČERBAKOVA E. M. (2017), « Migraciâ v Rossii, predvaritel'nye itogi 2017 goda » (Migration en Russie, bilan prévisionnel pour 2017), *Demoscope Weekly*, n° 763-764.

ŠČERBAKOVA E. M. (2018), « Demografičeskie itogi I polugodiâ 2018 goda v Rossii » (Bilan démographique du premier semestre 2018 en Russie), *Demoscope Weekly*, n° 777-778.

UNITED NATIONS (2017), Department of economic and social affairs, population division, *International Migration Report. Highlights*, <www.un.org/en/development/desa/population/migration/publications/migrationreport/docs/MigrationReport2017_Highlights.pdf>.

WERTH N. (2019), *Le Cimetière de l'espérance. Essais sur l'histoire de l'Union soviétique 1914-1991*, Perrin, « Tempus », Paris.

YUNUSOV A. (2003), *Ètničeskie i migracionnye processy v postsovetskom Azerbajdžane*, Centre de Recherches sur les migrations, <http://migrocenter.ru/publ/trud_m/06.php>.

ŽAJONČKOVSKAJA Ž. (1991), *Demografičeskaâ situaciâ I rasselenie (Situation démographique et peuplement)*, Nauka, Moscou.

Sitographie

https://kremlin.ru
https://mvd.ru/
www.demoscope.ru
www.gks.ru

Hérodote, n° 174, La Découverte, 3e trimestre 2019.

L'*aliya* : condition première et quintessence de la nation israélienne

Frédéric Encel[1]

Quand l'historiographie israélienne officielle affirme que dès le Moyen Âge des Juifs sont retournés vivre en *Eretz Israël* (littéralement : la *terre d'Israël* au sens de la promesse biblique), s'appuyant en particulier sur les cas de l'exégète et chef spirituel Nahmanide depuis l'Espagne au XIIIe siècle, et sur ceux des cours hassidiques de Pologne et de Russie au XVIIIe siècle, elle dit factuellement vrai mais omet un phénomène géopolitique absolument essentiel : avec le sionisme, l'*aliya* change radicalement de nature. Désormais, il ne s'agit plus seulement de gagner la Terre promise pour mieux y sacrifier aux prescriptions cultuelles – notamment y prier et s'y faire inhumer là où se manifestera *Mashiah*, le Messie – mais pour y bâtir très prosaïquement, et indépendamment des injonctions rabbiniques, un *yishouv* (littéralement, « installation collective », qui prend le sens de « foyer national » dès les années 1910-1920) – une société pérenne, viable, laborieuse et autonome. Autrement dit, une *polis*, une cité dans l'acception athénienne du terme, dotée de ses propres structures économiques (agricoles notamment, les fameux *kibboutzim*), politiques (la Knesset dès 1920), universitaires (Université hébraïque de Jérusalem, 1925), juridiques (future Cour suprême) et défensives (HaShomer en 1911, Haganah en 1920)[2]. Mais,

1. Docteur en géopolitique et HDR de l'Institut français de géopolitique, université Paris 8, maître de conférences à Sciences Po Paris, lauréat 2015 du Grand prix de la Société de géographie pour l'ensemble de son œuvre. Fondateur et animateur des Rencontres internationales géopolitiques de Trouville-sur-Mer (en partenariat avec *Hérodote*). Derniers ouvrages parus : *Atlas géopolitique d'Israël* (Autrement, 5e éd., 2019) et *Mon dictionnaire géopolitique* (PUF, 2e éd., 2019).

2. Dans cet ordre d'idées, on ne sera pas surpris d'apprendre que dans le *logos* sioniste, la personne biblique d'Abraham, migrant à partir d'Ur, en Chaldée, vers la terre promise par Dieu,

Hérodote, n° 174, La Découverte, 3e trimestre 2019.

en définitive, la représentation survalorisée de l'*aliya* s'inscrit dans un mouvement plus large qu'un simple transfert d'individus, un idéal tant géographique et politique que philosophique. Ainsi, pour le fondateur de l'État juif contemporain, David ben Gourion,

> penser en sioniste, c'est-à-dire en sujet politique, tel est l'objet de cette révolution culturelle. Ce retour à l'Histoire par le détour de la géographie marque à la fois le déplacement de la diaspora vers la terre d'Israël, un déplacement de l'Exil vers Sion comme nouvelle centralité du monde juif, un déplacement enfin de la religion à la Nation comme cœur de l'histoire juive [Encel, 2009].

L'*aliya*, une représentation survalorisée et une revendication constante

Au temps du Yishouv

Dès le tout premier Congrès sioniste de 1897 réuni par Theodor Herzl, les bases revendicatrices du mouvement sont clairement posées en quatre points, celui inscrit en haut de la liste consistant dans « l'encouragement du peuplement juif en Palestine par des fermiers, des paysans et des artisans » [Bar-Zvi, 1999]. À cet égard, l'émigration des citoyens ou sujets juifs hors des États où ils vivent vers *Eretz Israël* – c'est-à-dire, à la fin du XIXe siècle, la Syrie-Palestine (sud du Sham) approximativement située entre Méditerranée et Jourdain, sous contrôle ottoman – constitue l'une des principales originalités du sionisme au regard des différentes formes de nationalisme qui se manifestent en Europe et ailleurs, ces autres mouvements nationalistes et/ou indépendantistes cherchant en général à ramener au sein d'un espace abritant la grande majorité des « nationaux » une minorité située en dehors, ou à augmenter, recouvrer ou raffermir les frontières de l'espace déjà peuplé. Dans le cas présent, une toute petite minorité de Juifs – moins de 0,5 % du judaïsme mondial en 1881 – vit au sein de l'espace concerné ; encore la majorité de ces Juifs sujets de l'Empire turc ottoman n'adhèrent-ils même pas au projet sioniste ! Dans ces conditions, on comprend bien pourquoi l'immigration vers *Eretz Israël* relève d'une condition *sine qua non*, et va incarner les principaux efforts financiers et diplomatiques, la revendication primordiale ainsi que l'espoir ultime du mouvement sioniste puis d'Israël des décennies durant. Les revendications territoriales officielles de l'Organisation sioniste, dès

---

n'est que marginalement évoquée, à l'inverse d'un Moïse qui, lui, quelques siècles plus tard, quittera une terre d'esclavage et de persécutions pour *conquérir* la Terre promise et y installer les tribus israélites, même si c'est Josué qui s'y emploiera finalement.

Hérodote, n° 174, La Découverte, 3e trimestre 2019.

la conférence de Versailles de 1919, constituent une illustration parfaite de cette préoccupation ; la carte du futur État juif proposée par le leader sioniste Haïm Weizmann englobe ainsi une très vaste bande côtière, bien plus étendue que celle qui fut jadis contrôlée par les différents États hébreux antiques, souverains ou pas [Encel, 1994]. Or ni la quête de ressources halieutiques (pour un mouvement idéologique résolument tourné vers le travail de la terre !) ni le tourisme (marginal alors et non focalisé comme aujourd'hui sur les rivages) n'expliquent cette revendication, mais bien le souci constant de pouvoir acheminer par millions et durant de longues années sur un littoral sécurisé serti de ports à forte capacité d'accueil les Juifs de diaspora, dont l'écrasante majorité devrait traverser la mer Noire, la mer Méditerranée et l'océan Atlantique.

Dès la prise de contrôle de la Palestine ex-ottomane par la Grande-Bretagne en 1918, la revendication première de l'Organisation sioniste porte donc sur le libre accès des côtes du *Yishouv* pour tout navire transportant des migrants juifs. Relativement favorable dans un premier temps à cette exigence – fidèle en cela à sa politique prosioniste enclenchée dès 1903 pour faire pièce à la progression du communisme au sein de la jeunesse juive déshéritée de Russie –, la Couronne britannique imposera en 1929, 1936 et 1939 des restrictions sans cesse plus sévères à l'immigration juive *via* des quotas inscrits dans trois Livres blancs ; les émeutes nationalistes arabes d'une part, la crainte de s'aliéner les parties arabo-musulmanes de l'empire en plein expansionnisme italien-fasciste et allemand-nazi d'autre part, l'importance croissante du pétrole enfin (Golfe et Mésopotamie surtout) expliquent ce durcissement que rien – ni l'avènement d'Hitler au pouvoir en 1933, ni la Shoah, ni les promesses du travailliste Clement Attlee en 1945 – ne remettra en cause.

Face à cette entrave à l'immigration, l'Organisation sioniste organise une immigration clandestine appelée *aliya Bet* (comme B, la lettre Bet étant la deuxième de l'alphabet hébraïque), *via* l'affrètement de navires souvent très vétustes qui tentent d'accoster en dépit du blocus britannique. Le point d'orgue et l'aboutissement de cette politique d'immigration clandestine est bien entendu l'épisode de l'*Exodus*, navire transportant 4 500 rescapés du nazisme que la flotte britannique intercepte au large des côtes de Palestine mandataire en juillet 1947 avant de renvoyer les occupants – qui ont refusé de descendre en France (avec la complaisance des autorités françaises !) vers le camp de transit de... Hambourg. Or davantage encore que le plasticage meurtrier du QG britannique à Jérusalem (l'hôtel *King David*) ou l'exécution de soldats britanniques par l'Irgoun, c'est bien le drame de l'*Exodus* qui pousse Londres à se dessaisir du dossier et à le remettre à l'ONU ; certes, aucun soldat de Sa Majesté n'y a perdu la vie et l'arraisonnement du navire n'a presque rien coûté, mais sans doute pour la première fois de l'histoire une médiatisation mondiale eut lieu et l'aura morale de la Grande-Bretagne – y compris

Hérodote, n° 174, La Découverte, 3e trimestre 2019.

aux États-Unis – en sort gravement diminuée. Sur le navire surchargé (initialement appelé *President Garfield* mais rebaptisé *Exodus 1947* par la Haganah), les drapeaux à étoile de David sont constamment hissés et l'hymne national du futur État juif, l'*HaTikva* (L'Espoir), entonné plus souvent qu'à son tour.

Après la proclamation d'indépendance d'Israël

On aurait tort de croire que l'accession à la souveraineté en mai 1948 modifie les choses. Dès l'année suivante, à peine la guerre d'indépendance achevée, c'est un minuscule État hébreu exsangue qui déploie des efforts logistiques herculéens pour « rapatrier » des Juifs, en l'espèce en grand danger depuis le Yémen et l'Irak lors des opérations respectivement nommées « Tapis volant » et « Babylone »[3]. Coûteuse et périlleuse, la première de ces opérations préfigure les opérations « Moïse » et « Salomon » de la décennie 1980, qui seront consacrées au « rapatriement » depuis l'Éthiopie du très hostile dictateur communiste Mengistu de plus de 50 000 Juifs déshérités dans des conditions rocambolesques et parfois tragiques. Auparavant, au tournant des décennies 1950-1960, c'est l'importante et pieuse communauté juive du Maroc, forte d'au moins 300 000 âmes, que les services d'immigration auront « travaillée » ; cette fois, le Mossad aura discrètement organisé un départ massif vers Israël *via* – afin d'éviter une possible fermeture des frontières en pleine rivalité militaire israélo-arabe – l'Espagne et la France. Enfin, la dernière grande *aliya* en date, celle des Juifs soviétiques (exclusivement aérienne), sera encouragée, organisée, encadrée et dûment accueillie, y compris à partir de cités perdues dans des contrées sibériennes ou centrasiatiques lointaines ; de fait, jamais dans la courte histoire d'Israël les budgets ne manqueront pour l'immigration, y compris dans des contextes très défavorables ou des cas controversés, quitte même parfois à y sacrifier des postures diplomatiques[4].

La sémantique traduit bien la différence radicale de démarche entre les immigrations juives des siècles précédents et celle qui commence en 1881-1882.

3. Babylone fut ce lieu exilique mésopotamien par excellence d'où les Juifs captifs de Nabuchodonosor depuis la chute de Jérusalem en 586 av. J.-C. revinrent en... *Eretz Israël*.

4. En mai 1991, le président américain George Bush, auréolé de la victoire de la coalition sur l'Irak de Saddam Hussein et poussé par les chancelleries arabes y ayant participé, menace le Premier ministre israélien nationaliste Yitzhak Shamir (mentor de Benyamin Netanyahou) de suspendre une garantie bancaire de 10 milliards de dollars destinée à soutenir l'installation de l'*aliya* massive en provenance de Russie s'il refuse la conférence de Madrid qui inaugurera en octobre un processus de négociations israélo-arabe. La mort dans l'âme et après diverses manœuvres dilatoires, il s'exécutera de crainte qu'à cause de conditions d'accueil trop défavorables, ces *olim* décident de repartir d'Israël.

Hérodote, n° 174, La Découverte, 3e trimestre 2019.

Désormais, l'*aliya* devient un impératif moral, extrêmement valorisé, auquel on oppose un terme nouveau, la *yerida*, la descente (les *yordim* incarnent l'inverse des *olim*), honteuse voire vilipendée. Par ailleurs, tous les Premiers ministres israéliens successifs, lors de leurs visites aux communautés juives diasporiques d'Occident, les appellent à revenir *babayit*, c'est-à-dire littéralement *à la maison*. Car depuis la déclaration d'indépendance de 1948, il ne s'agit plus de *venir* en Israël mais bien d'y *re*venir, en d'autres termes d'y effectuer non pas une *venue* mais un *retour*, temporel par-delà les siècles, spatial par-delà les terres et les mers.

Une scénographie immuable traduit cet effort constant; chaque arrivée en Israël d'une *aliya* de groupe organisée en amont donne lieu à un accueil officiel et à une cérémonie de bienvenue, dès la descente de l'avion sur le tarmac de l'aéroport Ben Gourion, avec chants traditionnels et foison de drapeaux israéliens, souvent en présence d'un membre de la Knesset, voire du gouvernement. L'*aliya* est également mise en valeur dans les ouvrages scolaires – où son apprentissage figure en bonne place dans le programme d'histoire –, dans le long couloir qu'empruntent tous les visiteurs atterrissant à l'aéroport de Lod/Ben Gourion, sur le plan muséal au musée-mémorial national de Yad Vashem, ou encore gravée dans la pierre d'une sorte de rampe en plein air située en surplomb d'une plage centrale de Tel-Aviv, édifice bâti et gravé en forme de navire...

Les *olim*, des personnes et des contextes

D'où viennent-ils ? Où s'installent-ils ?

Les *olim* du *Yishouv* sont presque tous des Ashkénazes. On ne rappellera jamais assez que pour des raisons à la fois démographiques – en 1881, au moins 80 % du judaïsme mondial se trouve dans l'Empire tsariste (Russie, Ukraine, Pologne, pays baltes, Roumanie orientale...) – et philosophiques – le sionisme naît des Lumières, du marxisme et du printemps des peuples de 1848, autant de mouvements foncièrement européens et n'effleurant que très tardivement le Maghreb et une partie du Moyen-Orient arabe où vivent alors la plupart des Sépharades. L'Europe occidentale est, dans l'absolu comme en part relative, très peu touchée par l'*aliya* car les Juifs y sont très intégrés ou cherchent à le devenir, citoyens patriotes des États britannique, allemand, français et austro-hongrois (Prague et Budapest surtout) où ils évoluent. Le yiddish, le russe et l'allemand sont les langues majoritaires, au point que certains leaders sionistes penseront faire de l'allemand la *lingua franca* d'un futur État juif, et que la Première ministre Golda Meir emploiera encore souvent des mots de yiddish dans l'exercice de ses fonctions au tournant des

Hérodote, n° 174, La Découverte, 3e trimestre 2019.

années 1970[5] ! Si leur niveau intellectuel et éducatif est généralement très élevé (plusieurs leaders sionistes sont docteurs des universités et bien d'autres ont étudié dans la mesure de leur capacité à intégrer les quotas imposés aux Juifs), les *olim* sont socialement modestes, reflétant la condition générale des Juifs de l'empire.

Après la création de l'État en 1948 et l'ouverture des côtes souveraines à l'immigration, la tendance s'inverse ; on a vu que les rescapés de la Shoah sont bien moins nombreux qu'espérés et, sur environ 450 000 survivants des camps et des ghettos, seuls 250 000 rejoignent Israël, presque tous ashkénazes, tandis qu'un demi-million de Sépharades gagneront l'État juif entre 1949 et le début des années 1960. Yéménites, Syriens, Irakiens, Libyens puis Égyptiens expulsés ou fuyant les pogromes ou leur spectre d'abord, Marocains ensuite. Des Juifs d'Iran, de Turquie, d'Algérie, de Tunisie et même d'Inde rejoignent aussi Israël à cette époque mais sur de petits effectifs de quelques milliers d'âmes. Enfin, au cours des décennies 1970-1990, c'est à nouveau de Russie (devenue soviétique) que proviennent les principaux contingents d'*olim* : les *refuzniks* d'abord (1969-1988), les émigrés de la chute du bloc communiste ensuite (1988-1991). Les premiers, sionistes déterminés, seront environ 150 000 et afficheront de fortes personnalités politiques tels Anatoly (Nathan) Sharansky et Avigdor (Yvet) Lieberman, les seconds, plus opportunistes et parfois pas même admis comme juifs (car de mère non juive) par les autorités rabbiniques, seront au total plus d'un million ; dans les deux cas, ces migrants demeureront en Israël pour y constituer un groupe sociétal et une force politique et économique tout à fait considérables. Reste les Juifs éthiopiens, les Falashas, rapatriés au nombre approximatif de 90 000 au cours de la décennie 1980, qui ne sont ni ashkénazes ni sépharades mais se représentant comme descendants directs du roi Salomon et de la reine de Saba.

Les cinq aliyot *fondatrices du* Yishouv *et leurs caractéristiques*

Les *olim* de la première *aliya* qui débute en 1881-1882 se veulent et se font agriculteurs. Ils partent cultiver la terre promise plutôt que d'y construire des villes (la construction de Tel-Aviv ne sera décidée *ex nihilo* qu'en 1909) – pour deux raisons respectivement idéologique et géographique ; ils souhaitent créer ce *ish hadash*, l'homme juif nouveau, paysan de retour sur sa terre ancestrale, dégagé des contingences bourgeoises liées au commerce et à la propriété privée, et ils ne peuvent acquérir comme terres que celles libres à l'achat car presque inhabitées, celles insalubres des basses vallées de Galilée et de la bande côtière aux nombreux

5. Elle appelle ainsi affectueusement ses plus proches ministres et conseillers (tous ashkénazes), dont Moshé Dayan, *kinderlacht*, les enfants.

Hérodote, n° 174, La Découverte, 3e trimestre 2019.

marais infestés de paludisme. À l'époque, les fortes densités de population arabe se situent sur la salubre dorsale montagneuse cisjordanienne. Les alentours de l'actuelle Tel-Aviv sont particulièrement concernés par cette *aliya* qui, en définitive, est un désastre ; en quelques années, entre la moitié et les deux tiers de ces premiers *olim* – plus ou moins 25 000 âmes – ont succombé à l'épuisement physique ou à la malaria (s'improvise-t-on paysan sous un climat subtropical quand on est un intellectuel vivant sous un climat continental froid ?), ou s'en sont retournés dans leurs villes et villages de l'Empire russe.

Ceux qui survivent et se maintiennent, notamment grâce à l'aide modeste mais précieuse du baron Edmond de Rothschild, sont bientôt rejoints par les *olim* plus fortement idéologisés et mieux préparés des deuxième et troisième *aliyot* qui concernent respectivement les périodes 1904-1914 et 1919-1923. D'inspiration marxiste, fortement marqués par les grands pogromes de Kishinev (1903) et de la guerre civile russe (1918-1922), et entraînés à cultiver la terre dans des villages expérimentaux de l'Empire tsariste, ces authentiques précurseurs de la nation israélienne bâtissent les premiers villages collectivistes baptisés *kibboutzim* (rassemblements) et renforcent substantiellement le tissu agricole déjà existant. Cette présence physique marquera les linéaments frontaliers du futur État d'Israël, notamment dans la zone de la nouvelle Tel-Aviv, en haute Galilée, et sur les pourtours du très stratégique lac de Tibériade. Les plus hautes personnalités politiques et militaires du futur État hébreu proviennent de ces deux vagues migratoires d'environ 35 000 individus chacune – tels les futurs Premiers ministres David ben Gourion et Golda Meir – ou naissent dans la foulée à l'exemple d'un Moshé Dayan qui voit le jour en 1915 au premier *kibboutz*, Degania. Mais l'importance géopolitique de ces *aliyot* des deux premières décennies du XXe siècle ne s'arrête pas au développement d'une agriculture performante et au peuplement de zones hydriques essentielles ; ce sont leurs *olim* qui créent la toute première force juive constituée depuis la chute de la citadelle de Beitar lors de l'ultime révolte contre Rome en 135, l'HaShomer (le gardien), en 1911. Encore ne s'agit-il que d'un micro-organisme de gardiennage des établissements agricoles fort d'une centaine d'hommes armés de bâtons face aux pillards bédouins et autres voleurs de poules ; c'est en 1920, alors qu'a chuté l'hostile Empire ottoman et que vient de s'instaurer le mandat britannique favorable au *Yishouv*, ces mêmes migrants créent la Haganah (la défense), ainsi que le drapeau et l'hymne officiels du futur État. Là, le saut qualitatif et quantitatif est considérable ; ce corps de troupe bientôt correctement armé, mixte et discipliné couvrira l'ensemble du territoire dévolu au *Yishouv* et s'avérera absolument déterminant, non seulement dans la défense des villages et quartiers juifs pendant la grande révolte arabe du mufti de Jérusalem Hadj Amine el Husseini en 1936-1939, mais encore et surtout dans la victoire militaire d'Israël en 1948-1949. Concrètement, la Haganah incarne cette force créée par la troisième

Hérodote, n° 174, La Découverte, 3e trimestre 2019.

aliya et au sein de laquelle tous les futurs généraux de Tsahal dont elle est la préfiguration auront fait leurs armes.

La quatrième *aliya* est perçue comme moins prestigieuse en Israël, car nettement moins engagée au sens sioniste du terme que les trois précédentes. Provenant surtout de Pologne entre 1924 et 1929, ses *olim* sont des bourgeois ou des petits commerçants subissant un antisémitisme d'État qui les frappe par des taxations sans cesse plus lourdes. Or, dès 1921, l'accès à l'Amérique du Nord étant restreint, ils choisissent soit l'Europe occidentale (la France en particulier), soit la Palestine mandataire. Pour la plupart, ces migrants d'origine citadine s'installent dans des villes déjà existantes et y développent une activité industrielle et commerciale non négligeable ; en dépit de leur faible politisation, environ les trois quarts des 80 000 olim de cette *aliya* demeureront en Palestine britannique.

La cinquième et dernière *aliya* du *Yishouv*, guère plus sioniste que la précédente, fut pourtant absolument déterminante. Entamée en 1933 par l'avènement du nazisme en Allemagne et alors que les frontières des démocraties occidentales sont quasiment fermées depuis la grande crise de 1929, elle se compose essentiellement de Juifs allemands puis autrichiens dotés d'un bagage intellectuel et parfois d'un patrimoine (sauvé dans des conditions correctes jusqu'en 1936) très élevés. Parmi les 285 000 *olim* qui arrivent en *Eretz Israël* avant la fermeture totale des frontières européennes en 1939 (dont 175 000 avant le Livre blanc britannique de cette même année restreignant drastiquement l'immigration en Palestine, les autres de façon clandestine par le truchement de la Haganah), les ingénieurs, médecins, architectes, industriels et autres scientifiques de haut vol donnent un essor économique et démographique fulgurant au *Yishouv*. Cette *aliya* est presque intégralement citadine qui se concentre dans les faubourgs occidentaux de Jérusalem et sur le nord industrieux de la bande côtière, entre Tel-Aviv, Haïfa et Nahariya. Enfin, au cours de la guerre, seuls quelques milliers de Juifs parviennent à rejoindre les côtes de Palestine devant lesquelles leurs embarcations sont systématiquement arraisonnées par la flotte britannique qui déporte à Chypre leurs occupants ; du moins échappent-ils, eux, à l'extermination.

Accueil, géographie et poids politique des *olim* depuis la proclamation d'Israël

Un changement radical de nature

Après l'Indépendance, l'origine des vagues migratoires change, et avec elle les orientations idéologiques et les lieux d'installation ainsi que l'accueil qui leur est réservé.

En premier lieu, pratiquement plus aucun *olé hadash* n'est marxiste, contrairement à ce qu'un certain engouement des *kibboutzim* dans les années 1960 et 1970

Hérodote, n° 174, La Découverte, 3e trimestre 2019.

pourrait laisser croire ; dans cette période à la fois gauchiste et *flower power*, des milliers de jeunes Occidentaux tenteront bien l'expérience du village collectiviste de Galilée ou du Néguev, mais à titre plus expérimental, exotique et romantique (*cf*. le film *Pour Sacha*, Alexandre Arcady, 1991), et très individualiste ; rarement la dimension politique sioniste n'est évidente et, du reste, nombre de jeunes volontaires ne resteront pas en Israël. Au contraire, les Juifs du Maroc comme ceux des autres États arabes sont majoritairement conservateurs, et les Russes de l'*aliya* concomitante à la chute de l'Union soviétique sont logiquement très anticommunistes. En second lieu, tandis que l'*aliya* du temps du *Yishouv* était le fruit d'un choix individuel qui entraînait souvent une rupture familiale voire sociale, celle des décennies de l'État souverain est nettement plus collective. Soit l'on provient d'un pays arabe, et alors l'adversité qui pousse à fuir ainsi qu'un fort traditionalisme sociétal maintiennent la cellule familiale, soit l'on décide d'immigrer en Israël de France ou des États-Unis pour des raisons cultuelles et spirituelles, et dans ce cas s'impose aussi le schéma familial inhérent à tous les conservatismes religieux. En troisième lieu, si rien n'indique qu'en arrivant en Israël les *olim* d'Égypte ou du Maroc s'inscrivent dans un camp politique spécifique dès leur première participation électorale, à partir de 1977, ils contribuent manifestement à la première victoire du Likoud nationaliste de Menahem Begin ; le poids électoral des Sépharades – des Marocains en particulier – ne cessera dès lors plus de peser lourdement en faveur du parti les ayant accueillis plus dignement que la gauche israélienne, et de son allié ultra-conservateur sépharade Shass dès sa création en 1983. Quant aux *olim* de Russie, leurs deux vagues s'inscriront aussi largement à droite : la première, celle des *refuzniks*, hait le communisme et par extension (ce qui est perçu comme) la gauche ; la seconde subit de plein fouet les attentats pendant la première Intifada (1987-1992) puis les accords d'Oslo (1993-1996) et s'en remet donc plutôt au camp nationaliste. De fait, en raison (entre autres phénomènes politiques, économiques et sécuritaires) de ces deux grandes vagues migratoires successivement sépharade et ex-soviétique, la gauche laïque est bel et bien en train de perdre le *kulturkampf*. On peut se risquer à affirmer que depuis l'Indépendance, seuls les *olim* d'Argentine, d'Afrique du Sud et de France avant les années 1990 – respectivement confrontés aux juntes, défavorables à l'apartheid, et marqués par le souvenir de Vichy – votent majoritairement pour les travaillistes ou le parti Meretz. Or les effectifs de ces migrations sont tout à fait marginaux et, en définitive, autant les premières *aliyot* du *Yishouv* avaient presque toutes été de gauche, autant celles qui suivront l'Indépendance seront presque toutes de droite. Et l'on voit mal comment la tendance pourrait s'inverser à l'aune des caractéristiques sociales et spirituelles des ultimes « réservoirs » potentiels d'*aliya* d'envergure : États-Unis, France et Russie...

Hérodote, n° 174, La Découverte, 3e trimestre 2019.

Les olim *sépharades accueillis fraîchement...*

Même si l'État d'Israël consacra là encore tous ses moyens dans un « rapatriement », celui des Sépharades et des Orientaux dans les années 1950-1960 ne fut guère chaleureux. Le fait est connu et bien étayé ; cet *Israël haSheni*, ce « second [peuple d']Israël » ne correspondait ni aux attentes ni aux standards des Ashkénazes européens fortement politisés, rationalistes, très laïcs voire antireligieux. Encore s'ils avaient suivi les deux ou trois millions d'Ashkénazes attendus au sortir de la guerre et de la Shoah, en particulier ces Juifs polonais très favorables au sionisme... Donc, parvinrent de fortes densités de Sépharades qu'on installa (souvent après d'humiliantes séances de désinfection à leur arrivée) dans des villes de développement à la construction desquelles ils devraient parfois eux-mêmes participer. Certes, tous les migrants avaient depuis 1881 connu des conditions d'installation difficiles, mais leur sort s'était rapidement amélioré et, socialement, un brassage minimal s'était opéré ; cette fois, les Marocains demeureraient des décennies durant dans les mêmes quartiers des mêmes villes périphériques méridionales telles Ashdod, Ashkelon, Arad, Sderot, Ofakim ou encore Dimona, villes peu dotées en investissements publics et privés et relativement déshéritées.

Mais s'est-il agi de racisme anti-Sépharades, comme on le prétend encore aujourd'hui ? Après tout, les Russes des années 1990 ne bénéficiaient pas non plus d'une excellente réputation à leur arrivée, et nombre d'entre eux durent s'installer en haute Galilée, dans le Néguev et même à Katzrin, sur le lointain et frontalier plateau du Golan ! Au fond, le problème est ailleurs : à chaque nouvelle *aliya* ne correspondant pas ou correspondant peu au substrat sioniste originel, se développait la crainte de voir ce projet s'altérer et le *leom*, la nation, s'affaisser. Mais n'oublions pas un autre facteur explicatif d'une certaine méfiance à l'encontre de ces vagues importantes de 1949-1962 puis 1988-1992 : les élites politiques et militaires ashkénazes craignaient que les Juifs marocains d'abord, les Juifs soviétiques ensuite ne manifestent pas assez de foi patriotique et de courage au champ d'honneur[6]. Et il aura fallu à chaque fois des démonstrations d'engagement et d'héroïsme – guerre des Six Jours de 1967 et surtout guerre du Kippour de 1973 chez les premiers, conflit avec le Hezbollah en 2006 chez les seconds – pour qu'enfin l'« aristocratie » ashkénaze laïque et travailliste les adoube, du moins dans une large mesure[7]. Cette

6. Un article aussi infamant que celui d'un Aryé Gelblum, paru dans le journal de gauche *Ha'Aretz* le 22 avril 1949, « Mizé ? » (Qui est-ce ?), donne toute la mesure de la défiance d'une partie du *Yishouv* pour les Sépharades pris comme une masse inculte, moyenâgeuse et incapable de patriotisme.

7. Le cas le plus emblématique est très certainement celui du jeune officier de cavalerie d'origine yéménite Avigdor Kahalani, grièvement blessé dans le Sinaï lors des Six Jours en

Hérodote, n° 174, La Découverte, 3e trimestre 2019.

montée d'estime collective s'exprimant par à-coups et dans le spectre du don de soi n'est sans doute pas l'apanage des Israéliens, mais au sein de l'État juif – État de migrants par définition – le phénomène est particulièrement prononcé tant dans ce pays en guerre (et/ou se vivant comme tel) l'armée de conscrits fait nation. On le retrouve du reste pour d'autres catégories de la population, y compris les plus intégrées d'entre elles ; ainsi des *mitnahalim* (littéralement : les *implantés*) sionistes-religieux de Cisjordanie (Judée-Samarie), dont le sacrifice au combat a fait l'admiration de ceux-là mêmes qui les combattent politiquement ou spirituellement, jusqu'au cœur de la Tel-Aviv laïque et progressiste[8]. En outre si la tête de Tsahal et ses corps d'élite – pilotes de chasse, commandos, etc. – sont toujours majoritairement laïcs et ashkénazes (et souvent issus des *kibboutzim*), cette « caste » tend, année après année, à partager avec des officiers supérieurs sionistes-religieux et sépharades en nombre croissant[9].

Perspectives et enjeux géopolitiques contemporains

Le cauchemar de migrants... non juifs

À force d'évoquer l'épineuse question de la souveraineté sur Jérusalem, la plupart des observateurs du conflit israélo-palestinien en oublient l'importante question des réfugiés. Or elle a toujours paru à l'auteur de ces lignes – à l'instar des Palestiniens du reste – plus problématique encore que celle de la cité sanctifiée. Car l'émigration massive (en fait l'exode) de 500 000 à 700 000 Arabes de

1967, et surtout défenseur héroïque de la première ligne blindée sur le Golan au début de la guerre du Kippour de 1973. Devenu député puis ministre, il fut décoré de la plus haute distinction militaire et est aujourd'hui guide des lieux de mémoire militaires pour les lycéens et jeunes conscrits de Tsahal. Kahalani contribua fortement à insérer les Juifs orientaux dans la psyché nationale par ses hauts faits d'armes.

8. Lors du conflit Israël/Hezbollah de l'été 2006, le jeune lieutenant d'active Shimshon Katz, originaire d'une implantation et portant la kippa des sionistes-religieux, s'était sacrifié pour sauver ses hommes en se couchant sur une grenade lancée parmi eux par un combattant ennemi. Il reçut un hommage national et toute la presse – y compris à gauche – reconnut la valeur de ces *mitnahalim* remplaçant progressivement en nombre les jeunes des *kibboutzim* au sein des unités combattantes.

9. Un phénomène concret illustre ce sentiment de rejoindre une centralité et non une périphérie ; les jeunes sionistes gagnant le *Yishouv* puis Israël n'envoient pas, même lorsqu'ils réussissent, des fonds à leurs familles demeurées en diaspora, c'est l'inverse qui prévaut et jusqu'à nos jours. On objectera à juste titre qu'il était absolument exceptionnel de faire fortune en Palestine turque puis britannique et même jusqu'aux années 1990 en Israël...

Hérodote, n° 174, La Découverte, 3e trimestre 2019.

Palestine au printemps 1948 vers les États arabes voisins, en plein conflit entre groupes combattants sionistes préfigurant Tsahal et groupes combattants arabes (appelés les « irréguliers palestiniens » en regard des armées arabes officielles s'apprêtant à attaquer Israël), demeure plus de sept décennies plus tard un trauma profond.

Pour les Israéliens, de l'extrême droite jusqu'à la gauche sioniste radicale du parti Meretz, il fut toujours et reste hors de question d'accueillir tout ou partie de ces exilés et moins encore de leurs quatre ou cinq millions de descendants ! Autant des divergences fortes existent en Israël sur le sort des implantations, sur les futures frontières avec un éventuel État de Palestine et même quant au statut de Jérusalem-Est, autant la question des réfugiés palestiniens n'en reflète guère. À partir de 1996, les gouvernements israéliens successifs vont même lier systématiquement toute mention officielle du sort des réfugiés de 1948 à celui des Juifs ayant quitté les États arabes entre 1948 et 1962, sur le mode du renoncement mutuel de type donnant-donnant ; puisque Israël avait dû supporter et assumer l'accueil et l'intégration de centaines de milliers de Juifs ayant fui les États arabes, ceux-ci devraient à leur tour assumer l'accueil et l'intégration des réfugiés arabes palestiniens. Argument en miroir politiquement habile mais contradictoire ; si Israël a toujours considéré l'accueil des Juifs du monde comme une impérieuse nécessité morale et démographique, il peut difficilement faire admettre que ceux du Yémen, d'Irak, de Syrie, de Libye ou d'Égypte (du Maghreb, ils ne furent d'ailleurs pas chassés) sont comme un fardeau qu'il dut assumer à son corps défendant... Peu auparavant, lors de la seconde phase des accords d'Oslo (1995), fut néanmoins évoquée l'idée que les anciens réfugiés de 1948, majeurs à l'époque et détenteurs d'un titre de propriété, pourraient dans le cadre d'un accord définitif venir s'installer en Israël. Insuffisant pour l'Autorité palestinienne (cela aurait concerné quelques dizaines de milliers de personnes seulement), mais trop pour la plupart des Israéliens selon toutes les enquêtes d'opinion qui voyaient là un précédent dangereux sinon le prélude à d'autres vagues d'immigration non juive. Quoi qu'il en soit, Oslo s'effondra en 2000-2001 avant que l'idée puisse sérieusement s'imposer et, vingt ans après, la voilà caduque par la force des choses puisqu'elle ne concernerait plus qu'une poignée de vieillards[10].

Il est une seconde catégorie de migrants non juifs, non revendicative et originaire d'Afrique subsaharienne et dont plusieurs dizaines de milliers sont

10. Yasser Arafat avait d'ailleurs lui-même tenté de convaincre les plus réticents parmi les dignitaires de l'OLP (Organisation de libération de la Palestine) – notamment le leader historique Farouk Kaddoumi – du bien-fondé des accords d'Oslo qu'il venait de signer en septembre 1993, par le truchement argumentaire suivant : « En 1948, nous sommes sortis de la géographie, aujourd'hui ne sortons pas de l'Histoire » (discours public du 4 octobre 1993).

Hérodote, n° 174, La Découverte, 3e trimestre 2019.

déjà parvenus en Israël, surtout en provenance d'Érythrée, d'Éthiopie et des deux Soudan. En premier lieu, on nota la crainte des Juifs israéliens à leur égard, conforme à celle, démographique, qui concerne les non-Juifs quels qu'ils soient. En second lieu, se posaient au début des années 2010, période de leur arrivée par dizaines de milliers *via* le Sinaï égyptien, des questions à la fois sécuritaires et économiques. N'y aurait-il pas parmi ces pauvres hères cherchant asile et subsistance des espions et autres saboteurs ? Ne représenteraient-ils pas en outre un fardeau socio-économique ? Dans les deux cas, les Israéliens furent rassurés ; il n'y eut ni acte de sabotage ni attentats terroristes, et le tourisme en plein développement – notamment à Eilat, la cité balnéaire méridionale jouxtant le Sinaï – offrirait finalement des débouchés à cette main-d'œuvre loyale, bon marché et sans histoires. Ultime question, morale et philosophique : devait-on ouvrir plus grandes les portes d'Israël à des migrants africains en détresse voire naturaliser ceux déjà entrés ? Sur ce dernier point, en dépit des revendications des ONG humanitaires (dont les puissantes IsraAid ou Latet) et du parti de la gauche sioniste radicale, le Meretz (six députés sur cent vingt), le gouvernement Netanyahou décida de bâtir une clôture tout au long de la frontière israélo-égyptienne, entre Sinaï et Néguev, afin de stopper net toute nouvelle vague d'immigration africaine. Jamais en soixante années de confrontations militaires de haute intensité puis de paix froide avec la puissante voisine égyptienne, l'État hébreu n'avait cru bon de devoir matérialiser au sol la protection de sa longue frontière ; il y procéda en toute urgence face à un péril représenté comme bien plus grave et immédiat pour la nation que des *fedayin* et autres divisions blindées... Traduction supplémentaire de la préoccupation du gouvernement quant à un afflux de clandestins africains : l'accord secret conclu avec le Rwanda et l'Ouganda pour expulser avec un pécule quelques milliers de ressortissants d'États d'Afrique centrale et orientale, en janvier 2019. Mais une fois l'accord éventé, on l'abandonna sous les protestations des ONG israéliennes recourant à la Cour suprême.

Où s'installeront les prochains olim *?*

Plus terre à terre et au cœur des enjeux géographiques et démographiques internes à Israël, il y a les nouveaux espaces. Contrairement à l'idée reçue, l'État juif n'est pas surpeuplé – il affiche une densité de population d'environ 430 hab./km^2 (moindre que celle des Pays-Bas) ; seule la bande côtière centrale, en particulier l'agglomération de Tel-Aviv, accuse une densité relativement forte. Cette région majoritairement laïque, aisée et fort bien équipée connaît un taux de fécondité équivalent aux standards français, irlandais ou américain, soit plus ou moins deux enfants par femme. Pour autant, ce sont deux autres espaces peu peuplés auxquels les planificateurs israéliens destinent les prochaines vagues

Hérodote, n° 174, La Découverte, 3e trimestre 2019.

d'immigrants juifs, ceux-là mêmes qui avaient été dépassés en 1988-1992 par l'afflux soudain et massif de l'*aliya* soviétique : le Néguev d'une part, la haute Galilée d'autre part. Le problème du désert du Néguev est triple. D'abord, sauf Beersheva, devenue dans les années 2000-2010 une ville assez moderne (et reliée à Tel-Aviv par un train rapide), cet espace très périphérique manque d'infrastructures. Ensuite, il sert pour partie importante de déploiement de Tsahal à des fins d'entraînement et, à sa pointe méridionale formant un angle aigu, il frôle les frontières jordanienne et égyptienne. Quant à la haute Galilée, sise entre la frontière libanaise tenue par le Hezbollah et une basse Galilée majoritairement peuplée d'Arabes israéliens, elle concentre essentiellement des *kibboutzim* et n'abrite aucune ville d'envergure, sauf la modeste Haïfa littorale.

Qui parmi les futurs immigrants voudra vivre en bordure d'un désert aride ou d'une frontière menaçante et à 200 km d'une métropole digne de ce nom et d'un aéroport international ? Cette question revient à poser celle de l'*origine* de ces immigrants souhaités ; or les derniers « réservoirs » se situent exclusivement en Occident, en Amérique du Nord et en France notamment. Et, plus précisément, dans les grandes métropoles ultramodernes que sont New York, Miami, Los Angeles, Toronto, Paris ou encore Londres... David ben Gourion en son temps, dans les pourtant spartiates années 1950, avait déjà échoué à entraîner une partie de la jeunesse israélienne vers le Néguev, même en donnant personnellement l'exemple avec pour choix d'installation personnelle le kibboutz Sdé Boker. Et les migrants français des années 2010 ont bien illustré ce phénomène, eux qui s'installèrent essentiellement dans le grand Tel-Aviv, à Jérusalem, dans les implantations parfois, mais quasiment jamais au Néguev ou en Galilée.

Migrations internes, migrations externes

Quid des migrations internes à Israël ? Dans ce pays très jeune, il n'y eut jamais encore de « ruée » vers le nord ou vers le sud – faute de bassins d'emploi nouveau –, pas davantage de nouvelles « *belts* » à l'américaine, et seules de faibles poussées mènent à trois espaces. D'abord, des jeunes ne supportant plus le carcan familial orthodoxe quittent leur famille pour gagner l'anonymat et la modernité de Tel-Aviv, si tant est qu'ils en aient les moyens, et, à l'inverse, de jeunes gens devenant orthodoxes gagnent les quartiers, villes ou implantations orthodoxes, au nord de Jérusalem, à Bné Brak ou encore Immanuel. Principalement individuelles, ces démarches sont très difficiles à chiffrer mais ne peuvent dépasser l'ordre des dizaines de milliers d'individus. Ensuite, nombre de jeunes quittent les *kibboutzim* et autres villes périphériques pour étudier à Tel-Aviv ou Jérusalem, les deux pôles universitaires majeurs du pays. Enfin, les implantations de Cisjordanie n'ont jamais cessé d'attirer de jeunes couples cherchant à profiter soit des exonérations

Hérodote, n° 174, La Découverte, 3e trimestre 2019.

fiscales, soit du caractère biblique du site, soit du grand air, à moins que ce ne soit les trois. Si, dans les trente et une implantations du Golan, la première (ancienne) nationalité étrangère représentée est la Russie, dans les cent cinquante implantations de Cisjordanie, ce sont les Israéliens d'origine française et américaine qui constituent la majorité parmi les *olim*, réalité similaire à celle des vingt colonies de peuplement de Gaza avant leur démantèlement en 2005. Ajoutons que Beersheva, encore peu onéreuse et néanmoins de mieux en mieux dotée en infrastructures, et Eilat, au développement touristique considérable avec son aéroport international flambant neuf, attirent de plus en plus d'Israéliens.

Quant aux citoyens juifs ayant quitté le pays, ils seraient de 500 000 à 600 000 selon la plupart des sources[11]. Or, ces chiffres ne reposent que sur un seul et unique critère très fragile : ces personnes ont eu, à un moment de leur vie, la carte d'identité israélienne. Or, il peut s'agir de gens ayant fait leur *aliya* durant quelques mois seulement, avant de... revenir quelques années plus tard puis de repartir, de personnes ayant souhaité rompre définitivement avec Israël (voire le judaïsme), de Juifs ex-soviétiques ayant profité de leur statut en 1989 pour quitter le pays *via* Israël pour leur rêve ouest-européen ou américain, d'ultra-orthodoxes en *shlihout* (représentation extérieure) missionnés pour structurer des communautés diasporiques en « perdition morale » ou démographique (en ex-URSS surtout) et/ou pour quêter au profit de leurs institutions talmudiques situées en Israël, ou encore des Israéliens de naissance ayant décidé de passer une partie de leur existence, quelques mois ou de longues décennies, *Houtz laHaaretz*, autrement dit hors du pays. Deux choses sont sûres : d'une part, ces Israéliens ou ex-Israéliens juifs vivent très majoritairement aux États-Unis, d'autre part, rares sont ceux qui rompent publiquement avec leur nationalité et, à l'inverse, nombreux sont ceux dont les enfants fréquentent des institutions scolaires juives ou israéliennes et qui, à chaque crise militaire, prennent le premier avion pour rejoindre leur unité d'affectation. Dans ce schéma général, peut-on parler, un peu ironiquement, d'une diaspora israélienne ? Si oui, elle apparaît assez disparate et différente de la plupart des autres diasporas.

Nous insistons ici sur les *Juifs* israéliens car une émigration existe aussi chez les Arabes du pays, en l'espèce essentiellement les chrétiens parmi eux (environ 7 % de la population arabophone globale). Leur chiffre est tout aussi difficile à établir mais concerne plusieurs milliers d'individus. Dans leur quasi-totalité, il s'agit de jeunes gens de Haïfa et des alentours ayant décidé de mettre à profit leur

11. Le site indépendant <www.terredisrael.com> donne même le chiffre de 800 000 individus. Son enquête indique que la raison première d'émigrer de ces *yordim* (ceux qui descendent) était la quête d'une meilleure situation économique et sociale, et que la raison première de leur retour en Israël était le « sentiment d'être rentré à la maison »...

Hérodote, n° 174, La Découverte, 3e trimestre 2019.

haut niveau de diplôme (supérieur non seulement à celui des musulmans mais aussi à celui de nombreux Juifs sépharades) et disposant d'importants réseaux familiaux, commerciaux et universitaires dans l'ensemble de l'Occident.

D'où viendra ce ole *faisant basculer la majorité des Juifs du monde en Israël ?*

Jusqu'aux années 2000, les gouvernements israéliens successifs se targuaient inlassablement d'un authentique grand succès du sionisme, l'accession rapide à la souveraineté étatique, avançant aussi quelques autres réussites objectives telles la mise en valeur de terres ingrates, la création d'un pôle pluri-universitaire remarquable, la constitution d'une armée redoutable ou encore, plus récemment, d'une industrie *high-tech* mondialement reconnue. Désormais, les gouvernements nationalistes (constamment) au pouvoir se font fort d'ajouter à son blason le succès démographique. Certes, le taux de fécondité relativement élevé des Israéliennes (juives comme arabes, du reste), qui s'établit à 3, participe pour beaucoup dans le rapide essor démographique de l'État hébreu. Mais l'immigration, même si elle ne contribue plus que marginalement à l'accroissement démographique depuis la grande *aliya* russe de 1988-1992 avec une moyenne annuelle de 20 000 *olim*, non seulement n'a jamais cessé – traduisant un engouement pour Israël aux quatre horizons diasporiques –, mais encore, presque cent cinquante ans après la première *aliya* et quoi qu'il arrive dorénavant, aura contribué pour l'essentiel à la survie, la construction puis la puissance d'Israël. Et à sa centralité, car selon toutes les projections démographiques, c'est au cours de la décennie 2020 que la majorité absolue du peuple juif – soit environ sept millions d'individus – vivra dans les frontières de l'État juif[12].

Il y a fort à parier qu'à une date et en un lieu symboliques un gouvernement israélien organisera solennellement une grande cérémonie d'accueil pour le groupe d'*olim* qui aura projeté l'État d'Israël contemporain – tout aussi symboliquement – vingt siècles en arrière, juste avant la destruction de cette province de Judée révoltée par les légions romaines de Vespasien. Et gageons qu'il sera de nationalité américaine. Après tout, quitte à faire du symbolique performatif, autant jouer de l'incitation autoréalisatrice, sachant qu'au moins cinq millions de Juifs vivent aux États-Unis, soit dix fois plus que la deuxième communauté diasporique en nombre

12. Contrairement à l'idée reçue, le taux de fécondité des femmes israéliennes arabes est tombé depuis 2015-2016 au niveau de celui de leurs concitoyennes juives. Et la tendance est au croisement des deux taux, notamment du fait du maintien du niveau exceptionnellement élevé du taux de fécondité des femmes juives orthodoxes (7,5). Voir *Atlas géopolitique d'Israël* (5e éd.), Autrement, 2019.

Hérodote, n° 174, La Découverte, 3e trimestre 2019.

d'âmes, celle de France ! Une *aliya* massive en provenance des États-Unis est-elle invraisemblable ? Tout comme paraissait invraisemblable l'arrivée de plus d'un million de Juifs d'une Union soviétique qui, quelques années avant la *perestroïka* de Mikhaïl Gorbatchev, se présentait comme inébranlable... Et les deux freins présumés à l'*aliya* semblent fragilisés : la quiétude des Juifs américains, cruellement remise en cause depuis 2018 du fait d'attentats antisémites meurtriers dans les synagogues de Pittsburgh et Los Angeles sur fond de montée de groupes néonazis ; l'aisance économique de la plupart d'entre eux, que pourraient menacer de nouvelles crises économiques et financières profondes.

En tout état de cause, les Israéliens semblent ne plus considérer que la diaspora, du moins sa plus puissante part, leur est précieuse en tant que telle, à la fois soutien et relais extérieur. Dorénavant – et la nouvelle victoire électorale d'un Netanyahou l'illustre bien –, ils considèrent que la poursuite et l'achèvement de la construction nationale juive en *Eretz Israël* procèdent bel et bien du « retour » de l'ensemble du peuple juif.

Bibliographie

BARNAVI E. (1988), *Une histoire moderne d'Israël*, Champs-Flammarion, Paris.

BAR-ZVI M. (1999), *Le Sionisme*, Les Provinciales, Paris.

BENSOUSSAN G. (2002), *Une histoire intellectuelle et politique du sionisme*, Fayard, Paris.

DIECKHOFF A. (dir.) (2008), *L'État d'Israël*, Fayard, Paris.

ENCEL F. (1994), « Eretz Israël : du précepte biblique aux contingences géopolitiques, représentations », *Hérodote*, n° 73-74, p. 159-195.

ENCEL F. (2009), *Géopolitique du sionisme*, Armand Colin, Paris (2e éd.).

ENCEL F. (2019), *Atlas géopolitique d'Israël*, Autrement, Paris (5e éd.).

ENCEL S. (2009), *Les Hébreux*, Armand Colin, Paris.

ERRERA E. (1989), *Les Israéliens, des Juifs et des Arabes*, Complexe, Paris.

GREILSAMMER I. (1991), *Israël, les hommes en noir. Essai sur les partis orthodoxes*, Presses de la Fondation nationale des sciences politiques, Paris.

KOESTLER A. (1948), *La Tour d'Ezra*, 10/18, Paris.

LAURENS H. (2007), *La Question de Palestine* (tome 3), Fayard, Paris.

LONDRES A. (1930), *Le Juif errant est arrivé*, Les Éditions de Londres, Paris.

NAVON E. (2014), *The Victory of Zionism. Reclaiming the Narrative about Israel's Domestic, Regional and International Challange*, CreateSpace.

Hérodote, n° 174, La Découverte, 3e trimestre 2019.

La politique du déni face aux multiples enjeux de la présence des déplacés syriens au Liban

Carine Lahoud-Tatar[1]

Le conflit en Syrie, qui a éclaté en mars 2011, a provoqué la pire crise humanitaire que connaît actuellement le monde depuis la Seconde Guerre mondiale selon l'ONU, faisant près de 500 000 morts, 7 millions de déplacés internes et 5 millions de réfugiés, l'essentiel de ces derniers ayant fui au Liban, en Jordanie et en Turquie qui ont des frontières communes avec la Syrie. La position officielle des autorités libanaises envers la question des déplacés syriens reflète, entre autres, l'ambiguïté des relations entre États frontaliers qui entretiennent des relations historiques profondes. Elle oscille entre le principe de dissociation, basé sur le refus d'importer le conflit sur le territoire libanais, et l'instrumentalisation politique du dossier des déplacés, faisant de ces derniers tantôt les victimes d'un drame humain terrible qui se déroule sur leur territoire, tantôt les boucs émissaires responsables des graves difficultés économiques et sociales qui touchent de plein fouet le Liban depuis 2011.

Depuis le début de la guerre en Syrie en mars 2011, le Liban accueille plus d'un million de « réfugiés » enregistrés auprès du Haut-Commissariat des Nations unies pour les réfugiés (HCR), en plus des 500 000 non enregistrés, faisant de ce petit voisin, le pays fragile avec le ratio le plus élevé au monde de réfugiés par habitant (soit un réfugié pour trois habitants). Face à l'effort qui est demandé par la communauté internationale à un pays qui n'a pas encore fini de panser les blessures des conflits qui l'ont ensanglanté depuis les années 1970, la réponse

Hérodote, n° 174, La Découverte, 3e trimestre 2019.

1. Professeur assistant, Institut des Sciences politiques, université Saint-Joseph de Beyrouth.

de l'État libanais est loin d'être à la hauteur des défis économiques, politiques, sociaux et sécuritaires que soulève l'explosion du nombre de déplacés. L'accueil de ces derniers avait suscité un vaste élan de solidarité de la population libanaise notamment grâce aux nombreux liens communautaires, religieux et familiaux, mais leur nombre grandissant, associé à un contexte économique difficile ont eu raison de ces bonnes volontés, sans un engagement politique fort des autorités libanaises et internationales. La position officielle de Beyrouth est très claire : le Liban n'est ni une destination finale ni un pays d'asile, et encore moins de réinstallation. Justifiant celle-ci par le fait que le Liban n'a pas ratifié la convention de Genève du 28 juillet 1951 relative au statut des réfugiés, les autorités refusent d'accorder la protection internationale aux Syriens ayant fui la guerre. Elles les qualifient tantôt de « réfugiés de fait », d'« invités », de « déplacés » ou de « personnes enregistrées par le HCR comme réfugiées ». La réponse du gouvernement libanais reste donc exclusivement humanitaire (aide et assistance) et rejette toute forme d'intégration socio-économique qui favoriserait une installation à long terme, voire une implantation définitive des déplacés syriens, et ce d'autant que leur présence visible vient réveiller le spectre des réfugiés palestiniens de 1948 et 1967, qui dans l'imaginaire de nombreux Libanais sont les coupables du déclenchement de la guerre civile en 1975. Ainsi, l'accueil des déplacés syriens est lié aux expériences précédentes avec d'autres populations de réfugiés, et plus généralement aux dynamiques politiques et socio-économiques spécifiques au contexte libanais. La situation ainsi créée depuis 2011 nous incite à réfléchir aux enjeux et aux implications de la présence des déplacés syriens au Liban. Comment les autorités libanaises gèrent-elles cette crise ? Alors que la Turquie et la Jordanie ont tant bien que mal réglementé la question de l'accueil des réfugiés, le Liban n'a toujours pas élaboré de politique publique. La question de l'accueil des déplacés est devenue un objet éminemment politique ; les différents leaders politiques et organisations partisanes s'en sont saisis sous le prisme sécuritaire et confessionnel.

La misère des déplacés syriens

Avec l'arrivée de plus de 1 500 000 déplacés au Liban depuis 2011 et la présence de travailleurs syriens au Liban avant 2011, évalués entre 300 000 et 400 000 personnes, employés principalement dans l'agriculture et le bâtiment [Longuenesse, 2015], le paysage démographique, social et économique du pays a subi de profonds bouleversements. Installés pour environ les deux tiers d'entre eux dans le Nord, la Bekaa, le Akkar et le Mont-Liban, les déplacés constituent une population jeune qui, dans de nombreuses localités, supplante la population résidente.

Hérodote, n° 174, La Découverte, 3e trimestre 2019.

TABLEAU 1. RÉPARTITION GÉOGRAPHIQUE DU NOMBRE DE LIBANAIS ET DE DÉPLACÉS SYRIENS AU LIBAN

Régions	Population libanaise (vivant au Liban)	Déplacés syriens enregistrés et non enregistrés
Akkar	252 623	143 376
Nord	553 637	212 470
Bekaa	275 373	334 337
Baalbek-El Hermel	263 450	168 807
Beyrouth	402 861	38 172
Mont-Liban	1 505 508	419 654
Sud	471 548	111 634
El Nabatiyeh	275 042	71 551
Total	**4 000 042**	**1 500 001**

Source : HCR, mai 2019.

Les déplacés proviennent essentiellement des régions centrales et rurales de la Syrie, notamment celles qui ont été touchées par les combats, de Deraa à Alep, en passant par les banlieues de Damas, Homs et Idlib. Les principales régions d'installation au Liban sont avant tout les zones limitrophes à la frontière syrienne tels la Bekaa, l'Anti-Liban (Arsal) et enfin le Mont-Liban. Si une minorité de privilégiés syriens issus des classes supérieures damascènes et alépines d'avant guerre parvient à s'installer dans les quartiers résidentiels urbains au Liban ou à quitter la région pour l'Europe ou les États-Unis, la grande majorité des déplacés se réfugient progressivement sur tout le territoire, y compris dans le Sud, souvent dans les zones rurales les plus défavorisées. Dans la Bekaa, le nombre de déplacés dépasse celui des habitants. On assiste donc à un véritable bouleversement spatial et social, l'apport des populations étant en moyenne de l'ordre de 30 %, pouvant même aller jusqu'au double dans certaines localités [Balanche et Verdeil, 2016]. Ce sont les régions les plus défavorisées du Akkar et de la Bekaa qui subissent le fardeau supplémentaire engendré par l'afflux de déplacés, puisque ces derniers résident là où se trouvent les populations libanaises les plus vulnérables et où les services publics, dans les domaines de la santé, de l'éducation, du ramassage des ordures ménagères, de l'accès à l'eau courante et à l'électricité sont largement déficients pour des raisons historiques (la guerre civile) mais aussi pour des raisons structurelles liées à leurs modes de gestion clientélistes.

Les dynamiques d'installation ne répondent pas de manière systématique à des logiques communautaires, elles se sont aussi structurées sur la base de circulations

Hérodote, n° 174, La Découverte, 3e trimestre 2019.

anciennes et toujours actives. Si une préférence pour les zones sunnites se dégage – vu que la majorité des déplacés syriens est de confession sunnite –, ce sont essentiellement les liens familiaux ou la proximité aux zones de travail agricole saisonnier (la Bekaa et le Akkar) qui ont dicté l'installation des populations, alors que Beyrouth a accueilli la catégorie la plus aisée des déplacés en raison des loyers élevés et du coût de la vie [Balanche et Verdeil, 2016]. Par ailleurs, les dynamiques d'installation dans certaines régions du Sud contrôlées par le Hezbollah libanais ou limitrophes à la frontière syrienne sont, quant à elles, largement déterminées par l'affiliation pro ou anti-régime : les régions du Sud et de Nabatiyeh ont accueilli des déplacés syriens des régions bombardées de Raqqa ou de Deraa et favorables au régime syrien alors que l'Anti-Liban, notamment Arsal, la Bekaa et le Akkar ont reçu la grande majorité des opposants sunnites.

Alors que la Jordanie et la Turquie ont tenté de canaliser dès le début de la crise syrienne le flux des réfugiés vers les camps officiels non loin de leur frontière avec la Syrie, le Premier ministre Tammam Salam (2014-2016), qui avait suggéré cette solution à l'accueil des déplacés dès 2014, a fait face à une opposition catégorique des principales forces politiques, en partie pour des raisons de sécurité. Les camps de réfugiés palestiniens sont des zones de non-droit qui échappent au contrôle de l'État et ont été d'importants lieux de la guerre civile (1975-1990) et, plus récemment, d'affrontements entre l'armée libanaise et les islamistes sunnites de Fath el Islam, retranchés dans le camp de Nahr el-Bared à Tripoli, à l'été 2007 ; et les autorités libanaises ne souhaitent pas répéter cette expérience. La grande majorité des déplacés est disséminée en ville ou régions périurbaines où elle loue un logement, tandis que les plus démunis, soit 34 %, vivent dans des camps de toile informels ou dans les décombres de bâtiments et les garages [UNHCR, 2018].

Avec la prolongation de la guerre en Syrie la situation des déplacés syriens s'est progressivement détériorée, à mesure que leurs ressources s'épuisent. Près de 70 % des déplacés vivent toujours sous le seuil de pauvreté avec moins de 3,84 dollars par personne et par jour et la dette moyenne des familles est passée de 800 dollars en 2016 à 1 000 dollars en 2018 [UNHCR, 2018]. Cette crise affecte en premier lieu les enfants (âgés de moins de 18 ans) qui représentent 53 % de cette population vulnérable. Si la situation des enfants âgés de 6-14 ans s'est améliorée avec un taux de scolarisation de 68 % en 2018 contre 52 % en 2016, celle des adolescents de moins de 18 ans est jugée préoccupante puisque seuls 20 % étaient scolarisés en 2018 [UNHCR, 2018].

Hérodote, n° 174, La Découverte, 3e trimestre 2019.

CARTE 1. – NOMBRE DE RÉFUGIÉS PAR DISTRICT, AU 31 DÉCEMBRE 2016

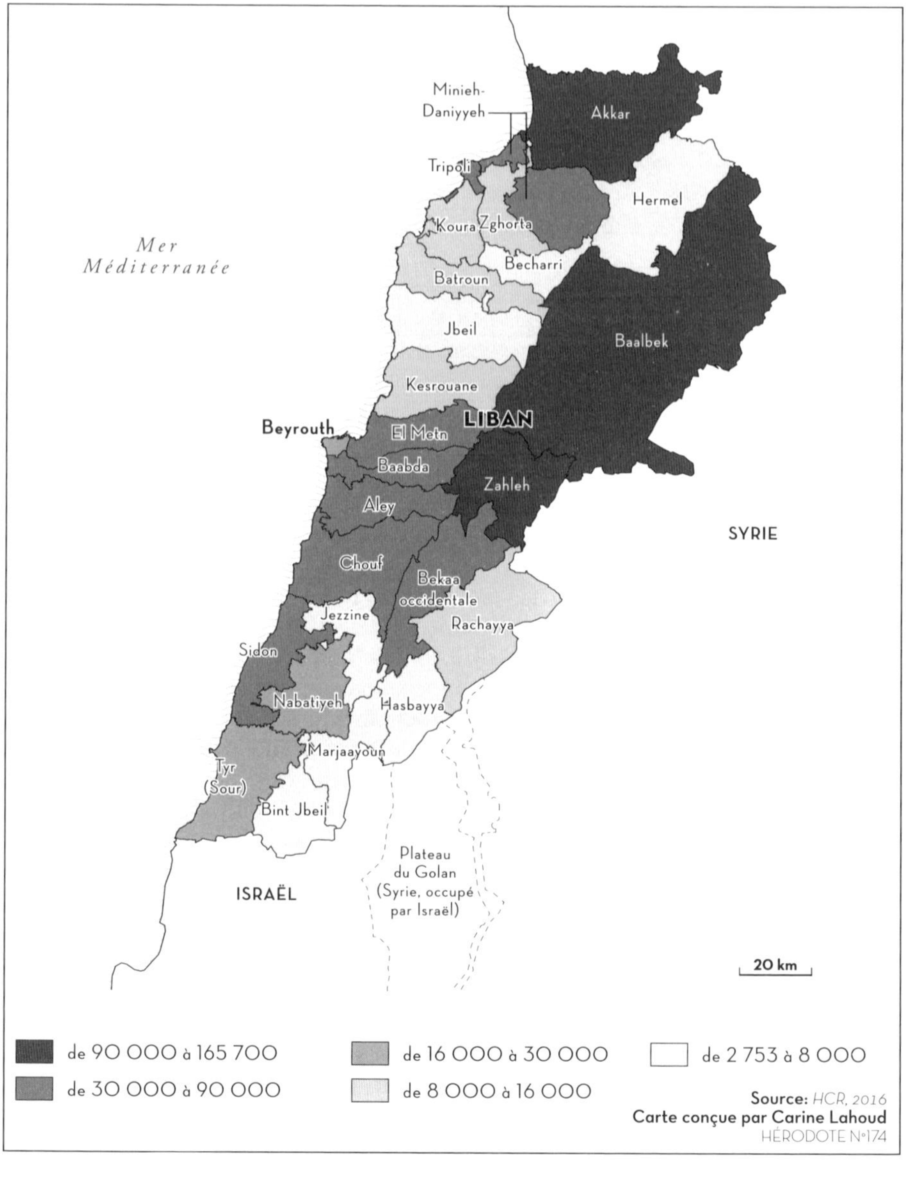

Hérodote, n° 174, La Découverte, 3e trimestre 2019.

TABLEAU 2. DÉPLACÉS SYRIENS ÂGÉS DE MOINS DE 17 ANS

Régions	Syriens déplacés	0-17 ans
Akkar	107 283	57 047
Nord	176 260	91 325
Bekaa	275 307	153 483
Baalbek-El Hermel	138 616	78 497
Beyrouth	31 365	14 679
Mont-Liban	302 595	151 093
Sud	85 928	45 888
El Nabatiyeh	52 748	28 779
Total	**1 170 102**	**620 791**
	100 %	53 %

Source : HCR, mars 2015.

Une stratégie nationale inexistante : du déni à l'approche sécuritaire

Dès le début du conflit en Syrie en mars 2011, les leaders politiques libanais ne mesurent pas l'ampleur de la crise, misant sur la fin rapide de la contestation populaire du pouvoir de Bachar Al Assad soit par la répression ou/et les réformes, soit par la révolution. Chacun se positionne selon son affinité ou animosité avec le régime syrien, pariant sur la victoire prochaine du pouvoir syrien et le retour rapide des déplacés. Le gouvernement libanais reste tiraillé entre les agendas des différentes forces politiques qui le composent : d'un côté, le bloc de ministres appartenant au Hezbollah, au Courant patriotique libre (CPL) et au Parti nationaliste syrien, alliés du régime syrien, privilégie une gestion sécuritaire des retombées du conflit (surveillance accrue des frontières afin d'endiguer les trafics d'armes et circulations de combattants entre les deux pays) et, de l'autre, les milieux politiques sunnites menés par le Courant du futur de Saad Hariri, le leader druze Walid Joumblatt du Parti socialiste progressiste et Samir Geagea des Forces libanaises se montrent favorables à l'accueil des réfugiés au nom de la solidarité communautaire (soutien à la population syrienne majoritairement sunnite) ou au nom des valeurs humanitaristes et démocratiques (les réfugiés sont les premières victimes du régime syrien) [Geisser, 2013]. Dans ce contexte, le gouvernement du Premier ministre Najib Mikati (2011-2014) opte pour la stratégie du laisser-faire qui se traduit par l'ouverture des 375 km de frontières communes et décide de ne

Hérodote, n° 174, La Découverte, 3e trimestre 2019.

pas prendre en charge la question des déplacés au nom du « principe de dissociation », en laissant le soin aux agences onusiennes (HCR, Unicef) et organisations non gouvernementales étrangères et libanaises de gérer la réponse humanitaire. De plus, un grand nombre de responsabilités relevant des autorités centrales sont déléguées aux municipalités qui ont assumé un rôle premier pour garantir la continuité des services publics et assurer l'insertion des nouveaux arrivants. L'afflux des déplacés syriens a exercé d'énormes pressions sur la gestion des déchets et de l'immobilier, sachant que les collectivités locales ont dû aussi se saisir des questions d'éducation, d'emploi, d'aide humanitaire, d'hébergement d'urgence et de santé qui ne relèvent habituellement pas de leurs compétences, ainsi que des questions de sécurité qui ont abouti à la mise en place d'un couvre-feu aux déplacements des Syriens.

Les gouvernements successifs de Tammam Salam (2014-2016) et de Saad Hariri (2016-) pécheront également par laxisme, justifié par cette fiction de neutralité officielle, tout comme le Parlement qui ne s'est jamais saisi de la question de l'accueil des déplacés, de sorte que, plus de huit ans après le début de la guerre en Syrie, aucune politique cohérente n'a été formulée pour atténuer les effets d'un drame humain portant en lui les germes de craintes anxiogènes pour une société libanaise dont l'identité et l'équilibre confessionnel seraient menacés par cet apport démographique brutal. La durée du conflit et l'augmentation incessante du nombre de réfugiés – due à l'intensification des combats entre « rebelles » et « armée » en Syrie – font que le seuil symbolique du million de déplacés inscrits au HCR est atteint en avril 2014 [Janmyr, 2018], rendant leur accueil de plus en plus problématique, et ce dans un contexte marqué par des épisodes récurrents de violence à Jurd Arsal en particulier, opposant les djihadistes sunnites de Nosra et Daech à l'armée libanaise soutenue par le Hezbollah (qui a payé un lourd tribut en août 2014 avec vingt-neuf soldats enlevés). Face aux menaces de débordement du conflit syrien sur le territoire libanais, aggravées par une anxiété sociale grandissante au sein de la population libanaise dans son ensemble, le gouvernement de Tammam Salam est contraint de prendre des mesures administratives concrètes pour endiguer les flux de déplacés et adopte un programme d'action en 2015, le Plan de réponse à la crise du Liban (PRCL), dont les besoins seront réévalués pour la période 2017-2020 à hauteur de 2,62 milliards de dollars. Soutenu par les donateurs internationaux, le PRCL est une réponse humanitaire et non politique à la crise des déplacés qui combine à la fois les impératifs d'assistance et protection aux déplacés syriens et de soutien à la communauté hôte affectée par la crise, dans les domaines des infrastructures, services publics et économie locale [Gouvernement libanais, 2019]. À la troisième conférence des pays donateurs, qui s'est tenue à Bruxelles sous l'égide de l'Union européenne et de l'Organisation des Nations unies en mars 2019, les promesses de dons ont atteint le record de

Hérodote, n° 174, La Découverte, 3e trimestre 2019.

sept milliards de dollars pour soutenir les Syriens déplacés à l'intérieur de leur pays et réfugiés dans les pays voisins.

Un statut juridique précaire

N'ayant pas ratifié la convention de Genève de 1951, comme nous l'avons rappelé, le Liban ne dispose d'aucune législation sur le droit d'asile et a même explicitement mentionné dans le préambule de sa Constitution le refus d'implantation des réfugiés palestiniens, et ce au nom du respect du droit au retour prévu par la résolution 194 de 1948 des Nations unies. Cette absence de cadre juridique accroît la vulnérabilité des déplacés syriens, d'autant que le Liban s'est toujours refusé à signer un protocole d'accord avec le HCR qui aurait déterminé précisément les modalités de coopération entre ces deux principaux acteurs et les droits des déplacés syriens. Ainsi le gouvernement ne reconnaît pas l'enregistrement par le HCR comme un statut légal et, par conséquent, les déplacés syriens ne sont pas à l'abri d'une arrestation en tant qu'immigrants légaux [Janmyr, 2018].

Dans un premier temps, le gouvernement libanais a tenté de réduire le nombre d'arrivées en remplaçant sa politique de portes ouvertes par de nouvelles mesures administratives réglementant l'entrée et la résidence des ressortissants syriens sur le territoire national. Durcissant les conditions de libre circulation des personnes entre les deux frontières par l'instauration de visas pour les Syriens[2], ces dispositions administratives approuvées par le Conseil des ministres sont en vigueur depuis le 5 janvier 2015 et définissent deux catégories de déplacés syriens : d'un côté, ceux enregistrés par le HCR et qui s'engagent à ne pas travailler en échange d'un permis de résidence et, de l'autre, ceux qui ne le sont pas et qui relèvent de la catégorie des migrants économiques et donc soumis à la nécessité d'obtenir un sponsor (*kafil*) libanais, lequel devra leur procurer un permis de résidence et de travail (système en vigueur pour les travailleurs domestiques). Ainsi, tout Syrien âgé de plus de quinze ans, enregistré ou non, doit s'acquitter d'une taxe annuelle de 200 dollars pour renouveler son permis de résidence, une somme excessive pour la plupart d'entre eux étant donné que près de 70 % des déplacés vivent sous le seuil de pauvreté. L'une des conséquences majeures est de pousser

2. Les dispositions réglementaires de janvier 2015 mettent un terme à la libre circulation des Syriens au Liban qui voyageaient librement à travers la frontière en présentant uniquement une pièce d'identité. Six catégories de visas délivrés à la frontière sont instaurées : visa touristique, médical, d'étudiant, de transit, pour consultation d'une ambassade étrangère ou pour ceux qui bénéficient d'une prise en charge par un Libanais. Par ailleurs, des séjours temporaires sont accordés aux hommes d'affaires et aux propriétaires de biens immobiliers.

Hérodote, n° 174, La Découverte, 3e trimestre 2019.

dans la clandestinité près de 74 % des déplacés qui sont dépourvus de documents valides justifiant leur statut. Ces mesures les privent d'un accès aux soins de santé et à l'éducation gratuite et restreignent leur mobilité à l'intérieur du pays. Cette politique a été assouplie en février 2017 depuis que la Sûreté générale a exempté de cette redevance les Syriens enregistrés auprès du HCR, lesquels bénéficient automatiquement d'une résidence légale gratuite.

Par ailleurs, des tensions vont très vite apparaître entre le gouvernement de Tammam Salam et le HCR sur la catégorisation des Syriens au Liban. Alors que le HCR enregistre les Syriens en tant que réfugiés, leur conférant le statut *prima facie* qui ne nécessite pas un processus de détermination de leur statut, autrement dit sans examen individuel de leur situation, le gouvernement demande en mai 2015 la suspension de l'enregistrement des nouveaux arrivants et de ceux déjà présents sur le territoire. Cette mesure vise d'abord à réduire le nombre d'enregistrements sous le HCR, ce qui a eu pour effet d'augmenter de manière mécanique le nombre de déplacés sous le statut de migrants économiques *via* le système de sponsor. Cette mesure n'a produit effectivement aucun impact sur la réduction du nombre de Syriens au Liban mais aboutit uniquement à un changement de statut voire à une vulnérabilité accrue des déplacés. Cette mesure populiste cherche avant tout à calmer les inquiétudes sociales liées au statut de réfugié, conséquences du rapport traumatique à la question de l'implantation des Palestiniens au Liban, alors que le statut de travailleur migrant ne soulève pas autant de crainte auprès des populations qui, de toute façon, sont confrontées à une longue tradition de migration économique à travers les frontières. En 2017, la Sûreté générale a légèrement assoupli cette suspension administrative en autorisant l'enregistrement d'enfants nés au Liban de parents syriens inscrits au HCR.

Une économie en berne

Les conséquences économiques de la présence des déplacés sont difficiles à évaluer et font l'objet de nombreuses controverses. Si les leaders politiques cherchent à faire de cette présence syrienne le bouc émissaire des maux sociaux et économiques dont souffre le pays, l'apport brutal démographique depuis 2011 n'a pas tant créé de nouveaux problèmes qu'exacerbé d'anciens maux provenant de décennies de mauvaise gouvernance et d'instabilités politiques récurrentes. L'arrivée massive des déplacés a aggravé les difficultés d'une économie déjà mise à mal par les crises politiques successives et a paupérisé les Libanais les plus vulnérables, les grands oubliés d'un État très peu interventionniste puisque les deux tiers du budget de l'État sont destinés aux salaires des fonctionnaires et au financement de la dette publique.

Hérodote, n° 174, La Découverte, 3e trimestre 2019.

L'économie libanaise a été fortement déstabilisée par la guerre en Syrie qui a porté un coup fatal aux échanges commerciaux et aux exportations libanaises qui ont chuté de moitié, de quelque 5 milliards de dollars en 2010 à 2,4 milliards en 2015. Une importante raison de ce recul est la fermeture de la frontière syro-jordanienne, qui a rendu impossible le transport routier de produits libanais vers la péninsule Arabique. De même que les touristes en provenance des pays du Golfe, qui représentaient le gros du contingent, ont déserté le Liban et la région, en raison de troubles sécuritaires récurrents et de la détérioration des relations entre le Liban et ses voisins arabes. Et l'immobilier, secteur clef de l'activité économique, est également en crise en raison de la contraction de la demande interne, due à la suspension des prêts subventionnés et la hausse des taux d'intérêt, et de la désertion de la clientèle arabe riche. Aujourd'hui tous les indicateurs économiques sont au rouge et les leaders politiques agitent le spectre d'une crise financière à la grecque. Selon une étude de la Banque mondiale, la crise syrienne aurait déjà coûté au Liban 7,5 milliards de dollars entre 2011 et mai 2013, poussant 170 000 Libanais sous le seuil de pauvreté [Banque mondiale, 2013], doublant le taux de chômage à 20 % en 2014, pesant sur les dépenses du gouvernement à 1,1 milliard de dollars par an. La croissance du PIB au cours de la phase 2006-2010 a été de 9,2 %, contre 1,3 % en moyenne par rapport à la période 2010-2017 [McKinsey, 2018].

Troisième économie la plus endettée au monde avec une dette publique atteignant plus de 150 % de son PIB en 2018 selon le FMI, le Liban espère « monnayer » la présence des déplacés syriens et profiter des promesses d'aide internationales d'un montant de 11 milliards de dollars sur quatre ans, formulées en avril 2018 par les principaux bailleurs de fonds internationaux et partenaires commerciaux. Ce programme de prêts à des taux préférentiels, appelé CEDRE, reste cependant conditionné à la mise en place de réformes structurelles permettant de lutter contre une corruption galopante, risque nonobstant d'alourdir encore une dette publique déjà faramineuse et de provoquer une crise sociale aux graves conséquences, si une hausse des impôts et des taxes est décidée, au moment où les Libanais voient leur pouvoir d'achat se réduire comme peau de chagrin et que la grogne populaire enfle.

Il n'en reste pas moins que l'afflux de déplacés pèse sur les finances publiques notamment par le biais de l'accès aux services sociaux de base (santé, éducation, services publics) et a bouleversé le marché du travail en exerçant des pressions sur l'emploi, les rémunérations et les conditions de travail. Ces nouveaux venus sur un marché déjà peu performant entrent en concurrence avec les salariés libanais des catégories les moins qualifiées mais aussi avec les travailleurs syriens déjà présents [Longuenesse, 2015]. C'est surtout le secteur du travail indépendant qui a été le plus touché par l'afflux des déplacés qui ont ouvert des commerces de proximité (épiceries, boulangeries, restaurants ou cafés) et ont investi le secteur des services (taxi, salons de coiffure). Cette concurrence nouvelle avec les travailleurs libanais

Hérodote, n° 174, La Découverte, 3e trimestre 2019.

a vu l'expression croissante de protestations contre ce qui apparaît comme une concurrence inégale et déloyale. La polémique croissante sur la multiplication des petits commerces détenus par les déplacés a été renforcée par un phénomène plus problématique, à savoir le remplacement des salariés libanais par des Syriens [Longuenesse, 2015]. Dans ce contexte, le gouvernement a appliqué des mesures très restrictives en décembre 2014 et a limité l'emploi des Syriens à trois secteurs – l'agriculture, la construction et le nettoyage –, qui étaient traditionnellement occupés par ces ressortissants même avant le début de la guerre civile en Syrie. Un certain nombre de commerces de proximité illégaux qu'ils détenaient ont été fermés étant dans l'impossibilité de régulariser la situation auprès des ministères concernés.

Consensus politique introuvable : quelle politique syrienne pour le Liban ?

La fiction de la politique de « distanciation » officielle décrétée par le gouvernement Mikati, cherchant à neutraliser les retombées du conflit syrien sur le territoire libanais, vole très vite en éclats dès 2012 car les acteurs libanais interviennent très tôt sur le champ de bataille syrien entre le soutien de fait de la coalition du 14 Mars et le ralliement de combattants salafistes libanais radicalisés à l'opposition au régime de Bachar Al Assad, et surtout l'engagement militaire du Hezbollah, devenu officiel avec la bataille de Qusayr en juin 2013. Le conflit déborde sur le terrain libanais, à travers la multiplication des attentats et des affrontements de plus en plus importants, de Saida à Tripoli, en passant par la banlieue de Beyrouth et surtout la région frontalière d'Arsal.

La paralysie récurrente du processus de prise de décision, qui n'est pas spécifique à la gestion de la crise des déplacés syriens, est sans doute accentuée par un ensemble de facteurs structurels et historiques liés à la nature du système politique mais aussi relevant de la spécificité des relations à la fois profondes et anciennes entre les deux pays. Sur le plan politique, la Syrie a toujours été amenée à jouer un rôle décisif dans les affaires de son « faible » voisin, renforcé par l'occupation militaire du territoire dès 1976 et l'institutionnalisation d'un protectorat déguisé par les accords de Taëf de 1989. Bien que les troupes syriennes se soient retirées en 2005, Damas conserve des relais locaux très puissants qui ont développé une forte dépendance à son égard. Dès lors, le spectre politique libanais se polarise entre le 8 Mars – soutien au régime de Bachar Al Assad mené par le Hezbollah et auquel se sont ralliés le Amal de Nabih Berry, le Courant patriotique libre du président Michel Aoun, les Marada de Sleiman Frangié et le Parti social national syrien – et ses détracteurs du 14 Mars, le camp anti-Damas mais pro-Riyad, regroupant le Courant du futur du Premier ministre Saad Hariri, le Parti socialiste progressiste

Hérodote, n° 174, La Découverte, 3e trimestre 2019.

du leader druze Walid Joumblatt et la plupart des courants chrétiens comme les Forces libanaises de Samir Geagea et les Kataëb d'Amine Gemayel. La question syrienne est plus qu'un point de clivage, elle devient une ligne de fracture qui fragmente les espaces sociopolitiques et communautaires, instrumentalisée par les acteurs politiques à des fins de légitimation interne. Par ailleurs, le discours dominant de menace existentielle fondée sur l'implantation des déplacés syriens et la peur de débordement du conflit sur le territoire national, régulièrement scandés par les leaders politiques et d'opinion, constitue autant de ressources intarissables pour ces différents acteurs qui cherchent à se repositionner sur la scène politique libanaise, défendre leurs propres intérêts, et élargir et mobiliser leur clientèle. En jouant simultanément sur la fibre identitaire et la défense de l'intérêt général, les acteurs politiques font de la surenchère populiste, en se présentant comme les défenseurs d'une « libanité » et/ou d'une « chrétienté » menacées, pour détourner les citoyens des véritables enjeux de réforme et de bonne gouvernance.

Depuis 2011, l'activité législative est faible, les élections parlementaires, prévues pour 2013, ont été reportées, le Parlement élu en 2009 a lui-même renouvelé son mandat à trois reprises. De plus, en mai 2014, le mandat de Michel Sleiman (2008-2014) a pris fin et la présidence de l'État est restée vacante pendant près de deux années et demie, chaque camp ayant adopté une position inflexible qui a rendu tout accord impossible. Après des marchandages politiques sans fin entre « patrons » politiques, un rapprochement historique entre les deux leaders chrétiens Samir Geagea du 14 Mars et Michel Aoun du 8 Mars est initié, en janvier 2016, qui aboutit à l'élection de ce dernier à la tête de l'État, la nomination de Saad Hariri à la présidence du Conseil des ministres et la relance du processus électoral en mai 2018, après neuf années de blocage, sous une nouvelle loi hybride et complexe, basée sur un mode de scrutin de liste à la proportionnelle, neutralisé par le système de vote préférentiel. Ce retour à la « normalité » institutionnelle, après des renversements d'alliances et des revirements stratégiques entre les différentes composantes des blocs des 8 et 14 Mars, aboutit à la création d'un gouvernement d'union nationale en janvier 2019 qui, malgré l'unité de façade affichée sur la nécessité du retour des déplacés dans leur pays comme seule solution possible et le refus de toute forme d'implantation ou d'intégration dans les communautés hôtes (explicitement mentionné dans la déclaration ministérielle du nouveau gouvernement de février 2019), cache des divergences profondes sur les modalités de ce retour et l'opportunité ou non de rétablir des relations diplomatiques officielles avec le régime syrien, rompues depuis 2011.

Hérodote, n° 174, La Découverte, 3e trimestre 2019.

Ces réfugiés dont personne ne veut

La question des déplacés syriens provoque au Liban des divisions politiques et réveille la peur d'une implantation définitive des déplacés, ce qui bouleverserait l'équilibre démographique dans un pays où le système politique est bâti sur une répartition confessionnelle des principaux pouvoirs. Si pour les leaders chrétiens et chiites la nécessité du retour des déplacés syriens, sunnites en majorité, est une priorité, pour les sunnites, elle l'est moins. Avec les dynamiques militaires ayant tourné en faveur du régime syrien, reprenant de nombreuses villes et régions jusqu'alors détenues par les groupes armés d'opposition, le camp chrétien aouniste en appelle au retour des déplacés sans que soit posée la condition d'une résolution politique du conflit, estimant que la majorité du territoire syrien est aujourd'hui sécurisée et que des zones de désescalade ont été déterminées par le mémorandum entre la Russie, la Turquie et l'Iran, à Astana en 2017. Alors que la formation du nouveau gouvernement semble donner l'avantage au camp du 8 Mars – ralliant le président de la République Michel Aoun, le Hezbollah, le ministre des Affaires étrangères, Gebran Bassil, et d'autres partis prosyriens –, favorable à une ligne politique plus conciliante vis-à-vis du régime de Bachar Al Assad et à sa reconnaissance internationale, le Premier ministre Saad Hariri, le leader druze Walid Joumblatt et le chef chrétien antisyrien des Forces libanaises Samir Geagea ne veulent pas entendre parler d'une normalisation avec le régime syrien sous prétexte de discussions sur le sort des déplacés, d'autant que les conditions d'un retour sûr et durable ne sont pas encore réunies. Au-delà de la question fondamentale de la politique syrienne du Liban, la question du retour des réfugiés syriens a attisé les luttes de pouvoir politique et diplomatique qui mettent aux prises le Premier ministre, fragilisé par l'échec des élections législatives de 2018, avec le ministre des Affaires étrangères en pleine ascension politique, omnipotent, autant adulé que détesté, neveu du président Aoun et coopté par ce dernier à la tête du Courant patriotique libre, et un ministère d'État des déplacés syriens, créé en 2016, en charge de coordonner l'action désorganisée des différents organes publics concernés.

Si depuis 2015 l'admission des déplacés au Liban est interdite et demander l'asile n'est pas une raison suffisante pour entrer sur le territoire, Beyrouth s'est tout de même engagée à respecter le principe de non-refoulement des déplacés présents sur son territoire. Le retour des réfugiés sur la base du volontariat[3] est

3. Dans une dynamique plus régionale, en 2017, près de 721 000 Syriens sont retournés, parmi lesquels 655 000 sont des déplacés internes et 66 000 des réfugiés. Trois types de solutions ont été développées par les organisations internationales et les ONG : le retour volontaire, l'intégration – qui implique l'acquisition de la nationalité et des droits politiques et socio-économiques – et

Hérodote, n° 174, La Découverte, 3e trimestre 2019.

soit entrepris à l'initiative des familles soit organisé par le Hezbollah et la Sûreté générale (service de renseignement libanais), qui ont chacun mis en place leur propre système de retour avec l'ouverture de centres d'enregistrement chargés de recueillir les demandes des candidats. Depuis décembre 2017, près de 170000 départs volontaires vers la Syrie ont été enregistrés, selon les estimations de la Sûreté générale[4], qui centralise les demandes avant de les envoyer à Damas pour approbation. Le fameux sésame est accordé au compte-gouttes et les politiques du régime syrien rendent difficile, et même indésirable, le retour de déplacés à majorité sunnites et donc assimilés à la communauté religieuse réputée hostile au régime. D'une part, la conscription reste obligatoire pour les hommes jusqu'à quarante-deux ans et nombreux sont ceux qui ont fui la Syrie car ils refusaient de rejoindre les rangs des troupes de Bachar Al Assad ou ceux des groupes rebelles; ils craignent aujourd'hui d'être enrôlés de force dans l'armée une fois la frontière traversée. D'autre part, par l'adoption du décret 10, dit du « renouveau urbain » promulgué en 2018, Damas peut exproprier des terrains privés, notamment dans les zones contrôlées par les opposants pour y développer des projets immobiliers. En contrepartie, les propriétaires délogés bénéficient – aux termes d'une procédure complexe et de délais très courts – du droit d'obtenir compensation, titres de propriété à l'appui. Or, pour beaucoup de déplacés, ces documents font défaut et ils craignent que ces mesures ne rendent leur retour impossible. Au-delà des tergiversations libanaises, la question du retour des déplacés syriens est bien liée aux enjeux du changement démographique et confessionnel en Syrie que Bachar Al Assad souhaite en vue de créer une « société saine et plus homogène », selon ses dires en août 2017.

Bibliographie

BALANCHE F. et VERDEIL E. (2016), « L'implantation des réfugiés syriens au Liban », *in* VERDEIL E., FAOUR G. et HAMZE M. (dir.), *Atlas du Liban. Les nouveaux défis*, Presses de l'Ifpo, Beyrouth, p. 30-31.

BANQUE MONDIALE (2013), *Lebanon : Economic and Social Impact Assessment of the Syrian Conflict* (Liban : évaluation de l'impact économique et social du conflit syrien), rapport n° 81098.

---

la réinstallation dans un autre État. Les demandes de réinstallation en Occident ont chuté de près de 50 % en 2017 et concernent moins de 3 % des déplacés au Liban, soit 11492 personnes. Norwegian Refugees Council, Save the Children *et al.* (2017), *Dangerous ground: Syria's refugees face an uncertain future*, <https://drc.ngo/media/4260971/dangerous-ground_email_single_pages.pdf>.

4. *The Daily Star*, 20 mars 2019.

Hérodote, n° 174, La Découverte, 3e trimestre 2019.

EL SAYEGH Z. (2017), *Lebanon and the Syrian Exodus : Towards a Looming Opportunity* (Le Liban et l'exode syrien : vers une opportunité imminente), Paper Policy, Maison du Futur et Konrad Adenauer Stiftung.

GEISSER V. (2013), « La question des réfugiés syriens au Liban : le réveil des fantômes du passé », *Confluences Méditerranée*, n° 87.

GOUVERNEMENT LIBANAIS (2019), *Lebanon Crisis Response Plan, 2017-2020* (Plan de réponse à la crise libanaise, 2017-2020), <https://data2.unhcr.org/en/documents/download/68651>.

JANMYR M. (2018), « UNHCR and the Syrian refugee response : negotiating status and registration in Lebanon » (L'UNHCR et la réponse aux réfugiés syriens : négociation du statut et de l'enregistrement au Liban), *The International Journal of Human Rights*, n° 22.

LONGUENESSE E. (2015), « Travailleurs étrangers, réfugiés syriens et marché du travail », *Confluences Méditerranée*, n° 92.

MCKINSEY (2018), *Lebanon Economic Vision* (Vision économique pour le Liban).

UNHCR, UNICEF, PAM (2018), *Vulnerability Assessment of Syrian Refugees in Lebanon* (VASyR) (Évaluation de la vulnérabilité des réfugiés syriens au Liban).

Hérodote, n° 174, La Découverte, 3e trimestre 2019.

Golfe Arabo-Persique : de la ségrégation au « vivre ensemble » ?

Marc Lavergne[1]

Que dire de la question migratoire dans le Golfe, qui ne soit pas la répétition de constatations schématiques aujourd'hui largement médiatisées, afin de parvenir à saisir la complexité de cette situation, à travers l'histoire d'une péninsule Arabique qui n'a rien d'homogène, si l'on y regarde d'un peu près ? Comment rassembler en quelques pages les observations et les questions soulevées par un demi-siècle de pérégrinations, sur la pâte humaine dont est pétrie la péninsule Arabique ? Et surtout quelles évolutions imaginer pour l'avenir ? Bien qu'étant moi-même résident d'un modeste émirat, la pensée sur la question migratoire m'y paraît toujours difficile à rassembler sans trahir une réalité aussi variée. Si le statut des migrants n'a guère évolué sur le plan juridique, malgré certaines tentatives d'assouplissement dictées par les circonstances, la réalité vécue me semble avoir beaucoup évolué, tant du point de vue des nationaux que de celui des migrants.

Un cadre juridique simple et original

Le cadre juridique qui fixe le statut des migrants est bien connu et assez homogène : c'est la *kafala*, ou *sponsorship*, qui reproduit l'antique système de protection des hôtes, en vigueur dans les sociétés bédouines. L'étranger est un hôte qui jouit de droits à protection, mais aussi de devoirs qui figent son extranéité, selon la loi inflexible des sociétés nomades du désert [Thesiger, 1959]. La *kafala* lie l'étranger

1. Directeur de recherche émérite au CNRS, Laboratoire CITERES/Unité Études sur le monde arabe et méditerranéen, université de Tours.

Hérodote, n° 174, La Découverte, 3e trimestre 2019.

à un hôte local, responsable de ses actes et de sa personne auprès de ses contribules (membres d'une même tribu) ou des autorités. Autrement dit, l'étranger est un mineur et traité comme tel : sa présence n'est admise qu'autant qu'il se plie aux lois imposées et n'est que temporaire : elle ne se justifie que si elle est utile à un individu ou à la collectivité [Gueraiche, 2014].

Ce système est devenu crucial, quand la manne pétrolière et gazière menaçait la région d'être submergée par les étrangers. Ce n'est qu'à ce prix que ces pays neufs ont évité l'asservissement et le pillage – tout en acceptant l'emprise de puissances tutélaires qui y trouvaient leur intérêt. Il est désormais imposé par des monarchies absolues, dans le cadre d'un contrat social qui répartit la manne pétrolière entre les sujets devenus citoyens, mais dont la hiérarchie et le nombre sont strictement contrôlés.

L'Arabie, terre d'échanges entre deux Méditerranées

Mais cette homogénéité juridique, dont les références sont tribales et bédouines, renvoyant à Ibn Khaldoun pour la *'asabiya*, l'esprit de corps qui fonde la solidarité et le dynamisme des membres de la tribu [Lacoste, 1966] et à Germaine Tillion [1966] pour ses fondements anthropologiques, n'est pas le seul socle des sociétés de la péninsule. En effet, les routes caravanières et maritimes furent de tout temps un vecteur de brassage de populations : la mer Rouge et le golfe dit Persique furent des Méditerranées bien plus ouvertes que ne le fut jamais la Méditerranée euroafricaine.

L'islam, dès l'origine un vecteur de conquêtes [De Planhol, 1968], a en retour attiré des flots d'étrangers sur la terre de la Révélation coranique, à l'occasion des pèlerinages et des échanges commerciaux. Ce sont donc surtout les tribus qui se sont préservées de ces brassages, même si elles n'ont pas attendu l'islam pour s'adjoindre des esclaves importés qui se sont fondus dans la population indigène.

Une humanité composite derrière une image uniformisée

Mais c'est dans les ports, lieux de côtoiement et de brassage par excellence, que la diversité des origines est de nos jours encore la plus présente. Ces ports, qu'il s'agisse d'Aden peuplée en majorité d'une main-d'œuvre importée de l'Inde et des Somalies depuis le XIXe siècle par les Britanniques, de Mutrah, en Oman, peuplé de commerçants banians venus de l'Inde et de Lawatiya originaires d'Iran [Valéri, 2007], de Dubaï dont la fortune remonte à l'implantation de commerçants iraniens au tournant du XXe siècle, attirés par une fiscalité bienveillante [Heard-Bey, 1999], de Doha dont la population est issue de navettes entre les deux rives du Golfe, sans que l'on puisse en définir les origines avec certitude [Montigny, 1996], ou, bien sûr, de Djeddah, débarcadère de tous les pèlerins venus des confins de l'Ancien Monde, de l'Insulinde au Sénégal, et dont chaque communauté a fait souche dans un quartier de la Ville sainte [Zeghidour, 1989]. Ce sont ces communautés qu'Alexandre Kazerouni [2017] appelle les « petites gens des ports », devenus aujourd'hui souvent d'immenses fortunes acquises par le commerce avec la rive d'en face ou les expéditions au long cours vers les rivages de l'Inde, des îles de la Sonde et de la Chine, ou le long des côtes de l'Afrique jusqu'à Madagascar, depuis la plus haute Antiquité.

De la légalité à la légitimité, la confrontation de l'histoire et du droit

C'est là que se nouent la diversité des liens, des allégeances, des fonctions assignées et l'entre-deux flou du citoyen, du métèque et de l'esclave. Comme me le confiait fièrement un jeune vendeur de grand magasin, récemment à Dubaï : « Je suis Baloutche, je n'ai pas de passeport... mais je ne suis pas un étranger ! », réveillant le souvenir de siècles de traversées entre les deux rives de la mer d'Oman. L'occasion de se rappeler que le port de Gwadar, sur la côte du Séistan, aujourd'hui siège de grands travaux dans le cadre de la Belt and Road Initiative chinoise, était jusqu'en 1954 une dépendance du sultan de « Mascate et Oman ».

Dans mes archives, une coupure du *Gulf News* du 7 avril 2013, intitulée « Infiltration is a grave problem » évoque les migrants illégaux arrivés pendant la nuit sur les rivages du golfe d'Oman : migrants « asiatiques », est-il indiqué, sans autre précision. Or, dans la nomenclature en usage chez les Omanais et les habitants de la péninsule Arabique, les Baloutches et tous les Iraniens, Afghans et Pakistanais ne sont, pas plus qu'eux-mêmes, considérés comme des Asiatiques.

Curieusement, en un paradoxe voulu ou non, l'autre moitié de la page est consacrée au même phénomène, mais inversé, sous le titre « Rally against deportation of Yemenis from Saudi Arabia », au-dessus d'une photo montrant une foule de jeunes Yéménites en costume traditionnel, jambia à la ceinture, défilant en se tenant par la main : ce sont des supporters du mouvement houthiste défilant dans les rues de Sanaa contre les nouvelles règles imposant à tous les étrangers en Arabie de travailler « uniquement pour leurs sponsors » ! Ce qui semblerait aller de soi dans la réglementation n'est visiblement pas pratiqué ni accepté par ces Yéménites, qui considèrent ne pas avoir de comptes à rendre sur leur présence en Arabie. L'article rappelle que cette décision pourrait causer de graves dommages à l'économie de ce « pays pauvre » (le Yémen), mentionnant qu'environ 2 millions des 25 millions de Yéménites travaillent en Arabie. De manière voilée, le journaliste – indien, d'après

Hérodote, n° 174, La Découverte, 3e trimestre 2019.

son patronyme – considère ainsi, d'une part, que les récriminations des Yéménites face aux prétentions de l'État saoudien d'affirmer sa souveraineté sont justifiées, et d'autre part que cet État devrait prendre en compte la situation financière de son voisin moins fortuné.

La péninsule Arabique, du nomade au migrant

Les migrations dans le Golfe ont bien commencé entre voisins, les Bahreïniens et les Omanais s'embauchant dans les armées ou sur les chantiers du Koweït, et les Yéménites sur ceux d'Arabie, ces deux États ayant été les premiers où le pétrole fut exploité. Mais les temps ont changé : lors de mon premier séjour au Yémen en 1971, les seuls étrangers non arabes visibles à Sanaa étaient une poignée de coopérants russes et chinois qui s'entassaient dans de vieilles Moskvitch pour surveiller leurs chantiers routiers ou assurer leur service à l'hôpital ; mais mes amies yéménites se souviennent surtout de leurs institutrices égyptiennes en cheveux et les jambes nues, incarnations de la modernité, qui leur enseignaient aux accents d'Oum Kalthoum les rudiments de l'écriture et du calcul. Dix ans plus tard, alors que je parcourais les provinces du Qassim, du Nefoud et du Hedjaz pour le ministère saoudien de l'Agriculture et des Eaux, de campement en oasis, tous mes collègues, aussi dépaysés que moi, étaient originaires de lointains pays arabes, de même que tout le personnel administratif à Ha'il, la capitale historique du pays Chammar qui nous servait de point de ralliement ; si les ouvriers agricoles des fermes modernes irriguées par pivots au cœur du désert étaient égyptiens et les manœuvres des chantiers yéménites, de même que les cafetiers de nos haltes au bord des pistes, on voyait déjà surgir, spectacle incongru, des contremaîtres et techniciens coréens s'activer sur les chantiers routiers adjugés par l'État. L'immigration temporaire sous contrat prenait en charge l'entrée du pays dans la « modernité », alors même que les Bédouins chameliers dont c'étaient les terres de parcours immémoriales refusaient encore les cartes d'identité saoudiennes qui leur étaient proposées, accompagnées de l'offre de subsides pour se sédentariser : leur allégeance allait plutôt vers le nord, de la Balqa jordanienne à la Jézireh syrienne, où se trouvaient leurs pâturages d'été et leurs grands cheikhs loin de la férule des Al-Saoud.

Hérodote, n° 174, La Découverte, 3e trimestre 2019.

Migrations et dissidences spirituelles

En 1989, invité avec mes collègues du laboratoire Urbama[2] à assister à un colloque de l'Arab Urban Development Institute (AUDI) sur les villes nouvelles, dans la cité industrielle de Jubail, créée de toutes pièces sur la rive du golfe Persique, à la lisière de la grande oasis du Hasa, je pus découvrir la communauté chiite de cette côte d'Arabie : dans ses villages à l'écart des grands axes, je me croyais transporté dans la campagne familière du delta égyptien, entre travaux des champs et réjouissances collectives sur le pas des portes ou à la husseiniyé[3], le soir, à deux pas et pourtant à mille lieues des cités ultramodernes de Dhahran, Dammam et Al-Khobar : la condition de ces Saoudiens chiites était bien pire socialement et même juridiquement que celle de nombre de travailleurs immigrés musulmans sunnites, venus du monde arabe ou du Pakistan... Un an plus tard, envoyé explorer la possibilité d'ouvrir un centre de recherche français dans le Golfe, je découvris plus nettement encore à Bahreïn la réalité du sort des habitants chiites de l'archipel ; ces citoyens de seconde zone allaient bientôt voir débarquer, tout au long de la décennie 1990 et jusqu'à aujourd'hui, des immigrés privilégiés, Arabes sunnites, syriens ou « *bidoun*[4] » chassés du Koweït après le retour de la monarchie en mars 1991, destinés à fournir à la monarchie des Al-Khalifa des sujets dociles ; au fil de mes visites ultérieures jusqu'à un colloque sur « Les transformations démocratiques à Bahreïn » – hélas mort-nées – organisé par le pouvoir en 2002, je verrai se développer des cités de logements collectifs en béton, destinées à accueillir ces nouveaux citoyens arabes d'importation, au milieu des antiques palmeraies éventrées par les bulldozers : un « grand remplacement » destiné à dissoudre la majorité des paysans oasiens et des ouvriers chiites, supposés hostiles à la monarchie d'origine bédouine qui leur avait été imposée.

L'autre rive : l'Iran en miroir, entre négation et rejet

La dimension iranienne du Golfe est aujourd'hui un sujet tabou dans l'ensemble du monde arabe [Hourcade, 2016]. Déni d'une réalité qui s'impose pourtant à tout observateur, ou à qui se penche tant soit peu sur l'histoire de la

2. « Urbanisation du monde arabe », laboratoire associé au CNRS n° 365, aujourd'hui Unité « Études sur le monde arabe et la Méditerranée » (EMAM) au sein du laboratoire CITERES (Cités, Territoires, Environnement), UMR 7324 du CNRS, université de Tours.

3. Husseiniyé : maison communautaire de l'islam chiite.

4. Les « sans », sans papiers, nomades déclassés ou à l'origine incertaine ou réfutée des pays de la péninsule, particulièrement nombreux au Koweït.

Hérodote, n° 174, La Découverte, 3e trimestre 2019.

région. Peut-on d'ailleurs encore parler de migration lorsque l'on voit les lourds boutres en bois à château arrière surélevé, réminiscence des caravelles portugaises qui leur servirent de modèle, charger leurs marchandises sur les quais de la Crique de Dubaï, puis appareiller à la nuit tombée vers l'autre rive ?

Les deux rives du Golfe ont longtemps vécu en symbiose, et leur altérité prétendue peine à aller contre leurs liens humains, culturels et économiques ancestraux : de l'Oman au Koweït, l'Iran est omniprésent [Adelkhah, 2012]. En dépit des aléas de l'histoire, le commerce a ses lois, et les marchands du souk de l'or ou des épices de Deira attirent toujours la clientèle de dames drapées de noir, tandis que les grandes fortunes, ainsi que bien des responsables politiques masquent mal leurs origines iraniennes.

Il est donc là aussi difficile de distinguer entre migrations actuelles, va-et-vient opportunistes et ancrage historique. On connaît l'apport iranien des « tours à vent », les *barajil*, érigées en symboles de l'authenticité et de l'ingéniosité des peuples du Golfe. Et le quartier de Bastakiya à Dubaï, aujourd'hui gentrifié, voire muséifié, renvoie à la ville de Bastak, dans l'hinterland du détroit d'Ormuz.

Du monde arabe à l'empire des Indes, une affaire d'espace-temps

On peut ainsi distinguer un gradient depuis l'orée jusqu'au fond du Golfe, qui voit la proportion d'originaires du sous-continent indien diminuer au fur et à mesure que l'on avance, avec la part des éléments persans augmentant dans les cités commerçantes de Dubaï à Koweït en passant par Doha et Manama ; mais la notion même de Perses masque mal la diversité de langues, de religions et de cultures au sein de l'ensemble iranien : Amine Moghadam [2013] montre bien cette diversité dans le cas de Dubaï, entre originaires arabes sunnites de Linjeh, sur la rive d'en face, du Lut ou, bien plus récents, les hommes d'affaires immigrés de Téhéran depuis la révolution islamique. On montre ainsi comment cette diaspora est aussi devenue le cœur d'une migration iranienne qui a pris une dimension planétaire, avec une implantation massive en Californie. Au Qatar, la migration a plutôt pris la forme d'un va-et-vient constant entre les deux rives, donnant naissance à des catégories incertaines comme les Baharna, les « gens de la mer », qui renvoient aux temps pas si lointains de la pêche aux perles [Londres, 1931], aux liens familiaux et professionnels avec les deux rives, tandis qu'à Bahreïn la population oasienne de l'île a très tôt, comme celle du Hasa sur le continent, adopté le chiisme duodécimain, et a donc de ce fait des liens avec l'Empire perse, et les centres de formation religieuse de l'Iran intérieur. À Koweït, comme je le constatai en 2000 lors d'une visite au parlement koweïtien, la représentation de la population chiite – sans doute le quart du total – distingue grands commerçants

Hérodote, n° 174, La Découverte, 3e trimestre 2019.

et « petit peuple du port », ici majoritairement originaire du Khuzistan, peuplé d'Arabes chiites comme dans le Bas-Irak voisin.

Un Golfe tourné vers l'Asie

Depuis vingt ans, les migrations de travail internes aux États du Golfe ont pratiquement cessé ; ne restent que les mariages et les cousinages entre citoyens du Conseil de coopération des États du Golfe, encouragés pour parer à la menace de consanguinité. Le Koweït étant libéré mais vidé en 1991 de ses immigrés arabes, en majorité palestiniens, qui avaient pris fait et cause pour Saddam Hussein, l'Oman étant entré dans une phase de développement censée assurer à sa jeunesse formation et emploi sur place, les constructions étatiques ont atteint un certain stade de maturité : la main-d'œuvre arabe importée, hier majoritaire, s'est proportionnellement réduite au fur et à mesure que des cadres nationaux prenaient la place des étrangers, dans l'administration et les services publics[5].

Les soubresauts du monde arabe ont également conduit à éviter l'embauche d'originaires de pays remuants ou progressistes : la police des Émirats fut longtemps confiée aux Marocains ou aux Baloutches, les forces armées naguère exclusivement baloutches en Oman étaient encadrées par des officiers jordaniens (origine palestinienne exclue), l'éducation primaire dans les villages reculés du jebel Akhdar en Oman confiée à des instituteurs tunisiens et égyptiens... Mais si 2 millions d'Égyptiens, pour la plupart non qualifiés, continuent de travailler en Arabie, une manne pour leur pays d'origine, ils sont de plus en plus remplacés pour les travaux des champs, oasis ou modernes périmètres irrigués, par de la main-d'œuvre asiatique, originaire du Bangladesh ou du Pakistan : la crise financière de 2008, qui a donné le signal de la fin de l'abondance, et les « printemps arabes », qui ont fait trembler les pouvoirs en place, sont passés par là.

Dubaï, une métropole asiatique mondialisée ?

Dans mon quartier de Deïra, l'ancien centre de Dubaï sur la rive sud de la Crique, loin des gratte-ciel désincarnés et de l'écheveau d'échangeurs des nouveaux « downtown », la rue est un véritable kaléidoscope de la nouvelle Asie :

5. Ce que m'avaient laissé entendre les dirigeants de l'université Sultan Qabous de Mascate lors de ma première visite en 1997, selon lesquels le remplacement des doyens et des professeurs se ferait selon un plan programmé de formation des jeunes dans les universités étrangères.

Hérodote, n° 174, La Découverte, 3e trimestre 2019.

CARTE 1. – LES MIGRANTS ASIATIQUES DANS LA PÉNINSULE ARABIQUE

Hérodote, n° 174, La Découverte, 3e trimestre 2019.

les Indiennes, en sari multicolore, les Philippines en tenue d'employées modèles (une communauté de près d'un million aux Émirats), les Chinoises en débardeur, short et claquettes croisent les hommes, Pakistanais en pantalon et chasuble, Indiens en tenue européenne ou traditionnelle, qui se reconnaissent le plus aisément : ils sont 3,3 millions dans l'ensemble de la Fédération. Mais toute l'Asie du Sud et l'Extrême-Orient sont représentés : au-delà des appartenances nationales on apprend à lire dans la diversité des langues[6], des attitudes et des coutumes, et des religions. Rien qu'en Inde, de Bombay à Madras, la compagnie Emirates dessert quotidiennement une dizaine de villes millionnaires [Lavergne, 2003].

Du supermarché du tiers monde au Las Vegas des Suds

Dans les quartiers du commerce de gros, dont j'avais effectué un relevé en 2003[7], j'observais le carrousel de Mama Benz africaines marchant d'un pas décidé, suivies de porteurs avec leurs chariots, qui marchandaient d'une échoppe de grossiste à l'autre les ballots de vêtements qui iraient garnir les étals des « souks Dubaï » de Dakar à Addis Abeba, et celui de matrones originaires de Russie ou d'Asie centrale venues s'approvisionner dans ce supermarché des pauvres qu'était Dubaï. Cette vague d'acheteuses s'est tarie, les « souks Dubaï » s'approvisionnant désormais directement en Chine. Elle est remplacée par le flot de touristes asiatiques qui viennent arpenter les grands « shopping malls » à la mode.

Tous les étrangers ne sont donc pas des migrants : aujourd'hui, sur les 14 millions de touristes annuels, la plupart proviennent pourtant des mêmes pays, c'est-à-dire d'Asie : tourisme, business, embauche, Dubaï, dont la population est étrangère à plus de 90 %, est du point de vue humain une Asie en miniature, dont la moitié de la population provient de l'Inde. Hors des quartiers d'affaires de Jumeira et des malls le soir ou le week-end, les Occidentaux résidant à Dubaï sont invisibles dans l'espace public ; d'ailleurs, même si la perspective du Brexit attire nombre de jeunes yuppies de Londres, faire fortune à Dubaï n'est plus une perspective réaliste : la crise des *subprimes* en 2008 a cassé l'élan de la ville, aujourd'hui sous la coupe vigilante d'Abou Dhabi, qui détient les clés du coffre.

À Dubaï, les Arabes sont également devenus une curiosité : dans le métro qui dessert toute l'agglomération, la clientèle masculine est indo-pakistanaise

6. Les langues les plus pratiquées dans l'espace public n'étant ni l'arabe, ni même l'anglais, mais l'hindi et l'ourdou, langues véhiculaires suivies par le tagalog philippin et le malayalam kéralite.

7. Au cours d'un voyage d'études réunissant les doctorants de la formation Eurogolf dirigée par Gilles Kepel à Sciences Po.

Hérodote, n° 174, La Découverte, 3e trimestre 2019.

pour l'essentiel, et la féminine sino-philippine. Quant aux Dubaiyotes, ils sont invisibles, retranchés dans des quartiers de villas entourées de hauts murs, aux rues désertes ; ils se sont organisé une vie sociale à l'écart, pour ne paraître que dans leurs activités professionnelles ou le soir et le week-end, pour déambuler en famille le long des vitrines des malls climatisés. Ce portrait de l'humanité urbaine est connu et évite difficilement les clichés. Et dans les souks qui se font face d'une rive à l'autre de la Crique, au cœur de la « vieille ville » de Bur Dubaï, dominée par les deux Grandes mosquées, la chiite et la sunnite, se niche discrètement, dans une venelle encombrée, le vénérable temple hindou.

Dubaï, une Asie aseptisée, entre rêve et cauchemar

Ce qui frappe l'observateur, c'est que cette ville « asiatisée » par la majorité de ses 2,5 millions d'habitants, est aussi aseptisée : décidément, on est loin de l'Asie, dans une ville propre, aérée, agrémentée de pelouses et de massifs de fleurs constamment entretenus et arrosés ; une ville calme où la circulation et le stationnement des véhicules – sans égratignure sur la carrosserie – sont régulés avec autorité et les signalisations respectées, le montant des amendes étant prohibitif. Le comportement de la foule des piétons est à l'unisson, uniformisé et maîtrisé quelle que soit l'origine : les gens sont toujours proprement vêtus, simplement mais avec soin, quels que soient le milieu, la profession et l'origine. Les ouvriers du bâtiment eux-mêmes, la plupart originaires du Népal, du Pakistan ou du Bangladesh, portent un uniforme immaculé. Aucun éclat de voix, aucune dispute ne sont tolérés, aucun écart de conduite dans un monde où la frustration sexuelle et affective des jeunes hommes ou femmes semblerait être la règle. La menace d'expulsion sans recours à la moindre incartade, mais aussi un *self restraint* puisé peut-être dans l'éducation et la culture britanniques en sont sans doute la cause ; peut-être aussi un sentiment d'appartenance à un corps d'élite, à une société tournée vers le succès, la réalisation de soi, de ses aspirations et de celles des siens restés au pays, crée une homogénéité par-delà les différences de condition[8].

Il s'agit toutefois d'une société hiérarchisée, issue d'une sélection et donc artificielle : une société sans mendiants, sans SDF, sans malades, sans handicapés et sans vieillards[9]. Une ville dont la seule raison d'être est le travail et l'argent, une

8. Pour autant, cela ne signifie pas que toute déviance est écartée : les entrefilets de la presse quotidienne relatent les saisies de drogue, les arrestations pour vols, détournements, prostitution ou violences domestiques [Lavergne, 2019].

9. La limite d'âge pour obtenir un permis de travail est de soixante ans, et la visite médicale à subir régulièrement vise à garantir le pays contre l'invasion d'agents contaminants.

Hérodote, n° 174, La Découverte, 3e trimestre 2019.

ruche où la vie ne s'arrête ni le jour ni la nuit[10]. Mais la main-d'œuvre est jeune, et elle échappe ici à des conditions plus pénibles encore chez elle ; elle œuvre pour envoyer de l'argent au pays ou pour se construire un avenir, que ce soit une maison au Kérala [Venier, 2003] ou un magasin à Peshawar. Elle vit un quotidien fait de contraintes, mais qui n'est pas exempt de détente : l'individu isolé n'existe pas, les gens se regroupent entre collègues, entre originaires du même endroit, entre coreligionnaires ou colocuteurs Des espaces, sinon des quartiers, communautaires existent, qui permettent de se retrouver entre nationaux : les écoles et les universités de communauté, l'église du dimanche pour les Philippines, les clubs pour les Indiens, selon un modèle britannique où chaque corporation, chaque milieu social se retrouve entre soi.

Concilier *turn over* humain et permanence urbaine : qu'est-ce que « faire ville » ?

À l'aspect artificiel d'une cité idéale vient s'ajouter cet élément troublant : ce sont les habitants d'une ville qui n'est pas la leur, d'une ville où les étrangers naissent, grandissent et vivent, où leur vie sociale est rassemblée, dont ils forgent et adoptent les us et coutumes, mais d'où ils peuvent être expulsés à tout jamais pour une vétille, ou tout simplement parce qu'ils n'ont plus de raison valable d'y séjourner : enfants qui ont achevé leurs études, adultes qui atteignent l'âge de la retraite doivent se replier sur leur patrie, qu'ils doivent souvent découvrir ou redécouvrir. L'épée de Damoclès est toujours présente, et la règle du jeu assure le maintien du système.

Mais Dubaï n'est pas un archétype : le dynamisme et l'ouverture de la cité-monde n'ont pas d'équivalent dans le Golfe et les étrangers qui en sont les bâtisseurs en sont devenus l'essence même, tandis que les autres cités du Golfe gardent chacune leur identité, les migrants y occupant une place moins exclusive.

Ainsi Sharjah, avec laquelle elle forme une conurbation, est une cité beaucoup plus calme, moins entreprenante et donc moins bigarrée. Elle accentue volontairement son caractère arabe et musulman de vieille cité marchande des Qawasim, et sa population est donc essentiellement issue des rives du Golfe [Lavergne, 2018]. Le besoin de main-d'œuvre « asiatique » y est moindre. Les Pakistanais – souvent en réalité des Pachtounes afghans réfugiés à Peshawar – y forment la majorité de la population. Sharjah pratique une austérité qui se veut respectueuse des prescriptions coraniques – l'alcool y est strictement interdit, en contraste avec la licence

10. La journée d'un chauffeur de taxi est de 15 heures, sans un jour de repos, pas même pour la prière du vendredi ou un examen à l'hôpital.

Hérodote, n° 174, La Découverte, 3e trimestre 2019.

de Dubaï –, ce qui fait de ces deux cités juxtaposées un binôme non seulement contrasté, mais aussi complémentaire : Sharjah, où la vie – et les loyers, mais aussi les salaires – est bien moins chère qu'à Dubaï, fait office de cité-dortoir pour une part importante de la population immigrée qui s'active à Dubaï durant la journée.

Les autres cités-émirats de la Fédération ont une proportion de migrants plus réduite qu'à Dubaï, les besoins et les moyens y étant moindres, tandis qu'Abou Dhabi, la capitale fédérale, se situe entre les deux : ses fonctions administratives se prêtent mieux à l'émiratisation des emplois, tandis que les zones industrielles qui s'y créent en périphérie requièrent un nombre croissant d'ouvriers, cantonnés dans des cités et des camps en lointaine banlieue.

La situation des Émirats arabes unis (EAU) contraste avec celle d'Oman, à quelques heures de route : ce sultanat est aux trois quarts peuplé de nationaux, le quart restant étant essentiellement originaire du sous-continent indien. Mais les nationaux eux-mêmes sont le reflet du passé maritime et colonial du sultanat : l'histoire de la capitale et de la plaine de la Bâtinah au nord est intimement liée aux rivages de la Perse et à la vallée de l'Indus. Les boutiquiers, les employés, les tâcherons des villes et des campagnes proviennent, comme aux Émirats, de l'Inde du Sud et en particulier du Kérala : l'inversion saisonnière des vents de mousson permettait aux navires un va-et-vient régulier et cette tradition a sans doute incité les travailleurs de cet État surpeuplé à faire de cette migration un élément essentiel de l'économie locale.

L'autre souche extérieure de la population est africaine, métissage de maîtres et d'esclaves, lui aussi dû aux vents de mousson et au passé colonial de l'empire maritime de l'Oman. Ces natifs de Zanzibar et de l'Afrique des Grands Lacs sont des rapatriés, citoyens rentrés depuis les indépendances dans une mère patrie inconnue, avec la nostalgie tenace des danses et des chants de leur jeunesse.

L'accent mis sur cet entre-deux composite, sur l'origine métissée, souvent estompée, des citoyens du Golfe, a pour but de rompre avec les idées reçues sur l'absolue extranéité des migrations : les fortunes, les mœurs, les coutumes et les langues, les religions sont rarement d'une étrangeté radicale aux natifs du Golfe, et aujourd'hui, un demi-siècle après les indépendances et la découverte du pétrole, la migration fait société et, en retour, transforme aussi radicalement les territoires d'origine des migrants.

Les pays de départ à l'heure du Golfe

Naguère, la migration était une rupture, pénible et douloureuse pour les partants, laissant au village parents, femme et enfants. L'abaissement des coûts de transport, la multiplication des destinations desservies par avion, et surtout l'apparition des

Hérodote, n° 174, La Découverte, 3e trimestre 2019.

nouveaux modes de communication à travers les réseaux sociaux ont rapproché migrants et communautés d'origine : ils permettent une sorte d'ubiquité qui évite que ne se rompe le lien entre le migrant et sa famille. Les migrants peuvent désormais participer à la vie quotidienne de la communauté, gérer leurs envois d'argent, suivre les études des enfants et la construction de la maison... Cette évolution satisfait à la fois les pays d'origine, qui fidélisent les migrants, et les pays d'accueil, qui voient ainsi s'estomper la menace de pérennisation des séjours.

Les flux de migration sont d'ailleurs de plus en plus canalisés : ils sont intégrés dans des relations bilatérales, d'État à État. L'Inde a longtemps été la plus soucieuse de la protection de ses ressortissants ; mais, désormais, chaque pays de départ considère la main-d'œuvre exportée comme un investissement, dont les envois financiers représentent une part parfois majeure du PIB ; certains mettent en place des formations adaptées à la demande : infirmières et gouvernantes aux Philippines, par exemple. Les migrants demeurent des citoyens et jouent même un rôle politique, en tant que groupe le plus prospère, le plus entreprenant et aussi le plus conservateur politiquement de la population : en période électorale, on voit des dirigeants, comme le président Duterte des Philippines en 2018 ou le Premier ministre indien Modi en janvier 2019, venir en personne faire campagne auprès des communautés d'émigrés, qui leur fournissent des soutiens et des fonds importants.

Mutations sociales et évolutions statutaires dans le Golfe

Les sociétés du Golfe ont évolué : les migrants hier en majorité employés sur les chantiers de construction ont été rejoints et largement remplacés par des cols blancs qui font tourner des économies et des sociétés de plus en plus sophistiquées, créatives, vivant à l'heure des « tigres » et « dragons » asiatiques : le *gap* culturel s'est estompé, les revenus des migrants ont augmenté et leur ont ouvert les portes de la société de consommation et de loisirs. À partir d'un niveau de salaire suffisant, les migrants sont encouragés à faire venir femmes et enfants, tandis que les mariages entre migrants (de même origine) sont courants : ces familles créent un nouveau mode de rapport au lieu, les séjours se pérennisent, la scolarisation des enfants est possible sur place de la maternelle à l'université. Ce n'est que le bas de l'échelle qui est condamné au célibat : manœuvres népalais ou bangladais des chantiers, Pakistanais qui retournent chaque année au pays, bonnes sri-lankaises ou éthiopiennes...

Les migrants sont ainsi devenus une ressource pour les pays hôtes : à Dubaï, toujours en pointe des évolutions, se pose désormais la question de l'aménagement de la *kafala*. Les migrants sont invités à investir sur place, dans l'immobilier ou les affaires ; il est nécessaire pour cela qu'ils obtiennent des garanties d'accès et

Hérodote, n° 174, La Découverte, 3e trimestre 2019.

de séjour [Rycx, 2005]. La *kafala*, initialement un moyen pour les citoyens de percevoir une part du salaire de leur protégé, paraît aujourd'hui un mode désuet de redistribution de la rente : la population locale prend une part de plus en plus active aux affaires et aux investissements. Mais, pour autant, l'écart numérique entre population native et population immigrée freine tout nivellement des statuts et l'accès à la nationalité est encore strictement impossible. Mais de timides signes d'évolution se font jour, sous la pression des réalités : les jeunes hommes du Golfe cherchent de plus en plus à convoler avec des étrangères, pour des raisons financières, mais aussi de caractères, de pressions familiales... Les autorités essaient de freiner cette tendance, mais sont en même temps contraintes d'assouplir les règles de naturalisation des enfants de couples mixtes.

Le Golfe, toujours au cœur d'une région troublée, poursuit son évolution ; ces États dirigés par des monarchies apparemment autocratiques prennent en mains leur destin, sont traversés de questions nouvelles auxquelles ils cherchent à apporter des solutions originales. Cette phase de maturité, au-delà des crises et des menaces, indique une insertion croissante dans un environnement où se nouent collaborations et échanges réciproques. Les vieux tabous tombent, alors que l'année 2018 a été placée sous le signe de la « tolérance » : un vaste temple hindouiste en construction sera inauguré en 2022 à Abou Dhabi, le pape François a été accueilli en février 2019 pour célébrer une messe devant une foule de 120 000 catholiques originaires d'Inde du Sud, des Philippines ou d'Afrique subsaharienne. Plus qu'ailleurs, la migration devient un fait de société : non plus un mal nécessaire, mais une réalité ancrée dans l'histoire et gage de progrès et d'ouverture vers l'avenir.

Bibliographie

ADELKHAH F. (2012), *Les Mille et Une Frontières de l'Iran*, Karthala, Paris.

DE PLANHOL X. (1968), *Les Fondements géographiques de l'histoire de l'islam*, Flammarion, Paris.

GUERAICHE W. (2014), *Géopolitique de Dubaï et des Émirats arabes unis*, L'arbre bleu, Nancy.

HEARD-BEY F. (1999), *Les Émirats arabes unis*, Karthala, Paris.

HOURCADE B. (2016), *Géopolitique de l'Iran. Les défis d'une renaissance*, Armand Colin, Paris.

KAZEROUNI A. (2017), *Le Miroir des cheikhs. Musée et politique dans les principautés du golfe Persique*, PUF, Paris.

LACOSTE Y. (1966), *Ibn Khaldoun. Naissance de l'histoire, passé du Tiers-Monde*, Maspero, Paris.

LAVERGNE M. (2003), « Golfe Arabo-Persique : un système migratoire de plus en plus tourné vers l'Asie », *Revue européenne des migrations internationales*, vol. 19, n° 3, p. 229-241.

Hérodote, n° 174, La Découverte, 3e trimestre 2019.

LAVERGNE M. (2018), « Sharjah, l'anti-Dubaï ? », *Urbanisme*, n° 409, p. 68-70.

LAVERGNE M. (2019, à paraître), « Sharjah, ou les vertus de l'austérité au service du progrès », *Les Cahiers d'EMAM*, n° 31.

LONDRES A. (1931), *Pêcheurs de perles*, Albin Michel, Paris.

MOGHADAM A. (2013), « L'autre rive. L'Iran recomposé de Dubaï. Étude des pratiques et discours des migrants iraniens », thèse de géographie et urbanisme (dir. Marc Lavergne), université Lyon 2, Lyon.

MONTIGNY A. (1996), « Les Arabes de l'autre rive », *Cahiers d'études sur la Méditerranée orientale et le monde turco-iranien*, n° 22, juillet-décembre.

PAGES-EL KAROUI (2018), « Cosmopolitisme et ségrégation à Dubaï », *Urbanisme*, n° 409, p. 64-67.

RYCX J.-F. (2005), « Le "sponsorship" peut-il encore canaliser les flux migratoires dans les pays du Golfe ? Le cas des Émirats arabes unis », *in* JABER A. et METRAL F. (dir.), *Mondes en mouvements. Migrants et migrations au Moyen-Orient au tournant du XXIe siècle*, IFPO, Beyrouth, p. 245-270.

TILLION G. (1966), *Le Harem et les Cousins*, Seuil, « Point », Paris.

THESIGER W. (1993), *Le Désert des déserts*, Plon, « Terre humaine », Paris.

VALERI M. (2007), *Le Sultanat d'Oman. Une révolution en trompe l'œil*, Karthala, Paris.

VENIER P. (2003), « Travail dans le golfe Persique et développement au Kérala. Les migrants internationaux, des acteurs au cœur des enjeux sociaux et territoriaux », thèse de géographie, université de Poitiers, Poitiers.

ZEGHIDOUR S. (1989), *La Vie quotidienne à La Mecque de Mahomet à nos jours*, Hachette, Paris.

Hérodote, n° 174, La Découverte, 3e trimestre 2019.

Le royaume du Maroc a lié son destin aux migrations

Pierre Vermeren[1]

Mieux que d'autres pays de la région, le Maroc semble entrer en résonance avec la thématique de ce numéro « Nations et migrations ». Le royaume est en effet, en ce début de XXe siècle, au cœur des problématiques migratoires mondiales. Devenu un grand émetteur d'émigrés depuis le milieu du XXe siècle, il se situe, au même titre que la Turquie ou le Mexique, sur la ligne de faille et de contact, qui sépare le vieux monde industriel du Nord des pays du Sud émetteurs de migrants, vers laquelle ils convergent. Depuis peu, et bien que n'ayant cessé d'émettre des migrants ni de vivre en partie grâce aux revenus de ses émigrés, le Maroc est devenu, comme les autres pays d'Afrique du Nord, une terre d'accueil des migrants subsahariens, un mouvement qui ne fait que commencer. Ce sont les clefs de son positionnement international sur les questions migratoires, qui lui a valu d'accueillir à Marrakech, sur son sol, la conférence internationale de l'ONU sur les migrations en 2019. Revenons sur cette histoire assez récente.

À l'indépendance marocaine en 1956, le Maroc compte 11 millions d'habitants et moins de 50 000 émigrés en France. En 2019, le royaume compte 36 millions d'habitants, et possède de surcroît une diaspora de 7 à 8 millions de nationaux ou d'ayants droit[2].

Pour être tout à fait exact, il faut ajouter qu'en 1956 le Maroc comptait plusieurs dizaines de milliers de ressortissants en Algérie française, notamment des milliers de Rifains établis en Oranie pour le travail de la vigne depuis le

1. Professeur d'histoire des mondes arabes et berbères contemporains à l'université de Paris 1 Panthéon-Sorbonne.

2. Si plus de la moitié des 2,5 millions de Marocains de France ont obtenu la nationalité française, ils restent néanmoins marocains de droit si leur ascendance est marocaine.

Hérodote, n° 174, La Découverte, 3e trimestre 2019.

XIXe siècle, ainsi que des frontaliers attirés par les conditions de vie du pays. Plus de 80 000 Algériens étaient en outre établis au Maroc, où ils bénéficiaient des privilèges de la nationalité française. Ces communautés croisées ont été expulsées par vagues à trois reprises : en 1963 lors de la guerre des sables entre le Maroc et l'Algérie, puis en 1975 au début de la guerre du Sahara, et enfin en 1994 lorsque le Maroc a définitivement fermé sa frontière commune avec l'Algérie. De sorte qu'Algériens et Marocains, qui sont voisins et parfois cousins, vivent en vases clos.

Toutefois, plus d'un Marocain sur cinq vit à l'étranger. Cette très forte dépendance du Maroc à l'émigration n'est pas le fruit du hasard, mais d'une stratégie qui s'est progressivement construite sous les règnes de Mohammed V et Hassan II, avant de devenir une véritable affaire d'État sous le règne de Mohammed VI. Le Maroc continue d'exporter des habitants jusqu'à nos jours puisque, à l'inverse de l'Espagne ou de l'Italie, l'échec de sa stratégie de développement n'a pas permis d'inverser le flux migratoire. En revanche, depuis les années 1990, il a complexifié son rapport aux migrations internationales en devenant, d'une part, un pays de transit, notamment pour les Africains qui tentent leur chance d'accéder à l'Europe par le détroit de Gibraltar, et, d'autre part, un pays d'immigration pour des ressortissants subsahariens, ce qui a été acté par deux vagues modestes mais inédites de régularisation de clandestins subsahariens, en 2014 et 2016, à l'initiative du roi (soit 40 000 personnes).

Mais le Maroc, dans le champ des migrations internationales, n'est pas qu'un lieu de départ, d'installation ou de transit : le royaume chérifien a en effet intégré la composante migratoire et les ressources matérielles, monétaires et politiques qu'elle procure à sa stratégie de développement et de croissance, de sorte que ce pays à revenus intermédiaires, dont l'économie est très extravertie, est devenu un des pays du monde les plus dépendants des migrations internationales.

Une puissance migratoire tardive

La grande migration intérieure vers Casablanca

Le Maroc est tardivement entré dans l'histoire des migrations internationales à l'époque contemporaine. Un certain nombre de préalables étaient nécessaires. Entouré depuis l'époque moderne par deux puissances ennemies, l'Empire ottoman à l'est, et l'Espagne et le Portugal catholiques au nord, le Maroc a résisté des siècles durant aux menaces d'interventions extérieures et d'occupation de son sol. Cette résistance est tour à tour galvanisée par le sultan calife, les marabouts et

Hérodote, n° 174, La Découverte, 3e trimestre 2019.

cheikhs de zaouïa[3], ou les cheikhs et amghars[4] de tribu. Au XXe siècle, la conquête méthodique du pays par l'armée coloniale française – l'armée d'Afrique –, entre 1905 et 1934, a progressivement désarmé les 400 tribus marocaines, laissant l'opportunité aux hommes en surnombre – faute du service des armes – de tenter leur chance à l'extérieur de la tribu. Plusieurs opportunités s'offraient concurremment : le travail de la vigne en Oranie pour les Rifains ; l'enrôlement dans l'armée coloniale, fortement accru pendant les deux guerres mondiales, dans le Moyen Atlas ; les mines des deux côtés de la frontière algérienne ; la migration de proximité vers les villes devenues coloniales (Rabat, Fès, Tanger, Marrakech, Agadir...) ; et surtout la recherche d'un emploi dans la ville champignon de Casablanca, sur laquelle Lyautey a jeté son dévolu pour forger la vitrine de la modernité et de l'industrialisation françaises en Afrique du Nord.

Durant un long XXe siècle, Casablanca est passée de 20 000 habitants en 1905 à 3,4 millions en 2014 (et même 4,3 millions pour le Grand Casablanca). Cette croissance impressionnante a propulsé la ville au premier rang en Afrique du Nord dès le milieu du XXe siècle : sa croissance a été essentiellement importée par l'installation constante et durable de populations venant des tribus du Maroc des montagnes (l'arc atlassique), du Maroc du plateau central (la meseta), et du Sud chleuh (Sous, Haut et Anti-Atlas, pré-Sahara). Des millions de migrants sont venus s'installer dans la métropole qu'ils ont bâtie et habitée. Au début des années 1950, Casablanca dépasse 400 000 habitants : elle abrite plus de la moitié des Européens du Maroc, soit 200 000 (Algériens compris), un tiers des Juifs marocains (85 000) et près de 150 000 Marocains musulmans. La métropole compte le tiers des urbains du Maroc.

Cette ville riche, dont les niveaux de vie et la modernité technique et industrielle sont alors égaux ou supérieurs à la France[5], attire l'essentiel de l'immigration par les salaires redistribués, rendant inutiles les départs vers la métropole, et *a fortiori* vers l'Espagne plus pauvre que le Maroc des grandes villes littorales. Depuis les années 1930, les Marocains pauvres qui arrivent de l'intérieur s'entassent d'abord dans les « bidonvilles » qui ceinturent la ville (où ce mot a été inventé), car ils excèdent en nombre les logements sociaux pourtant construits de plus en plus rapidement à la demande des autorités.

3. Le cheikh de la zaouïa est le chef en titre d'un sanctuaire (zaouïa) d'une confrérie islamique soufie.

4. L'amghar est l'équivalent du cheikh arabe ou chef de tribu dans les tribus berbères.

5. Dans son « Que sais-je ? » *L'Économie de l'Afrique du Nord* publié en 1963, René Gallissot remarquait que les Français du Maroc avaient un pouvoir d'achat (PIB) supérieur de 10 % aux métropolitains, à l'inverse des Français d'Algérie (dont le niveau était de 90 %). La moitié des Français résidant au Maroc vivant à Casablanca, où se concentrait l'essentiel de l'industrie, il est certain que ce pouvoir d'achat y était encore un peu plus élevé.

Hérodote, n° 174, La Découverte, 3e trimestre 2019.

De sorte qu'à la fin de la période coloniale franco-espagnole – qui prend fin en mars et avril 1956 – il n'y a qu'un nombre infime de Marocains à l'extérieur du Maroc. Les plus nombreux sont les Rifains en Algérie (15 000 à 20 000), de manière temporaire puis permanente dans l'agriculture, tandis que quelques dizaines de milliers de Marocains travaillent en métropole, notamment dans les mines du Nord-Pas-de-Calais. Vers 1960-1962, ils seraient 50 000, essentiellement en provenance du Sous, et secondairement du Rif, certains rejoignant leurs anciens patrons d'Oranie (en Corse ou dans le Sud).

Le départ et l'expulsion des minorités nationales et religieuses

En 1955, le Maroc compte 10,5 millions d'habitants. Sa population a doublé sous le protectorat français, et il entre dans la phase la plus rapide de sa transition démographique : la population s'accroît de 3,5 % par an. En trente ans, sa population a plus que doublé, atteignant 22,6 millions d'habitats en 1985. Mais, à la différence de 1956, le Maroc a perdu à cette date la quasi-totalité de ses minorités religieuses et nationales. Le royaume comptait en effet, en 1955, 7 % de populations juives endogènes, françaises (dont les Algériens) et européennes (dont les Espagnols) : en 1985, ces populations sont résiduelles, résultat d'un double mouvement. Les Européens ont quitté le pays entre 1956 et les années 1960, et la grande majorité des israélites marocains (265 000 en 1948, soit la plus grosse communauté d'Afrique du Nord) l'ont fait entre 1948 et 1957.

Le départ des communautés européennes du Maroc est lié à la décolonisation. Il n'est pas aussi spectaculaire que celui des Européens d'Algérie. Mais s'il est un peu plus étalé dans le temps, il n'en est pas moins efficace, frappant les 350 000 Européens du Maroc français (dont 80 000 Algériens), et les 150 000 Espagnols de la zone attribuée à l'Espagne (non comptés les 100 000 Espagnols de Ceuta, Melilla et du Sahara, demeurés tardivement ou jusqu'à nos jours espagnols). À l'inverse, les Européens qui se sont installés au Maroc dans les années 1960 et 1970 étaient surtout des coopérants européens, secondairement arabes, dont la population a fondu dans les années 1980. Ce sont donc près de 500 000 personnes qui ont définitivement quitté le Maroc dans les années 1960.

Le Maroc a par ailleurs perdu sa principale minorité religieuse, les israélites, dont la population est passée de 265 000 membres en 1948 à 5 000 en 2007 (hormis Ceuta et Melilla). L'essentiel de cette population, soit 240 000 personnes, a quitté son pays entre 1948 et 1963 : 30 000 sont partis en Europe ou en Amérique, et 210 000 en Israël. Un tiers de ces derniers a quitté le Maroc à la fin du protectorat français, suite de la première guerre israélo-arabe (1948-1957), et les deux tiers entre 1958 et 1963. Entre 1961 et 1963, 84 000 Juifs marocains ont fait l'objet d'une transaction entre

Hérodote, n° 174, La Découverte, 3e trimestre 2019.

l'État marocain et l'État d'Israël (qui a rapporté 4,2 millions de dollars aux dirigeants du Maroc) [Bensimon, 1991]. Les quelques dizaines de milliers de Juifs marocains subsistants ont peu à peu quitté le pays, comme après 1967. On peut ajouter qu'une centaine de milliers d'Algériens ont été expulsés par vagues depuis 1963 (en réponse aussi à des vagues d'expulsions de Marocains d'Algérie).

Au total, le Maroc a été un grand émetteur de migrants dans les années 1950 et 1960, perdant la majeure partie de ses élites économiques et administratives, mais aussi de ses urbains. Ces départs massifs ont créé dans les villes marocaines un mouvement de réappropriation et d'échange des biens immobiliers, et un appel d'air migratoire important pour les ruraux, qui y ont remplacé les populations sur le départ. Il est probable que cela a retardé de vingt ans l'émigration marocaine de masse vers l'Europe. Même si celle-ci prend un nouvel élan en 1963, la grande migration marocaine débute véritablement dans les années 1980, avec la grande sécheresse.

Relevons que les Marocains d'Israël ne perdent pas leur nationalité d'origine, et qu'ils ont pris une grande importance dans les relations entre le Maroc et ce pays. Hassan II a entretenu une relation complexe mais assez proche avec Israël, usant des Marocains qui y constituaient la première communauté nationale (jusqu'à l'arrivée des Russes dans les années 1990), qu'il appelait souvent « mes juifs... ». Au début du XXIe siècle, 800 000 Juifs d'origine marocaine (sur 1 million) résident en Israël et sont toujours dénombrés par le Maroc au titre de ses émigrés dans les statistiques nationales.

Une migration lente jusqu'aux années 1970

Le Maroc connaît donc une faible émigration de ses nationaux musulmans dans les années 1960. Il n'existe alors pas de pression, ni de frein particulier à la libre circulation, ni de tension sur les frontières : la migration est libre avec l'Europe. Il est seulement de coutume que les travailleurs migrent avec un contrat de travail. C'est dans ce cadre que la France signe en 1963 avec le Maroc une convention migratoire qui fait du royaume un pourvoyeur de main-d'œuvre de l'économie française [Belbah et Veglia, 2003]. Pour onze ans, le Maroc devient un pourvoyeur attitré d'une France qui autorise ses entreprises à y prospecter. Quelques centaines de milliers de contrats de travail à plus ou moins longue durée sont signés par des travailleurs marocains (vers la sidérurgie du Nord ou les usines automobiles d'Île-de-France).

L'émigration n'apparaît pas encore comme une nécessité pour le royaume, mais comme une source de travail et de revenus qui bénéficie à des hommes, et derrière eux à leurs familles et à leurs communautés villageoises, surtout dans les régions du sud du pays et du Rif, les plus rurales et les plus déshéritées. La prise

Hérodote, n° 174, La Découverte, 3e trimestre 2019.

en charge de l'émigration marocaine par les autorités nationales ne semble pas l'objet d'attention, puisqu'elle apparaît à tous comme transitoire. Casablanca, qui grossit rapidement et s'industrialise (notamment dans le textile et les industries agroalimentaires et métallurgiques), dépasse le million d'habitants dans les années 1970. L'armée et les services publics créent alors plusieurs centaines de milliers d'emplois. Le Maroc ne connaît pas le chômage des jeunes jusqu'en 1979, et l'optimisme du développement porte la société.

D'après les statistiques françaises, quand la France allait suspendre l'immigration du travail, au milieu des années 1970, 302 302 Marocains y sont installés en décembre 1974. En une dizaine d'années, l'émigration vers la France a été multipliée par six. Qui sont ces immigrés qui constituent l'essentiel de la diaspora marocaine ? Ce sont d'abord de jeunes hommes, seuls en grande majorité (il n'y a que 20 % de femmes). Parmi eux se recrutent trois principaux types d'émigrants qui s'installent temporairement ou durablement en France. La première catégorie, la moins nombreuse et la plus mouvante, est celle des étudiants. Ils sont pratiquement 30 000, inscrits en permanence en France depuis les lendemains de l'indépendance jusqu'à la fin du siècle. Dans les années 1960, le Maroc a une petite université, mais la plupart des formations scientifiques et techniques sont assurées en France : ingénieurs, médecins, cadres scientifiques, statisticiens, cadres commerciaux encore rares, docteurs en sciences, etc. Après plusieurs années en France, où ils ont réalisé tout ou partie de leurs études, ils rentrent au pays, parfois avec une épouse française, souvent dans l'administration ou les entreprises publiques, et constituent l'armature intellectuelle du nouveau Maroc. Les taux de retour sont très élevés dans ces deux décennies.

Les deux autres catégories sont constituées de fellahs, presque toujours analphabètes. Ils sont souvent originaires du Rif voire d'Oranie, parfois des plaines du nord du Maroc (Gharb et région viticole de Meknès) ; certains suivent leurs anciens patrons français qui s'installent dans le sud de la France, en Corse, ou dans la vallée de la Garonne. Le Rif étant privé d'investissements par Hassan II depuis 1961[6], il n'y

6. Des tribus rifaines, après l'indépendance du Maroc, se sont soulevées par deux fois – fin 1958 et début 1959 – pour exiger leur retour à leur régime de libertés *ex ante*. La réponse de l'armée dirigée par Oufkir sous les ordres du prince hériter Moulay Hassan (futur Hassan II) a été impitoyable. Le massif rifain a été repris par de lourds bombardements aériens (y compris à l'agent orange comme cela se faisait à l'époque), entraînant la mort de milliers de Rifains. Devenu roi, Hassan II, qui était détesté dans cette région suite à ces événements, et dont la voiture a été caillassée, a décidé de punir le Rif durant tout son règne : aucun investissement public ni aucune visite royale, une ignorance totale de trente-huit ans qui a poussé les Rifains vers l'émigration et la culture la plus rentable, le haschisch, quand les chimistes de la *French connection* démantelée leur ont transféré la technique de fabrication du cannabis.

Hérodote, n° 174, La Découverte, 3e trimestre 2019.

a guère d'alternative dans la région pour trouver à s'embaucher. Cette immigration rurale en France dans la vigne ou les vergers est un cas rare. Ils sont suivis ensuite par les mineurs de l'Oriental marocain, issus des mines de charbon ou de métaux, au fur et à mesure de leur fermeture ou de leur reconversion. Ceux-ci partent s'employer dans le Nord-Pas-de-Calais, avant de basculer sur la Belgique.

La troisième population est composée de paysans berbères du Sud, les Chleuhs, qui s'installent principalement en région parisienne, notamment dans les usines automobiles qui recrutent massivement. Certains passent au commerce pour alimenter leur communauté en exil, avant d'ouvrir des épiceries pour le grand public comme ils le font au Maroc, surtout quand la grande distribution met à mal en France le petit commerce traditionnel dès les années 1970.

La grande migration au temps de Hassan II

Dans les années 1980, la migration des Marocains endigue l'explosion sociale

Le tournant des années 1980 est très tendu et douloureux au Maroc : c'est la fin des espérances d'après l'indépendance, après deux décennies d'espoirs placés dans le développement du pays. Plusieurs événements tendent d'un coup les situations politique, sécuritaire et économique. Les mauvaises nouvelles s'enchaînent dès 1979. La guerre commencée en 1979 s'enlise au Sahara : elle sera longue, coûteuse et périlleuse. L'État n'a plus les moyens d'embaucher des fonctionnaires à bon compte, ce qui déclenche la crise du chômage des cadres. Le Palais y répond par la conscription obligatoire. En 1980 commence une dure période de sécheresse de cinq ans, causant l'exode de millions de ruraux qui s'entassent dans les bidonvilles périurbains, et déclenche une inflation à deux chiffres. Des centaines de milliers d'enfants errent désormais dans les rues. Cette crise sociale déclenche de violentes émeutes urbaines, à Casablanca en juin 1981, puis en janvier 1984 à Tétouan. La répression est sanglante par deux fois ; seul l'usage de la violence maintient l'ordre dans le pays. La pression migratoire monte d'un coup sur l'Europe, en particulier vers la France.

Le regroupement familial, qui est entré en vigueur en France en 1979, ne tarde pas à servir de soupape de sécurité aux régions les plus en crise. Entre 1975 et 1986 – la France rétablit en effet les visas pour les pays non européens dans le cadre de la loi Pasqua[7] –, la communauté marocaine officielle est passée de 302 000 à

7. À la suite de la vague d'attentats en France menée en 1985 et 1986 par le Hezbollah libanais, le nouveau ministre de l'Intérieur Charles Pasqua fait adopter la « loi du 9 septembre

575 000 personnes (et les femmes, de 20 % à 40 %). L'immigration du travail étant alors fermée – même si elle se poursuit ponctuellement à la demande du patronat –, celle-ci est désormais surtout familiale et estudiantine. L'émigration familiale concerne des centaines de milliers de femmes et d'enfants, tandis que quelques milliers d'hommes rentrent au pays après dix ou vingt ans de travail, que d'autres font venir leurs fils pour études, etc. Les jeunes enfants qui naissent en France par dizaines de milliers depuis les années 1980 ont vocation à acquérir la nationalité française (ils disparaissent des statistiques françaises sur les étrangers et les immigrés). Il n'est plus question de rentrer dans un Maroc dont la crise s'intensifie jusqu'à la fin du siècle.

En outre, les années 1980 amorcent une démocratisation relative du baccalauréat et de l'enseignement supérieur au Maroc ; un contingent soutenu d'étudiants s'installe en France, souvent de manière définitive désormais. Les exemples sont légion, pour des raisons économiques et politiques. Un étudiant des classes moyennes n'a plus guère de chances de trouver à s'embaucher au Maroc, surtout s'il n'a pas de « connaissances » personnelles : l'administration a cessé de recruter par des concours au mérite. Par ailleurs, en ces années de plomb, la répression politique s'abat tant sur les étudiants de gauche que sur les islamistes. Ainsi s'installent en France le militant d'extrême gauche et des droits de l'homme Driss el Yazami, auteur de plusieurs expositions[8] et ouvrages sur l'immigration maghrébine en France (il est devenu une figure du régime marocain sous Mohammed VI), ou le jeune islamiste Tarik Oubrou, inscrit pendant un an en médecine, qui crée la première mosquée de Bordeaux en 1984, dont il devient l'imam attitré. En 1989, une poignée d'étudiants parmi les 2 000 étudiants marocains que compte Nancy y créent l'Union islamique des étudiants de France, la première organisation islamique d'étudiants en France depuis l'époque coloniale, mais d'obédience islamiste cette fois. Persécutés au Maroc, les Frères musulmans font souche en France, où ils trouvent une assistance et des conseils venus d'autres pays islamiques.

Face à l'impossibilité de rentrer au Maroc pour des raisons économiques et politiques, cette émigration, qui se renforce d'année en année, bascule vers les pays voisins de la France. Après la Belgique, c'est le tour des Pays-Bas : plus d'un million de Marocains vivent dans ces deux pays au début du XXIe siècle. Puis, dans les années 1990, l'émigration marocaine déborde vers l'Espagne (essentiellement Andalousie et Catalogne), puis sur le nord de l'Italie.

1986 sur les conditions d'entrée et de séjour des étrangers en France » (qui rétablit notamment le droit d'expulsion des étrangers et durcit les conditions d'entrée des immigrés).

8. « Au miroir de l'Autre. Immigration en France et en Allemagne », à Francfort en mai 1993, et « Générations. Un siècle d'histoire culturelle des Maghrébins en France » à Lyon en mai 2009.

Hérodote, n° 174, La Découverte, 3e trimestre 2019.

Dans les années 1980, ce million de départs des régions les plus pauvres du Maroc, d'une part, et dans les milieux politiques contestataires, de l'autre, permettent de soulager une pression que la situation marocaine rend explosive.

Le Maroc de l'extérieur au secours du Rif et de l'Oriental

Plusieurs régions marocaines deviennent en quelques années les grandes pourvoyeuses de l'immigration marocaine en France et en Europe. Il faut distinguer les familles des couches populaires, souvent issues du Maroc périphérique, qui exportent des ouvriers et des marchands, de l'émigration estudiantine, qui vient à l'inverse des villes possédant lycées ou universités : là se trouve le Maroc central et des grandes villes, que Lyautey a désigné comme le « Maroc utile ». Parmi ces étudiants, il faut distinguer trois catégories : les enfants de l'aristocratie et des familles bourgeoises qui dirigent et possèdent le Maroc, dont le nombre relatif décroît peu à peu, et dont l'avenir est assuré au Maroc ; les enfants de fonctionnaires et de familles lettrées des classes moyennes, souvent boursiers d'excellence, appelés à s'installer en France du fait de la crise marocaine ; et les jeunes militants, réfugiés politiques ou islamistes, parfois berbéristes, issus des classes moyennes et populaires.

Mais la grande immigration populaire provient pour l'essentiel des régions du Maroc périphérique : l'Oriental à la frontière algérienne, le Rif, le Moyen-Atlas, et le grand sud des montagnes (Atlas et Anti-Atlas) et du Sous. Ces régions, après leur désarmement par l'armée coloniale, avaient inventé des débouchés économiques et sociaux pour leurs jeunes hommes : les mines dans l'Oriental et le trafic frontalier avec l'Algérie ; la viticulture en Oranie pour les Rifains, puis un début d'émigration vers l'Europe ; l'emploi militaire dans le Moyen-Atlas ; le commerce de détail et de gros pour les hommes du Sud, qu'accompagnent des migrations vers Agadir et Casablanca. Or, des années 1960 aux années 1980, toutes ces opportunités et activités entrent en crise. L'Oranie se ferme aux Rifains quand Boumediene arrache les vignes au début des années 1970. Nombre de Rifains s'étaient aussi embauchés dans les mines de l'Oriental qui ferment peu à peu dès les années 1980. Or, depuis 1959, Hassan II a puni le Rif en y suspendant tout investissement public, imposant aux Rifains de se tourner vers la culture localement légale du haschisch, et de s'expatrier à la recherche d'emplois (agricoles, miniers, puis dans l'exportation du précieux végétal transformé en pâte depuis la fin des années 1970). L'Oriental voisin souffre des mêmes maux avec la fin des mines, à quoi s'ajoute la fermeture de la frontière avec l'Algérie de 1975 à 1988, puis depuis 1994. Cette région frontière étant devenue cul-de-sac, l'unique moyen de s'en sortir est de partir.

Hérodote, n° 174, La Découverte, 3e trimestre 2019.

Plus au sud, le Moyen-Atlas pâtit du tarissement des recrutements dans l'armée, surtout après les années 1980, avec le service militaire puis la fin de la guerre active au Sahara. Enfin, le sud du pays est laminé par la grande sécheresse des années 1980 (aggravée par la mauvaise gestion de l'eau), qui transforme la fertile région du Sous en terre famélique. Les commerçants de la région, organisés en réseaux ethno-familiaux, déjà répandus dans tout le Maroc avec leurs épiceries, partent à la conquête des marchés français et européens dans les années 1980. Il s'agit aussi désormais de fournir en produits marocains (vêtements, meubles, ingrédients et épices, articles religieux) la grande émigration marocaine en Europe, et d'importer en échange des biens d'Europe.

La mise en place de cette émigration massive vers l'Europe a évité l'embrasement du pays. Elle a permis de passer le pic de la transition démographique et de la guerre au Sahara, puis de la crise économique et politique (émeutes de Fès en 1990). Accepté par Mitterrand puis par l'Europe, ce flux migratoire suscite en retour des revenus de transferts de plus en plus importants qui permettent à des familles de rester dans les campagnes, en survivant grâce à ces revenus. Des régions de l'Anti-Atlas, du Sous, du Rif ou de l'Oriental sont irriguées par ces flux qui atteignent des milliards de dollars par an à la fin des années 1990.

La pression croissante de l'émigration illégale jusqu'en 2001

Toutefois, cette émigration de masse des années 1980 et 1990 est de plus en plus complexe. En effet, après l'instauration des visas pour la France à l'automne 1986, puis le durcissement des conditions d'obtention en 1995 (certificat d'hébergement et revenu minimum), l'Europe de Schengen entre en vigueur en mars 1995. Elle impose, pour les Africains en général, l'obtention d'un visa unique pour débarquer sur le sol européen. La démarche, quoique bureaucratique, aboutit pour les personnes les plus aisées et les professionnels, soit moins de 10 % de la population. Pour les autres, il n'y a plus beaucoup d'options légales : les visas pour études, le regroupement familial – que l'Europe a adopté – et les réfugiés politiques, une catégorie encore rare, et les visas de travail – y compris saisonniers. Toutes ces catégories montent au cours des années 1990, en particulier le travail agricole saisonnier des Rifaines en Andalousie.

Mais la nouveauté d'alors, c'est la montée en puissance de l'émigration clandestine, qui devient une migration de masse avec l'entrée en vigueur de Schengen. Entre 1996 et 2001, elle culmine à 200 000 passages par an en provenance du Maroc sur les *pateras* (barques) du détroit de Gibraltar, même si les autorités espagnoles en renvoient plus de la moitié au Maroc. Déjà, près de 17 000 personnes disparaissent dans les flots du détroit, à moins que leurs corps ne soient rejetés

Hérodote, n° 174, La Découverte, 3e trimestre 2019.

sur les côtes. L'immense majorité des passagers sont marocains, mais des fractions sont composées d'Algériens (fuyant la guerre civile) et de la première vague d'Africains subsahariens remontés depuis l'Algérie. Cette émigration est essentiellement composée de jeunes, dont de nombreux diplômés chômeurs, qui fuient la pauvreté et l'absence de travail, mais aussi la misère sexuelle dans une société où il est presque impossible de se marier sans emploi.

Durant ces années 1990, cette émigration marocaine de masse est acceptée par des gouvernements européens bienveillants en dépit de son caractère clandestin, et des infractions aux lois européennes. Jacques Chirac, élu président en 1995, veut faciliter la fin de règne de son ami Hassan II, et préparer une succession en douceur. Les autorités espagnoles font quant à elles passer dans leur pays les immigrés de 0,3 à 5,2 millions de personnes, entre 1986 et 2002, dont près de 10 % de Marocains. Ceux-ci s'installent surtout en Andalousie et à Barcelone. Il est possible que José Maria Aznar ait fait le même calcul que Jacques Chirac, puisque des centaines de milliers de Marocains s'installent pour la première fois dans l'Espagne moderne, où ils sont régularisés lors de grandes vagues dans les années 1990, et plus encore en 2005 sous José Luis Zapatero.

Un événement extérieur clôt cette période au début du règne de Mohammed VI. Le 11 septembre 2001 crée un tel traumatisme mondial que, du jour au lendemain, l'émigration s'interrompt dans le détroit. Les autorités marocaines, jusqu'alors très peu regardantes, ont d'un coup repris le contrôle d'une situation qui en semblait dépourvue. La prise de conscience que l'immigration incontrôlée peut être vecteur de transports de fonds, d'armes, d'apprentis ou de maîtres en terrorisme a eu les mêmes conséquences qu'en 1994 avec l'Algérie (la frontière avait alors été fermée suite à un attentat islamiste à Marrakech). La preuve est d'ailleurs apportée en 2004 par les tragiques attentats de Madrid qui sont l'œuvre d'islamistes marocains.

La séquence des années 1990 est close. En vingt ans, les Marocains de l'étranger sont passés de moins d'un million de personnes à près de 5 millions, et de solides communautés sont désormais installées dans une demi-douzaine de pays d'Europe. Le Maroc est devenu dépendant des revenus rapatriés par ses émigrés, hormis les revenus de la distribution du cannabis en Europe de l'Ouest. Il n'en a pas pour autant fini avec son émigration ni avec sa diaspora.

Émigrés, migrants et migrations, un enjeu capital pour Mohammed VI

Le suivi et la prise en charge des MRE par le Palais et les autorités

L'arrivée de Mohammed VI à la tête de l'État marocain à l'été 1999 ne tarde pas à changer la donne vis-à-vis des émigrés, officiellement appelés les MRE, « Marocains résidant à l'étranger ». Mohammed VI et ses conseillers ont vite

Hérodote, n° 174, La Découverte, 3e trimestre 2019.

compris qu'ils ne pouvaient plus ignorer l'énorme diaspora marocaine à l'étranger pour diverses raisons aussi importantes les unes que les autres.

La première tient aux transferts monétaires officiels et officieux considérables que suscite annuellement cette diaspora (*infra*). La seconde raison est que cette diaspora n'est pas temporaire – ce que Hassan II avait toujours voulu croire –, mais irréversible, tout au moins pour une grande partie d'entre elle. Il y a donc un risque d'oubli du Maroc que les autorités combattent avec vigilance, afin d'entretenir la flamme de la marocanité. La troisième est que cette diaspora, pour partie travaillée par l'islam politique, constitue une menace pour le pays et pour les intérêts marocains à l'étranger, ainsi que l'ont démontré les attentats de Madrid et plus tard de Paris et Bruxelles. Hassan II et son ministre de l'Intérieur, Driss Basri, avaient pris conscience de ce phénomène depuis la guerre civile algérienne des années 1990, raison pour laquelle ils se sont intéressés de près à l'encadrement religieux et policier des émigrés en Europe, là où on a bien voulu les laisser agir discrètement, en France et en Espagne, à l'inverse de la Belgique et des pays d'Europe du Nord. Dès le début de son règne, Mohammed VI promet une réforme de la Constitution (qui eut finalement lieu en 2011), dans laquelle il promet le droit de vote aux élections législatives nationales aux MRE ; la promesse ne fut jamais tenue par peur du radicalisme islamique.

La quatrième raison est que le Maroc a découvert que sa grande diaspora a dégagé des élites très en vue dans leurs pays d'accueil, et que les autorités ont compris qu'elles pouvaient en tirer profit dans le cadre du *soft power* à la marocaine. Le royaume a mis en avant ce concept depuis les années 2000, et il l'utilise avec grand profit. Des centaines d'élus et de maires, de députés, de sportifs, d'acteurs et de comédiens, de journalistes et d'écrivains, d'imams et de chanteurs ou amuseurs... constituent un vivier très intéressant pour les autorités. La méritocratie européenne a fait émerger ces figures issues des classes populaires qui auraient souvent été condamnées à l'échec ou à l'anonymat au Maroc : s'étant illustrées en Europe, elles bénéficient de la sollicitude du palais royal de Rabat qui n'hésite pas à les utiliser et à les promouvoir à son profit. Tel élu en France ou en Espagne reçoit des terres, des privilèges voire un sursalaire ; leur accès au palais royal et au roi est facilité, ce qui représente un honneur insigne pour des enfants du peuple et de la paysannerie marocaine qui n'auraient jamais pu imaginer une telle promotion.

Élus, imams et intellectuels bénéficient de l'assistance économique et financière du Palais, du soutien de son appareil diplomatique (et parfois policier), afin de s'attacher leur fidélité. Ces figures sont utilisées à la fois comme des ambassadeurs du Maroc, et comme des agents de son influence à l'étranger. En France ou aux Pays-Bas, où les Marocains représentent une part importante des immigrés, l'influence de ces cercles est devenue considérable au fil des décennies. Tout le champ politique français, tous les cercles intellectuels, médiatiques et d'influence

Hérodote, n° 174, La Découverte, 3e trimestre 2019.

sont investis de la sorte. En outre, le palais de Rabat est toujours prêt à aider ses expatriés influents, à financer leurs soins, leurs obsèques, ou à prendre en charge leurs frais de justice, d'avocat et de représentation.

Au début de son règne, Mohammed VI avait refait de fond en comble le port de Tanger et les car-ferries pour accueillir décemment au pays les MRE en vacances. Puis il a créé un ministère délégué chargé des Marocains résidant à l'étranger et des Affaires de la migration (Marocains-du-monde-MCMRE), avec pour mission de prendre en charge et de surveiller ces populations. Vingt ans plus tard, il utilise sans complexe leurs élites (voire leurs électeurs dans les scrutins européens), avec une attention spéciale pour les Juifs d'exception originaires du Maroc, qui lui procurent beaucoup d'externalités positives.

Le poids considérable de la diaspora dans l'économie marocaine

Dans les années 2010, le revenu officiel de la diaspora s'accroît régulièrement (7,4 milliards en 2018), ce qui place le Maroc au deuxième rang des pays MENA[9] et au troisième rang des pays africains. Avec 6,5 % du produit intérieur brut (PIB) marocain, cela en fait la deuxième ressource en devises du pays après le tourisme (supérieure aux produits du phosphate, aux investissements extérieurs directs, aux exportations agricoles et industrielles, etc.). Or une partie non négligeable des transferts n'apparaît pas dans les statistiques, qu'il s'agisse des rapatriements de devises illicites liés au narcotrafic ou à la contrebande (1,5 milliard de marchandises entrent par an au Maroc depuis les deux enclaves espagnoles du nord à dos de femme au quotidien). De ce fait, les revenus des MRE, qui sont aussi en partie comptabilisés dans les revenus liés au tourisme, sont incontestablement la première ressource nationale du royaume. Cet argent contribue à sa stabilité financière, ce qui justifie amplement toute l'attention que portent les autorités aux Marocains de l'étranger. Un effondrement de ces ressources plongerait le Maroc dans de très grosses difficultés financières.

Mais ce qui est vrai au niveau macroéconomique l'est plus encore au niveau microéconomique et régional. Dans la réalité, des régions entières du Maroc survivent grâce à l'argent de la diaspora : des centaines de villages et de petites villes, le plus souvent dans les régions déshéritées, dépendent des transferts des MRE. Le cas du Rif est exemplaire. Les émeutes de 2017 ont dévoilé la crise structurelle qui frappe cette région du nord du Maroc si longtemps abandonnée. La paysannerie rifaine qui cultive près de 70 000 hectares de haschisch reçoit pour prix de son labeur environ un milliard de dollars. Cette fraction du marché du

Hérodote, n° 174, La Découverte, 3e trimestre 2019.

9. Acronyme anglais de Middle East and North Africa region.

cannabis national représentant de 5 à 10 % du prix final du produit à la revente en Europe. Mais toute la région bénéficie des rapatriements de devises liés à cette activité : transferts directs rapatriés par les MRE concernés, contrebande en provenance d'Espagne, marchandises d'Europe rapportées par les MRE, tourisme, investissements dans l'immobilier, l'hôtellerie et le commerce, etc. La production et le commerce du cannabis procurent *in fine* plusieurs milliards de dollars à cette région déshéritée et très peuplée. Le soulèvement du Rif de 2017 succède au blocage de l'émigration clandestine et légale qui a frappé le Maroc depuis la crise espagnole de 2009-2010, puis aux conséquences de la crise migratoire syrienne de 2015. Coincée au Maroc, une partie de la jeunesse rifaine est entrée en rébellion sociale et politique, ce qui démontre en creux le poids de l'émigration.

Mais d'autres régions sont très dépendantes des revenus des MRE, à l'émigration et aux flux économiques qu'elle suscite : les régions de l'Oriental et du Sud, en particulier le Sous et l'Anti-Atlas. L'Oriental est directement connecté au Benelux et au Nord-Pas-de-Calais. Les autorités ont construit dans les années 2010 un énorme aéroport international à Oujda, ainsi qu'un centre international de conférences destiné au soufisme près de Berkane, afin d'inciter des certaines de milliers de fidèles et d'expatriés à revenir en vacances ou en pèlerinage dans la région. Ces véritables « éléphants blancs » ne passent pas inaperçus dans une région assez déshéritée où manquent les infrastructures de base destinées à la population, et plus encore les activités économiques.

Dans le sud du pays, en pays chleuh, la densité des liens économiques avec la diaspora est tout aussi dense. S'y mélangent les réseaux commerciaux en diaspora, les liens touristiques, les activités de transport et d'exportation, les échanges matrimoniaux, religieux et monétaires. Nombre de vieux MRE rentrent au pays après avoir laissé femmes et enfants en Europe, et fondent une nouvelle famille avec une jeune femme sur place, le revenu de la famille étant assuré par leurs pensions, ce qui nécessite des allers-retours avec l'Europe. Dans ces régions très pieuses, assez conservatrices et très commerçantes, tout un artisanat travaille pour les produits de base de la diaspora, et pour alimenter les commerces et les restaurants marocains en Europe, qui sont souvent tenus par des artisans de ces régions. Des secteurs entiers de ces régions vivent du tourisme autour des spots d'Agadir et d'Essaouira, comme la montagne qui, dans cette partie du territoire marocain, est pleinement intégrée au tourisme européen de marcheurs, de motards et de randonneurs, de pilotes de course automobile et autres raids de 4×4, etc. Une véritable intégration économique lie la diaspora, les touristes et les réseaux des MRE, en dehors des États. Ces régions pauvres sont aussi des lieux de prostitution et de tourisme sexuel polarisés par Marrakech et Agadir, non sans prolongements vers Barcelone ou Paris.

Hérodote, n° 174, La Découverte, 3e trimestre 2019.

Le Maroc et la gestion des flux de migrants, une arme de politique internationale

Le Maroc doit enfin à sa situation géographique d'isthme africain aux portes de l'Europe d'être un des rares points de passage entre les deux continents. Après l'arrêt brutal de l'immigration clandestine en 2001, celle-ci a peu à peu repris sous différents aspects, au gré des conjonctures, d'autant que la pression migratoire en provenance de l'Afrique subsaharienne ne s'est jamais démentie. Mais jusqu'en 2016 tout au moins, le Maroc a endigué les migrations en provenance de son territoire. Il y a été incité par le terrorisme qui a pris une ampleur inégalée sur son sol (attentats en 2003, 2007, 2011), mais aussi en Europe à l'initiative de ses ressortissants, fussent-ils nés en Europe ou y résidant (2004, 2015, 2016, 2017 en Catalogne, etc.), sans parler des 1 500 à 2 000 ressortissants du Maroc partis faire le djihad en Syrie. On n'est plus là dans l'émigration, mais les autorités marocaines sont contraintes de surveiller très sérieusement leur frontière dans les deux sens.

Il en va différemment avec la pression migratoire africaine. Depuis les années 1990, le Maroc abrite une communauté croissante d'immigrés subsahariens. Elle est composée d'une part de dizaines de milliers d'étudiants qui n'ont pas vocation à rester après leurs études, et, d'autre part, de migrants en transit vers l'Europe. Ceux-ci peuvent venir d'Algérie, mais aussi à certains moments du Sud *via* la Mauritanie, d'où ils se lancent vers les îles Canaries (vers 2002-2006 surtout) ou vers le Maroc. Tous tentent de se diriger vers Tanger et le détroit. Des milliers d'entre eux s'entassent dans les villes du nord, voire campent dans les montagnes et les forêts à proximité des villes espagnoles de Ceuta et Melilla. Depuis le début des années 2000, ils tentent régulièrement des assauts sur ces villes, et certains parviennent à passer en *pateras* ou à monter sur les bateaux à Tanger. Tout cela est de plus en plus complexe, obligeant les autorités policières, militaires et douanières marocaines à des interventions régulières. Certains jours, les unités locales aident les migrants à traverser pour s'en débarrasser (notamment en distribuant des canots ou des bouées). À d'autres, ils organisent des sortes de rafles pour les renvoyer vers l'Algérie ou vers le Sahara, ce qui attire des ennuis au Maroc

Or, le Maroc a une politique africaine qui a été menacée par ces raidissements, et les Espagnols comme les Algériens protestent et rendent ces renvois de plus en plus difficiles. Le roi a alors pris la décision inédite, en 2014 puis en 2016, de régulariser plusieurs dizaines de milliers d'entre eux sur son sol. En réalité, depuis le début du siècle, le Maroc, comme ses voisins du Maghreb, est devenu une terre d'immigration de Subsahariens. Cela reste modeste, mais la population noire africaine au Maroc doit approcher les 100 000 Subsahariens désormais, qui exercent souvent des fonctions marchandes ou subalternes. Cela crée parfois de vives tensions dans certaines villes, mais ils font désormais partie du paysage urbain.

Hérodote, n° 174, La Découverte, 3e trimestre 2019.

Lorsque les autorités italiennes, tunisiennes et libyennes ont repris le contrôle du détroit de Sicile et de leurs frontières à partir de 2016-2017, une partie du flux subsaharien a été orientée par les passeurs vers le nord du Maroc. Or, en 2017, le Maroc est aux prises avec la révolte du Rif, ce qui incite les autorités à relâcher le contrôle du littoral. Il s'agit aussi de faire baisser la tension en fermant les yeux sur des départs. Des *pateras* reprennent du service vers l'Espagne, et la pression monte sur les enclaves. En trois ans (de 2016 à janvier 2019), 80 000 clandestins ont ainsi traversé le détroit (dont des milliers de mineurs), non comptés ceux qui sont renvoyés par les Espagnols. Marocains et Subsahariens se partagent barques et voyages [Cembrero, 2018]. Les conséquences en Espagne ayant été politiquement rapides, avec la renaissance d'un parti d'extrême droite, Vox, en Andalousie, et, par voie de conséquence, la victoire des droites et du centre dans cette région en 2018, le Maroc a repris depuis février 2019 une politique de contrôle vigilante. Fin 2018, l'Europe a promis au royaume 148 millions d'euros supplémentaires à cette fin, ce qui a eu pour effet de faire chuter d'un coup les passages. Demeure néanmoins la tentation, *via* les enclaves espagnoles, de maintenir la pression sur l'Espagne en cas de tensions entre les deux pays – ce qui a souvent été pratiqué. Dès que les Marocains regardent ailleurs, des milliers de Subsahariens se lancent à l'assaut de ces petites villes désormais ceinturées comme des prisons.

Avec sa diaspora de sept millions de personnes outre-mer et son chômage de masse, le Maroc aimerait améliorer sa situation. Mais, déjà, la poussée transsaharienne change radicalement la donne, l'obligeant à réinventer sa politique. Pour le Maroc des migrations, une nouvelle séquence commence.

Bibliographie

BELBAH M. et VEGLIA P. (2003), « Pour une histoire des Marocains en France », *Revue Hommes et Migrations*, n° 1242, « Marocains de France et d'Europe », p. 18-31.

BENSIMON A. (1991), *Hassan II et les Juifs. Histoire d'une émigration secrète*, Seuil, Paris.

CEMBRERO I. (2018), « L'Espagne, nouvelle terre promise de la jeunesse marocaine », Orient XXI, 15 novembre 2018.

GALLISSOT R. (1963), *L'Économie de l'Afrique du Nord*, PUF, « Que sais-je ? », Paris.

Hérodote, n° 174, La Découverte, 3e trimestre 2019.

Cartographier les migrations dans un grand quotidien[1]

Mathilde Costil[2], *Francesca Fattori*[3]

Au cours de l'année 2015, les expressions « crise de migrants » et « crise de réfugiés » apparaissent pour la première fois dans les colonnes du *Monde*. Un phénomène « historique », selon le Haut-Commissariat des Nations unies pour les réfugiés (HCR) qui lance un cri d'alarme sur la gestion humanitaire en évoquant « le plus gros afflux depuis la Seconde Guerre mondiale ».

Le Monde a largement couvert ce phénomène à la fois en reportages, en interviews, en débats et bien sûr en photos. Le service cartographie a également pris part à ce récit, avec la difficulté de raconter les flux de migrants pris entre « effet de masse » et trajectoires individuelles. Sur ce sujet sensible au cœur des enjeux électoraux, le cartographe mesure la responsabilité qu'il peut avoir.

La puissance de la carte, le message fort qu'elle peut graver chez le lecteur qui la visualise, nous oblige à mesurer l'impact de la couleur d'un point et de l'épaisseur d'un trait, plus que dans tout autre sujet. Une flèche trop grasse, trop noire, trop directe peut maladroitement rendre compte de la facilité d'un déplacement, d'un passage de frontière rapide, bref d'une aisance à circuler. Cette flèche tracée en quelques secondes d'un trait de crayon sur une carte – et qui donne une direction nécessaire pour montrer et comprendre – gomme, dans le même temps, les tours et les détours, efface le temps qui s'écoule. Cette flèche noire, trop

1. Les cartes du journal *Le Monde* n'ont pas pu être republiées dans la version papier de la revue *Hérodote*, pour des raisons évidentes de format. Elles sont présentées dans la version électronique de cet article sur le site Cairn.

2. Docteure de l'Institut français de géopolitique, université Paris 8, journaliste au service infographie du *Monde*.

3. Journaliste au service infographie du *Monde*.

Hérodote, n° 174, La Découverte, 3e trimestre 2019.

grasse, trop directe écrase les méandres des parcours de ces gens définis par les politiques comme « illégaux » et pour qui les pointillés des frontières sont parfois des murs impossibles à franchir. C'est pourquoi nous avons multiplié les cartes et les points de vue pour rendre compte à la fois du phénomène de masse, mais aussi de ces trajectoires individuelles. Nous avons eu à cœur de représenter l'archipel des réalités migratoires, en alternant les échelles et les cadrages géographiques, en choisissant à la fois des données quantitatives et des données qualitatives.

Pour aborder de nombreux aspects de ce phénomène complexe, depuis 2015 nous avons produit plus d'une vingtaine de pleines pages cartographiques, ce qui en fait l'un des sujets les plus traités par notre service au cours des cinq dernières années, avec le conflit syrien.

Les cartes sont des représentations de la réalité qui résultent d'une succession de choix, afin de rendre compte au mieux d'une situation, visuellement et avec l'aide d'une légende. Néanmoins, ce format implique des contraintes fortes qui demandent de sélectionner et parfois simplifier l'information pour la rendre lisible.

Le défi, pour le cartographe, est de présenter visuellement la complexité avec des chiffres, des points, des figurés et des aplats de couleur, sans utiliser d'adjectifs qualificatifs ou d'adverbes pour nuancer le propos. Un défi d'autant plus important compte tenu de la sensibilité du thème des migrations. Sensible car vécu sur la peau des femmes et hommes qui empruntent les routes de l'exil au risque de leur vie. Sensible aussi en raison de son instrumentalisation, dans les pays de transit ou d'accueil, pour nourrir les discours des mouvements et partis xénophobes. Pour le journaliste, le défi se situe aussi au niveau pratique, avec la contrainte physique de la page A3 du journal et, surtout, celle du temps de réalisation (parfois quelques jours, rarement au-delà d'une semaine pour les pleines pages cartographiques), et des données disponibles.

Toutes nos cartes sont avant tout l'expression d'un choix éditorial : à travers des légendes articulées en plusieurs parties et « anglées » comme un article, elles cherchent à expliquer la complexité de manière pédagogique, sans être simplificatrices, afin de guider un lecteur soumis à un flot incessant d'informations. Le type de figuré utilisé, la palette chromatique, l'échelle géographique et les effets induits sur la sélection de l'information, l'importance du cadrage et de la projection cartographique (effet visuel sur la représentation)... De nombreuses variables sont discutées et réfléchies afin de mieux rendre compte des différentes situations engendrées par les migrations. En confrontant à la fois données statistiques, discours officiels, observation et récits du terrain, le service infographie du *Monde* produit des cartes d'analyse géopolitique, où la carte se lit comme un article.

Hérodote, n° 174, La Découverte, 3e trimestre 2019.

L'Union européenne face à la crise migratoire : jeu d'échelles

Le phénomène des migrations est complexe, et l'une des manières d'appréhender cette complexité est le changement d'échelle : « Prendre une carte à grande échelle [...] permet de découvrir des détails qui peuvent être fort importants ; et ensuite prendre une carte à plus petite échelle permet de replacer le territoire par rapport à ce qui l'entoure » [Lacoste, 2012]. Celui-ci permet alors d'observer des réalités différentes d'un même phénomène. L'angle de l'infographie et l'histoire que l'on souhaite raconter vont déterminer l'échelle choisie. À partir de l'été 2015, alors que le terme de « crise migratoire » commence à être massivement employé, nous produisons des premières cartes à l'échelle de l'Europe, pour illustrer et analyser le nombre de réfugiés, les politiques migratoires et les routes empruntées par les migrants.

En août 2015, l'une de ces cartes s'intéresse à la politique d'asile dans les pays de l'Union européenne (UE). En s'appuyant sur les données officielles diffusées par Eurostat, elle met en lumière les différents niveaux de sollicitations des pays européens, ainsi que les fortes variations dans les taux de réponses positives aux demandes d'asile.

Un mois plus tard, la question des réfugiés syriens fait la une des journaux suite à la diffusion mondiale de la photo d'un petit garçon de trois ans, Alan Kurdi, mort par noyade et échoué sur une plage turque, alors qu'il cherchait avec sa famille à rejoindre l'Europe. Cette photo provoque un choc et, sous l'impulsion de l'Allemagne, l'UE ouvre ses frontières. Si l'on regarde le nombre de dépôts de demandes d'asile, les arrivées de réfugiés syriens représentent pour l'Europe un contingent inédit depuis la Seconde Guerre mondiale. Lorsque l'on se situe à une autre échelle, on constate toutefois que ces arrivées sont sans commune mesure avec les flux que connaissent depuis le début du conflit les pays frontaliers de la Syrie. C'est ce que nous avons montré, choisissant une échelle mondiale. Le nombre de réfugiés est représenté à l'aide d'histogrammes composés de petits carrés, chaque carré représentant 20 000 réfugiés syriens. Cette échelle permet alors de prendre la mesure du nombre de réfugiés accueillis dans trois pays frontaliers de la Syrie (Turquie, Liban, Jordanie), bien plus élevé dans chacun d'entre eux que dans l'ensemble de l'UE.

D'autres échelles permettent de mieux appréhender l'aspect qualitatif. En juin 2015, la nouvelle visibilité des campements informels au sein de la capitale et la fermeture de la frontière française au niveau de la ville italienne de Vintimille sont présentées comme les preuves d'une supposée « invasion » de l'Hexagone. Or la France est plutôt un pays de transit, une étape dans le périple vers le Royaume-Uni ou l'Allemagne, avec trois zones importantes de blocage, et donc regroupements de migrants, à la frontière italienne, à Paris et à Calais, avec un

Hérodote, n° 174, La Découverte, 3e trimestre 2019.

système d'aller-retour. L'utilisation de zooms permet, en changeant d'échelle, de raconter une histoire complémentaire et de représenter sur le terrain le face-à-face des autorités et des migrants, mis en valeur par le choix de la bichromie (rouge pour les routes migratoires, le passage et les zones de concentration et bleu pour les forces de police en présence).

Des routes migratoires aux individus : flux et variables

Au-delà des représentations quantitatives des chiffres, d'autres cartes se concentrent davantage sur la dimension qualitative, voire sensible, des migrations.

Or tout phénomène migratoire étant associé à la circulation et au déplacement, la représentation des flux est un élément indissociable de la cartographie des migrations. Le géographe à l'habitude de traduire ces circulations en utilisant des traits et des flèches. Celles-ci induisent l'idée de mouvement, mais sont trompeuses dans le sens où elles donnent l'impression que la circulation est facile, le passage aisé. Or, les différents récits recueillis auprès des migrants, aussi bien par les chercheurs, les journalistes ou les associations, montrent bien qu'il n'en est rien. Le parcours est semé d'embûches, de lieux évités, de retours en arrière, d'endroits où les migrants se retrouvent bloqués plusieurs jours, semaines ou mois, voire plusieurs années, loin de la fluidité à laquelle les flèches peuvent faire penser. Il s'agit néanmoins d'un élément de la sémiologie graphique de la cartographie dont il est difficile de se passer, et que nous utilisons fréquemment dans nos cartes des migrations, tout en étant conscients des limites de ce mode de représentation. Et ce d'autant plus que les flèches peuvent aussi donner la sensation d'une « invasion » d'un territoire [Bacon *et al.*, 2016].

Pour illustrer le caractère difficile et heurté de certains parcours, nous avons produit une carte qui place le lecteur à l'échelle de l'individu, en représentant les trajets de cinq hommes venus en France depuis l'Érythrée et le Soudan, et que la rédaction du journal a suivis sur plus d'un an dans le cadre du projet international « Nouveaux arrivants » (« New Arrivals »). Le parti pris au niveau du graphisme est choisi pour se rapprocher de l'angle de la carte, davantage axé sur le vécu et les récits individuels. Les flèches indiquant le déplacement d'un point à l'autre sont représentées comme des fils, des jauges représentent le temps suspendu entre chaque étape, des informations pratiques complètent les trajets à propos des espaces traversés, du moyen de transport utilisé, de l'emprisonnement et des tortures subis...

Retracer le périple de ces individus permet de mieux prendre la mesure de la réalité de la migration, de l'importance des lieux, du territoire et de la géographie dans ces déplacements. Cette carte vient, à notre sens, en complément des autres

Hérodote, n° 174, La Découverte, 3e trimestre 2019.

cartes produites où les flèches servent plutôt à représenter les routes migratoires et non pas l'errance. Autre choix graphique auquel nous avons accordé une importance particulière, ces cinq hommes apparaissent sur la page, leurs portraits ont été dessinés, afin d'humaniser les parcours et d'incarner les « migrants » souvent réduits à l'état de masse mouvante et indistincte. Ils ont ici un nom, un âge, un visage et s'expriment *via* des citations.

Une autre manière de compenser les biais induits par les flèches est de les compléter pour ajouter des informations qualitatives sur le trajet, à l'aide de pictogrammes. Il s'agit alors de représenter les entraves à la circulation auxquelles les migrants font face, comme la fermeture des frontières, la présence de barrières anti-migrants et de contrôles de police. Les pictogrammes sont aussi utilisés pour représenter les dangers de la route, comme les risques de noyade, d'hypothermie, les dangers de la haute montagne... Ces données qualitatives permettent de décrire spatialement le territoire par le choix de figurés explicités et commentés. Elles apportent des informations complémentaires sur les conditions dans lesquelles s'effectuent ces migrations.

La carte « Une journée ordinaire sur la route des Balkans » est emblématique des choix éditoriaux auxquels nous sommes confrontés pour concevoir les cartes et représenter non seulement les circulations migratoires, mais aussi les dangers qui les émaillent.

En 2015, les guerres en Syrie, en Irak et en Afghanistan font fuir de leur foyer des centaines de milliers de personnes, d'abord dans les pays limitrophes comme évoqué précédemment, et notamment en Turquie, d'où ils essayent de passer en Europe, *via* la Grèce. La route migratoire terrestre, qui traverse le fleuve Evros, étant fermée depuis 2012 par un mur, les migrants passent alors par la mer, empruntant des canots pneumatiques surchargés pour traverser les quelques kilomètres qui séparent les côtes turques des îles grecques de la mer Égée, première étape au sein de l'espace Schengen. De là ils tentent ensuite de rejoindre par ferry le continent, jusqu'en Allemagne ou les pays scandinaves, dont les politiques d'asile sont réputées plus généreuses que dans le reste du continent. Empruntée depuis les années 1990 par les migrants albanais et kosovars, la « route des Balkans » redevient d'actualité. En 2015, le flux est massif, plus de 850 000 personnes débarquent sur les côtes grecques selon le HCR, qui constate même un report ici du flux qui traditionnellement tente de rejoindre l'Italie depuis l'Afrique du Nord. Face à l'afflux, les États traversés par les migrants, où ceux-ci ne veulent pas s'installer, ont deux attitudes opposées. Dans un premier temps, ils laissent leurs frontières grandes ouvertes, en espérant voir ces hommes et ces femmes passer rapidement dans l'État voisin. Pour ensuite, lorsque les arrivées deviennent trop importantes, commencer à fermer ces mêmes frontières. La Hongrie commence ce mouvement dès le mois d'août, fermant la frontière avec la Serbie et installant en quinze jours

Hérodote, n° 174, La Découverte, 3e trimestre 2019.

une barrière de barbelés. L'effet domino commence, avec le report de la route en Croatie, puis en Slovénie. Chaque État ferme sa frontière, impose des quotas, pour ne pas devenir le goulot d'étranglement de la route des Balkans, ce qui provoque la création de camps de réfugiés informels, insalubres, aux frontières, comme à Idomeni, en Grèce, et la mise en place de routes de contournement de plus en plus dangereuses. Lorsque nous avons décidé de cartographier cette route des Balkans, nous aurions pu nous limiter à l'« effet domino » des fermetures des frontières. Nous avons plutôt choisi de changer le point de vue, adoptant celui des personnes engagées sur cette route, et montrant les obstacles auxquels elles étaient confrontées : des obstacles politiques, tels les quotas et les barrières de barbelés, mais aussi les obstacles pratiques qui rendent leur voyage périlleux, voire mortel.

Pour que cela soit moins abstrait, mais aussi parce que la réalité du terrain était très changeante, nous avons choisi de faire une carte qui soit une photo à un instant T, à une date précise, nous appuyant sur les bulletins et les décomptes très précis tenus à l'époque par le HCR et l'Organisation internationale pour les migrations (OIM). Cette carte a été pour nous une manière de compléter les données chiffrées avec la réalité humaine et sensible qu'elles cachent la plupart du temps.

Représenter le danger c'est aussi représenter les conséquences les plus dramatiques, c'est-à-dire les hommes, femmes et enfants morts sur les routes migratoires et principalement aux frontières. En août 2015 nous avons cartographié ces victimes, recensées depuis le début des années 2000 par le projet de journalisme d'investigation « The Migrants' Files ». Les morts aux frontières ont été représentées par des cercles proportionnels, avec trois jeux de couleurs dans les tons du rouge (avant 2011, entre 2011 et 2014, après 2014) qui ajoutent une dimension historique et géopolitique. Cette profondeur historique permet de prendre conscience de l'ampleur de l'accumulation des décès sur les routes migratoires, et des évolutions des routes qui se dessinent au fil des ans, et des changements géopolitiques (renforcement des contrôles sur les côtes espagnoles, « printemps arabes », conflit en Syrie). Elle permet aussi de visualiser en négatif le déplacement progressif des routes migratoires, induit par des dispositifs de contrôle et d'entrave de la migration (renforcement des contrôles sur les côtes espagnoles, murs à Ceuta et Melilla, etc.) ou par les soubresauts politiques à l'origine d'importants flux migratoires (« printemps arabes », guerre en Syrie, etc.). En effet, lorsqu'une route se « ferme », les migrations ne cessent pas, elles se déplacent, souvent vers des routes toujours plus dangereuses, dont celle de la Méditerranée centrale (passage par la Libye) qui apparaît nettement sur la carte.

Hérodote, n° 174, La Découverte, 3e trimestre 2019.

L'échelle locale, la territorialisation des politiques migratoires

Enfin, cartographier la situation de ces migrants à l'échelle locale rend compte de l'inscription de ces flux dans des territoires, notamment dans les lieux de regroupement de migrants, au passage des frontières et en ville, à Paris ou à Calais.

À la frontière italienne les contrôles des forces de l'ordre françaises à Vintimille poussent les migrants à franchir la frontière toujours plus au nord, d'abord par la vallée de la Roya et aujourd'hui par les cols des Hautes-Alpes, malgré la neige et le danger. L'échelle locale permet ainsi de cartographier cette remontée des migrants, avec les cols de passage, et de mettre en exergue le relief qui joue ici un rôle majeur. Nous avons aussi représenté les dispositifs de solidarité qui se mettent en place. Plus difficiles à recenser et donc à cartographier, notamment à une échelle plus large, ces réseaux de solidarité sont souvent fortement inscrits sur les territoires (lieux d'accueil, maraudes de secours en montagne, distributions de nourriture). Si les migrants restent peu dans ces vallées une fois la frontière franchie, zoomer sur cette région permet de mieux appréhender localement la tension entre les acteurs (migrants, police, bénévoles et secouristes).

Quant à la cartographie de la ville, cela interroge l'inscription concrète, physique des migrants dans ces territoires urbains : en avril 2015, la cartographie des différents lieux de vie des migrants à Calais démantelés par l'État, et leur réinstallation aux marges de la ville, souligne, en un coup d'œil, leur relégation en dehors de la tache urbaine et loin des dispositifs d'aide présents depuis plusieurs années.

À Paris, un premier travail en 2016 avait permis de cartographier l'inscription géographique des campements dans le Nord-Est parisien et leur reproduction (malgré les démantèlements par les autorités) à proximité d'infrastructures majeures pour ces migrants, et ce juste avant l'ouverture du centre de premier accueil à la porte de la Chapelle (nord de Paris), présenté par les organisations non gouvernementales comme le premier camp de réfugiés répondant aux standards internationaux ouvert en France. Le centre a été ouvert de façon temporaire pendant une période de deux ans. En janvier 2019, alors que ce centre d'accueil de la Chapelle a fermé quelques mois plus tôt, l'étude des lieux d'installation des migrants atteste d'une remontée du nord-est de Paris aux frontières de la capitale et au-delà depuis 2015. Représentée de façon schématique, cette remontée se fait en direction de territoires s'apparentant toujours plus à des « non-lieux » (au centre d'un rond-point sous le périphérique, en bordure de ce dernier, sous un échangeur autoroutier), marqués par le bruit et le passage incessants des voitures. Comme à Calais, cette carte souligne les processus d'invisibilisation des migrants à l'œuvre dans la capitale.

La carte est une représentation graphique d'un phénomène géographique. Elle est issue d'une succession de choix qui ont pour but de conserver au mieux la complexité de ce que le cartographe souhaite représenter, que ce soit à l'aide

Hérodote, n° 174, La Découverte, 3e trimestre 2019.

de la projection, des pictogrammes et des modes de représentation, ou des couleurs choisies. Ces outils permettent aussi de donner une tonalité et une ambiance à la carte, proposant ainsi plusieurs niveaux de lecture. La légende, les graphiques et éventuels petits textes accompagnant nos pages sont là pour raconter l'histoire, la compléter, la remettre dans un contexte, et ce afin que ces pages et infographies se suffisent à elles-mêmes, sans être inscrites dans un article.

Nous avons ainsi multiplié les regards et les cartes afin de montrer la complexité des phénomènes migratoires depuis 2015, et des drames humains qui se cachent derrière les chiffres avancés par les politiques, et avons étoffé nos outils (technologies 3D pour le relief, illustrations, croquis...).

La multiplicité des sujets abordés et des supports utilisés témoigne de la politique éditoriale du journal *Le Monde* en matière de cartographie, et de la volonté de sa direction et de sa rédaction en chef de lui accorder, ainsi qu'à l'infographie, une place à part entière parmi les outils rédactionnels nécessaires pour appréhender et comprendre la complexité des phénomènes d'actualité de façon simple et pédagogique sans pour autant être simpliste.

Bibliographie

BACON L., CLOCHARD O., HONORÉ T., LAMBERT N., MEKDJIAN S. et REKACEWICZ P. (2016), « Cartographier les mouvements migratoires », *Revue européenne des migrations internationales*, vol. 32, n° 3 et 4.

BLANCHARD E. et RODIER C. (2016), « "Crise migratoire" : ce que cachent les mots », *Plein Droit*, n° 111.

LACOSTE Y. (2012), « La géographie, la géopolitique et le raisonnement géographique », *Hérodote*, n° 146-147, « La géopolitique, des géopolitiques ».

LOYER B. (2012), « Les crises géopolitiques et leur cartographie », *Hérodote*, n° 146-147, « La géopolitique, des géopolitiques ».

Le Monde, « Partir : conquérir, quitter, fuir, s'exiler, voyager, découvrir », hors-série, octobre-décembre 2016.

« Le monde en 40 cartes », hors-série, avril-juin 2017.

MIGREUROP (2017), *Atlas des migrants en Europe. Approches critiques des politiques migratoires*, Armand Colin, Paris.

PAPIN D. et TERTRAIS B., *L'Atlas des frontières*, Les Arènes, Paris, 2016.

Hérodote, n° 174, La Découverte, 3e trimestre 2019.

Hérodote a lu

Jérôme Fourquet, *L'Archipel français. Naissance d'une nation multiple et divisée*, Seuil, Paris, 2019, 384 pages.

L'obtention, dès sa parution, du prix du livre politique atteste de l'intérêt et de la reconnaissance immédiate dont cet ouvrage a bénéficié.

En tant que directeur du service politique de l'IFOP, Jérôme Fourquet est un des très bons observateurs des évolutions de la société française. Sondage après sondage, il ausculte ses permanences et ses changements. Qualifié de politologue, il est aussi géographe. En effet, ayant suivi le master de géopolitique, alors dirigé par Yves Lacoste à l'université Paris 8, Jérôme Fourquet en a gardé la conviction que l'analyse géographique est indispensable à la compréhension de toute évolution de la société, la sociologie politique ne pouvant suffire. C'est pourquoi il fait partie des politologues qui prennent en compte le contexte géographique, et ce à différents niveaux d'analyse : local, régional, national. Il n'y a donc pas lieu de s'étonner qu'il ait choisi une métaphore géographique – l'archipel – pour caractériser la situation actuelle de la nation française et que les cartes soient nombreuses dans cet ouvrage, aidé en cela par Sylvain Manternach, géographe, qui a assisté Jérôme Fourquet dans ses recherches et dans le dépouillement et l'analyse des données.

Un archipel, faut-il le rappeler, est un ensemble d'îles proches les unes des autres qui appartiennent au même ensemble géologique. Elles ont généralement de nombreux liens entre elles surtout si elles appartiennent à un seul État. L'utilisation métaphorique de l'archipel est désormais fréquente avec le développement de la mondialisation, par exemple l'archipel des métropoles mondiales ou nationales connectées à l'économie mondiale.

L'image de l'archipel pour caractériser la situation de la nation française a surpris même si certains observateurs ont été confortés dans leur perception d'une France toujours plus divisée, éclatée, fragmentée. L'« archipélisation » n'est pas la balkanisation – autre néologisme qui sert à caractériser aussi des situations de fragmentation, mais conflictuelles puisque ce terme fait référence aux Balkans où se sont affrontés empires et nations.

Cet ouvrage est le résultat d'un très gros travail de dépouillement de données statistiques de l'Insee avec, ce qui est inédit, une étude de l'évolution des prénoms, et sur les résultats de laquelle s'appuie, entre autres données, Jérôme Fourquet pour démonter l'archipélisation de la France.

Dans une première partie intitulée le grand basculement, Jérôme Fourquet

Hérodote, n° 174, La Découverte, 3e trimestre 2019.

commence sa démonstration en retraçant la dislocation de la matrice catholique dans laquelle il voit un, voire « le », ciment qui a permis l'unité nationale par-delà les oppositions de classes sociales. En effet, le rôle de la religion a longtemps déterminé le comportement électoral d'une partie des bourgeois et des ouvriers : plus conservateur chez les catholiques pratiquants que chez les athées – généralement plus réceptifs aux idées nouvelles, politiques ou sociales. On a souvent oublié que tous les ouvriers ne votaient pas à gauche. Les affrontements de classes sociales se trouvaient de ce fait tempérés par le facteur interclassiste de la religion. Cette constatation n'a rien de bien nouveau, en revanche, ce qui l'est, c'est la démonstration du décrochage très brutal de l'influence du catholicisme : l'effondrement jugé irrémédiable du catholicisme (6 % de messalisants contre 38 % cinquante ans plus tôt) allant jusqu'à dire que les prêtres catholiques sont une population en voie d'extinction (p. 27) et d'illustrer cette déchristianisation profonde par la forte réduction du prénom Marie (graphique p. 31) – encore que les prénoms Louis et Henri reviennent à la mode sans que le royalisme progresse de nouveau dans la population... Ils sont sans doute le signe d'une affirmation d'un attachement à une France « éternelle » à un moment où elle devient multiculturelle. Ces signes se trouvent renforcés par les profonds changements des structures familiales qui confirment l'impossible contrôle de l'évolution de la société par les autorités religieuses, société devenue indifférente aux injonctions de la morale chrétienne : forte augmentation des divorces, des naissances hors mariage, des incinérations, décrispation envers l'homosexualité. Un critère plus inattendu est la prise en compte de la banalisation récente du tatouage, qui touche dorénavant plus ou moins toutes les classes sociales, alors que cette pratique était interdite dans l'Ancien Testament (souvenir de rituels païens). Autant de marqueurs qui font des catholiques une île désormais minoritaire dans l'archipel français (p. 67).

La deuxième partie démontre l'« archipélisation » progressive de l'ensemble de la société, fragmentée en plusieurs îles du fait de l'effritement des autres ciments de la nation : le communisme, l'Église rouge, la perte de l'influence des grands médias, la fameuse grand-messe du journal de 20 heures, la volonté des élites de s'isoler des autres Français – ce qu'Éric Maurin avait déjà analysé dans *Le Ghetto français* (2004) –, enfin la dislocation de la matrice culturelle commune dont, selon Jérôme Fourquet, la très grande diversité des prénoms est la marque, façon de se distinguer des autres et d'affirmer son individualisme. La carte de la proportion des nouveau-nés portant un prénom rare (p. 91) est toutefois surprenante et difficile à expliquer. Elle est très élevée dans les départements du centre-ouest de la France avec deux départements – l'Aube et la Creuse – où elle atteint près du double de la moyenne nationale. Inversement elle est très faible dans le Nord, le Pas-de-Calais, les Bouches-du-Rhône, l'Hérault, le Vaucluse, la Haute-Garonne, départements où la proportion de population d'origine étrangère est forte et où l'on pourrait donc s'attendre à une proportion élevée de prénoms différents de la matrice culturelle française, comme on le constate d'ailleurs pour la Seine-Saint-Denis, le Val-de-Marne et le Val-d'Oise. L'explication avancée n'est pas réellement convaincante : ancienneté de la déchristianisation, bastion de la famille nucléaire, facteurs présentés comme favorables à une dislocation de la matrice culturelle française. Mais comment alors expliquer la faiblesse des prénoms rares dans le Sud-Ouest ? Et celle entre la Bretagne

Hérodote, n° 174, La Découverte, 3e trimestre 2019.

et la Corse, deux régions en effet restées longtemps christianisées et qui ont toutes deux de fortes cultures régionales ? Jérôme Fourquet revient d'ailleurs sur les prénoms donnés dans ces deux régions dans le gros chapitre intitulé « Une société archipel », la hausse des prénoms régionalistes étant la marque de l'intensité du sentiment régionaliste, ce qui est incontestable.

L'analyse inédite des prénoms musulmans est très intéressante. Elle montre en effet une démographie très soutenue depuis les années 2000, liée à l'arrivée à l'âge de procréer des enfants de parents venus du Maghreb et à l'immigration légale (regroupement familial) : « Dans cette France qui vient, la part de la population issue des mondes arabo-musulmans représentera mécaniquement, du fait du renouvellement des générations, un habitant sur cinq, voire sur quatre si la tendance haussière observée depuis le début des années 2000 se poursuit » (p. 140). Une remarque : les prévisions de croissance démographique qui reposent sur la prolongation de comportements démographiques actuels sont souvent hasardeuses. Autrement dit, on ne sait pas si cette tendance haussière se prolongera ou pas à l'avenir. Quoi qu'il en soit, aujourd'hui s'ajoute à cette dynamique démographique la concentration géographique des familles arabo-musulmanes (*cf.* les cartes p. 146) et l'on comprend la complexité des problèmes que la conjugaison de ces deux phénomènes pose. En Seine-Saint-Denis, 40 % des naissances masculines en 2015 ont reçu un prénom issu des mondes arabo-musulmans, 35 % dans le Val-d'Oise et 25 % dans le Val-de-Marne.

Si, comme le montre efficacement Jérôme Fourquet, incontestablement l'intégration se poursuit, toutefois elle ne freine pas une endogamie persistante et même en progression et, ce qui est plus préoccupant, d'une endogamie familiale on passe à une endogamie communautaire et religieuse. Alors que l'influence de la religion catholique est résiduelle dans la population française, celle de l'islam, elle, est en hausse dans la population française arabo-musulmane, ce qui a des conséquences sur leur comportement sociétal – respect du ramadan y compris par les enfants, nourriture hallal, suivi des cours coraniques, port du voile.

L'archipélisation de la société française s'observe aussi à l'école, dans les métropoles et les villes moyennes – ce que l'on sait, mais la démonstration est ici très convaincante. Pour ce faire, Jérôme Fourquet a réalisé des analyses précises, à grande échelle c'est-à-dire sur des territoires de petites dimensions, de Toulouse et d'Aulnay.

La troisième partie, intitulée « Recomposition du paysage idéologique et électoral », commence par le début des années 1980 et analyse les répercussions idéologiques de cette archipélisation sur la vie politique.

L'année 1983 voit la percée du Front national (FN), consécutive à la plus grande visibilité des immigrés : grèves dans l'automobile conduite par un syndicaliste marocain, « marche des Beurs », crise des banlieues... Jérôme Fourquet utilise toujours les prénoms pour démontrer le lien entre montée du vote FN et forte présence immigrée en notant que ce n'est pas dans les quartiers où la population immigrée est très nombreuse que le vote FN est le plus fort mais à proximité de ceux-ci. Le niveau élevé du FN est bien « le symptôme du basculement de la société française en une société hétérogène sur le plan ethnoculturel » (p. 244). C'est dans ce contexte que se diffuse la rumeur du « 9-3 » selon laquelle certaines municipalités auraient passé des contrats avec le conseil départemental de la Seine-Saint-Denis : accueillant des « Noirs » en échanges de subventions. Comme le dit Jérôme Fourquet, le plus important est de comprendre les raisons

Hérodote, n° 174, La Découverte, 3e trimestre 2019.

de la propagation de cette rumeur et pourquoi une partie de la population a voulu y croire.

L'année 2005 est une date majeure à double titre : d'une part, avec le référendum sur le Traité constitutionnel européen et la victoire du « non » qui confirme la fracture entre les élites urbaines et le reste de la population – la carte sur le rapport de force entre le « oui » et le « non » est à cet égard très éclairante (p. 249) –, d'autre part, avec les révoltes urbaines d'octobre-novembre. Le lien entre violences urbaines et ZUS (zone urbaine sensible) est flagrant. Les Français découvrent la profondeur de la fracture sociale et ethnoculturelle entre les « banlieues » et le reste de la société. Jérôme Fourquet rappelle qu'en 2015, année des attentats contre *Charlie Hebdo* et le Bataclan, la mobilisation pour dénoncer ces actes criminels n'a pas été équivalente sur l'ensemble du territoire et, dans certaines cités de banlieue, on ne se sentait pas *Charlie*. Cependant, les attentats de Nice en juillet 2016 qui ont touché indistinctement musulmans et non-musulmans ont sans doute changé quelque peu la perception que seuls les Occidentaux, de surcroît mécréants et provocateurs, étaient touchés.

L'élection de la présidentielle de 2017 est considérée par Jérôme Fourquet comme le « point de bascule ». Les gagnants ouverts votant Macron contre les perdants fermés votant Marine Le Pen. Les nombreuses enquêtes et sondages réalisés à l'occasion de cette élection confirment une France des métropoles favorable à Macron et une France « périphérique » favorable à Marine Le Pen. Si cette interprétation est, en gros, pertinente, elle présente le défaut de simplifier la complexité : il y a des « périphéries » au sein des métropoles, le désert médical de la Seine-Saint-Denis par exemple, et des banlieues éloignées très connectées au centre comme les Yvelines, l'Ouest lyonnais, etc. Néanmoins, les résultats électoraux, surtout analysés à grande échelle, confirment bien cette archipélisation du territoire. Une remarque : la carte p. 350 de la mosaïque alsacienne est quelque peu trompeuse car la vaste extension spatiale du vote FN correspond à des zones nettement moins denses que celles du vote Fillon et Macron, une seconde carte par anamorphose aurait été utile pour corriger cette impression de domination spatiale du FN.

En conclusion, un ouvrage utile qui pose sérieusement, comme le dit la première de couverture, la question géopolitique majeure pour les Français : où allons-nous ? Et j'ajoute celle-ci : où voulons-nous aller ?

Béatrice Giblin

Hérodote, n° 174, La Découverte, 3e trimestre 2019.

Résumés

Béatrice Giblin, *Nations et migrations*

Il y a vingt-six ans qu'*Hérodote* interroge cette question complexe qui pose des problèmes géopolitiques tels que les rapports entre États du Nord et du Sud, mais aussi entre États du Sud, ce que l'on a parfois tendance à négliger, des questions de frontières, d'étrangers, de nationaux. L'immigration met aussi en jeu des rivalités de pouvoir sur des territoires et alimente par le biais des médias des débats entre citoyens ; enfin elle fait l'objet de représentations mobilisatrices ; parmi elles, la menace que ferait planer l'immigration sur l'identité nationale est suffisamment puissante pour contraindre les responsables politiques d'adapter leur politique migratoire, en particulier en renforçant le contrôle des frontières. Dans ce numéro nous ne nous sommes pas limités à la situation européenne en analysant plus largement la question des migrations afin de prendre en compte les conséquences des départs pour certains pays. Ce qui distingue les pays c'est la possibilité ou non d'y acquérir la nationalité, d'en devenir des citoyens de plein droit, qu'il s'agisse de réfugiés demandant l'asile ou de migrants économiques. Cette possibilité offerte aux migrants de devenir citoyen est celle qui change l'approche de la question de l'immigration et de la nation car elle permet de passer d'une émigration temporaire de travail à une immigration définitive de peuplement.

Frédérick Douzet, *Droit dans le mur ? Trump, la politique d'immigration et les représentations de la nation aux États-Unis*

Le 15 février 2019, le président Donald Trump déclare l'état d'urgence nationale à la frontière sud des États-Unis afin de réquisitionner des financements fédéraux pour construire un mur le long de la frontière avec le Mexique. Il s'affranchit ainsi de l'opposition du Congrès et de l'opinion publique qui doutent dans l'ensemble de la pertinence, du réalisme et de l'efficacité de la construction d'un mur pour résorber l'immigration clandestine aux États-Unis. Cet article montre que la construction du mur est d'abord un enjeu de géopolitique interne, destiné à mobiliser la base électorale du président Trump en instrumentalisant les représentations de la nation et les ressentiments liés à l'explosion de la diversité démographique. Or, sa politique fortement hostile à l'immigration risque à terme de nuire au parti républicain, étant donné la part croissante de minorités parmi les nouveaux électeurs.

Hérodote, n° 174, La Découverte, 3e trimestre 2019.

Rodrigo Nieto-Gómez, *Traverser, dépasser, contourner : les futures stratégies géopolitiques des murs frontaliers*

Cet article analyse comment les représentations et les stimuli géopolitiques influencent le devenir de la protection des frontières dans la région limitrophe du Mexique et des États-Unis. Nous explorons la façon dont les adversaires confrontent ces déploiements sécuritaires en traversant, passant par-dessus ou en contournant les murs, suivant un processus d'adaptation stigmergique. Nous démontrons ces dynamiques à travers deux études de cas : la première montre comment les réseaux criminels de trafiquants utilisent la technologie des drones pour triompher des murs frontaliers, et la seconde décrit la pression géopolitique que la stratégie actuelle exerce sur les opérations côtières et sous-marines. L'article conclut que, alors que la fonction première des murs frontaliers est d'envoyer des signaux à une audience domestique (à l'intérieur) pour renforcer la représentation géopolitique de la peur de l'« Autre », leur développement a néanmoins un impact sur l'évolution des trafics en encourageant les réseaux criminels à s'adapter et s'améliorer.

Philippe Pelletier, *Immigration, postcolonialisme et biopolitique de l'identité au Japon*

L'État japonais conditionne sa politique migratoire à une conception de l'identité japonaise, et cela depuis la fin du XIXe siècle. Bien qu'entrant en contradiction avec des besoins économiques et une situation coloniale puis postcoloniale (présence, notamment, d'une minorité coréenne), il avance la peur du mélange et la crainte d'une dissolution nationale pour promouvoir des mesures restrictives, argument en partie endossé par les Japonais. Il doit, *a contrario*, établir « ce qu'est être japonais » par un cadre juridique définissant la « nationalité japonaise », la « citoyenneté japonaise » et l'« état civil japonais » (*kôseki*) qui s'appuie sur une nouvelle conception patriarcale de la famille (le *ie*). En rendant difficile l'accès à la nationalité japonaise autrement que par la patrilinéarité et en la fondant sur le *jus sanguinis*, il prône une vision quasi racialiste et genrée de la japonité qui lui permet de mener une biopolitique de l'immigration correspondant à la vision nationaliste du *kokutai* (« corps-pays »).

Jeanne Bouyat, *Ancrage local et (dé)construction scolaire de la xénophobie : les effets de lieu sur les représentations de l'étranger chez les lycéens de quartiers populaires à Johannesburg*

L'article explore comment les représentations de l'étranger chez des lycéens varient selon les lieux où ils sont scolarisés, à partir d'une enquête dans trois quartiers populaires de Johannesburg. En abordant la xénophobie comme un discours politique, il montre que la conception hégémonique de la citoyenneté basée sur l'indigénéité que prend la trajectoire nationale sud-africaine est nuancée par des effets de lieu et l'habitus organisationnel des lycées. Les lycéens ont des attitudes plus inclusives envers les migrants internationaux dans le quartier panafricain et central de Yeoville, et plus exclusive envers les migrants internationaux et venus de régions rurales dans les townships d'Alexandra et Orlando Est. Ces différences s'expliquent par les transformations démographiques et les mobilisations (anti)xénophobes locales, les interactions avec des migrants, le filtrage institutionnel scolaire, et les pratiques du personnel scolaire.

Hérodote, n° 174, La Découverte, 3e trimestre 2019.

Thibaud Harrois, *Immigration et libre circulation dans le référendum sur l'appartenance du Royaume-Uni à l'Union européenne*

Au début des années 2000, pour répondre aux demandes de l'économie nationale, notamment aux besoins de main-d'œuvre, le gouvernement travailliste de Tony Blair a choisi d'ouvrir plus largement les frontières aux migrants extra-européens et d'autoriser sans restriction la libre circulation des travailleurs en provenance des nouveaux États membres de l'Union européenne (UE). Cet article cherche à montrer que cette politique migratoire a été accusée de faire peser un poids démesuré sur les services publics. Devenue la cible de l'hostilité d'une part croissante de la population britannique, cette question a été habilement juxtaposée au débat sur l'appartenance à l'UE par les acteurs politiques les plus hostiles au projet européen. Les succès électoraux du principal parti eurosceptique (UKIP) ont conduit travaillistes et conservateurs à infléchir leur propre attitude sur ces questions. De retour au pouvoir en 2010, ces derniers ont promis la réduction du nombre d'immigrés, avant de s'engager dans la voie d'un référendum sur l'appartenance à l'UE. Divisé, le gouvernement n'a pas su convaincre les électeurs que le Brexit ne suffirait pas à résoudre les problèmes sociaux et économiques auxquels le Royaume-Uni devait faire face. Après le 23 juin 2016, l'un des défis pour les dirigeants britanniques est désormais de négocier l'issue la moins négative possible pour l'économie du pays alors même que la fin de la libre circulation lui sera directement nuisible.

Jérémy Robine, *Crise de la représentation de la nation en France*

La « crise migratoire » de 2015 n'a pas touché la France, où, contrairement à ses voisins, les flux n'ont pas augmenté significativement. Cela n'empêche en rien la représentation de la crise migratoire, ou même de l'invasion, d'y avoir des effets géopolitiques importants. S'il y a crise en France au sujet de l'immigration, cela concerne en réalité le fait que les générations de Français issus de l'immigration en provenance des anciennes colonies ont transformé la France en une nation multiculturelle, sans que les représentations dominantes de la nation n'en prennent acte. Hormis l'extrême droite, aucune force politique ne met au centre de son discours ce que devrait devenir la nation française, et un discours inclusif et positif à ce sujet fait cruellement défaut. La ségrégation raciale joue un rôle majeur dans ce blocage, fortement aggravé par le rejet de la visibilité nouvelle de la pratique religieuse musulmane, lui-même renforcé par les attentats djihadistes subis depuis 2012 et surtout 2015.

Jérôme Fourquet et Sylvain Manternach, *Cent ans d'immigration racontés par les prénoms*

L'étude des prénoms s'avère une méthode extrêmement féconde en enseignements sur les phénomènes migratoires qu'a connus et que connaît encore la France. Le fichier Insee des prénoms attribués aux nouveau-nés chaque année en France, qui se décline également à l'échelle départementale, offre la possibilité de suivre l'histoire des immigrations en France depuis 1900. La disparition rapide des prénoms d'origine pour les immigrations polonaise et portugaise, notamment une fois les flux migratoires taris, montre la puissance de la machine assimilatrice républicaine. L'analyse des listes électorales du 13e arrondissement de Paris montre que 75 % des Français issus de l'immigration asiatique (Vietnam, Laos, Cambodge, Chine)

Hérodote, n° 174, La Découverte, 3e trimestre 2019.

portent un prénom français ou européen, un choix pragmatique à même de faciliter leur intégration.

L'analyse anthroponymique permet aussi d'étudier et de mesurer la montée en puissance du groupe ethnoculturel arabo-musulman (par ailleurs fortement hétérogène) au sein de la société française depuis la Seconde Guerre mondiale, sa diffusion sur le territoire au fil des décennies et sa très inégale répartition sur le territoire métropolitain.

Le dépouillement des listes électorales de Marseille montre, à l'échelle locale, une ségrégation plus grande encore avec des bureaux de vote où plus de 50 % des électeurs inscrits portent un prénom issu des mondes arabo-musulmans, ces bureaux se trouvant essentiellement au nord du centre-ville et dans les arrondissements septentrionaux de Marseille, quand cette proportion est inférieure à 5 % dans de nombreux bureaux du sud de la ville. Cette inégale répartition dessine une correspondance quasi parfaite entre le taux de prénoms arabo-musulmans dans les bureaux de vote et le taux de pauvreté au niveau local (carroyage Insee de 200 mètres de côté). Enfin, les concentrations notables (comoriens, arméniens) selon des temporalités et des modalités très différentes ou au contraire la diffusion de certaines communautés (pieds-noirs) montre la différence des parcours individuels et collectifs en fonction de l'origine des immigrés à Marseille.

Sophie Hohmann, *Migrations post-soviétiques en Russie et affirmation de la nation*

La Russie est devenue, plus de deux décennies après la fin de l'URSS, le deuxième (en 2010) puis le quatrième pays d'immigration au monde (en stock) derrière les États-Unis, l'Arabie saoudite et l'Allemagne. En 2017, le nombre de migrants internationaux sur le territoire russe s'élève à environ 12 millions de personnes, majoritairement originaires des anciennes républiques soviétiques et plus spécifiquement d'Asie centrale. Plus de 5 millions de personnes originaires d'Asie centrale et du Caucase du Sud (Arménie et Azerbaïdjan) auraient immigré en Fédération de Russie, les principaux pays pourvoyeurs de main-d'œuvre étant l'Ouzbékistan, le Tadjikistan et le Kirghizstan. Les pays du Sud Caucase sont également concernés mais avec des rythmes différents. L'Ukraine est devenue, depuis la crise de 2014 ainsi que le conflit dans les régions séparatistes orientales, un pays d'émigration dont la nature des flux diffère des autres pays puisqu'il s'agit essentiellement de flux de réfugiés, en plus d'une émigration de « compatriotes » soutenue par les autorités russes. La question de l'immigration est très hétérogène et nécessite de connaître, d'une part, les différents contextes qui vont pousser des personnes à émigrer vers un ailleurs plus prometteur, et, d'autre part, les conditions qui font que ces situations migratoires répondent en Russie à des besoins réels et imposent une politique migratoire composite.

Frédéric Encel, L'aliya *: condition première et quintessence de la nation israélienne*

Depuis la première *aliya* de 1881-1882, plus de trois millions de Juifs ont rejoint le foyer national, le *Yishouv*, puis l'État d'Israël souverain. Mais l'immigration juive vers l'espace biblique d'*Eretz Israël* ne procède pas seulement d'un phénomène démographique ou social, constituant bien davantage encore la centralité du projet de construction de la nation juive, le sionisme. À telle enseigne que des budgets faramineux ainsi que des postures diplomatiques furent toujours

Hérodote, n° 174, La Découverte, 3e trimestre 2019.

sacrifiés à l'*aliya*, y compris quand les nouveaux arrivants, les *olim*, ne correspondaient plus au profil idéalisé des premiers temps du sionisme, ashkénaze, laïc et travailliste. Deux *aliyot* massives, celle des Marocains très conservateurs et mal accueillis par l'élite ashkénaze, puis celle des Russes anticommunistes, ont fait durablement évoluer le curseur politique israélien vers la droite. À court terme, le solde migratoire positif conjugué à une natalité forte propulsera Israël comme foyer de la majorité absolue des Juifs du monde.

Carine Lahoud-Tatar, *La politique du déni face aux multiples enjeux de la présence des déplacés syriens au Liban*

Alors que la guerre en Syrie est entrée dans sa neuvième année, les leaders politiques libanais ne parviennent toujours pas à s'entendre sur la gestion des retombées du conflit. Paralysées par le contentieux historique avec le régime des Al Assad et les expériences précédentes avec les réfugiés palestiniens, les forces politiques se polarisent autour de deux blocs aux intérêts diamétralement opposés, cohabitant au sein des organes décisionnels. Le blocage du système politique rend toute recherche de consensus impossible dans un contexte de malaise économique et social grandissant, aggravé par l'inaction et le laxisme d'une élite dirigeante qui, par des discours de surenchère confessionnelle et de démagogie, fait du déplacé syrien le bouc émissaire de son inaction et de tous les maux dont souffre le pays.

Marc Lavergne, *Golfe Arabo-Persique : de la ségrégation au « vivre ensemble » ?*

Le golfe « Arabo-Persique » est aujourd'hui peuplé pour une large part, voire souvent une majorité, de migrants. Ceux-ci vivent sous un système de ségrégation juridique qui interdit leur installation définitive. Pour autant, la péninsule Arabique est depuis l'Antiquité une terre de migrations et de brassages internes et externes, en relation avec l'Afrique, l'Asie centrale et le sous-continent indien, qui en ont façonné le paysage humain. L'ère pétrolière a provoqué un afflux nouveau de main-d'œuvre, originaire d'abord du Moyen-Orient arabe, puis de plus en plus du sous-continent indien et d'Extrême-Orient, tandis que l'indépendance des États riverains du Golfe a figé les mécanismes d'intégration. Néanmoins, les influences croisées entre pays de départ et pays d'accueil s'intensifient, non seulement en ce qui concerne les flux financiers et les effets d'entraînement économiques, mais aussi les cultures et les modes de vie urbains.

Pierre Vermeren, *Le royaume du Maroc a lié son destin aux migrations*

Le Maroc est devenu un des grands pays émetteurs d'émigration vers l'Europe. Même si l'émigration vers l'étranger commence au début du XXe siècle, et qu'elle s'accélère un temps à la fin de la colonisation avec le départ des minorités, c'est vraiment dans les années 1980 que se développe une migration marocaine de masse. Le Maroc compte aujourd'hui une diaspora qui oscille entre 6 et 7 millions de personnes sur trois générations, essentiellement dans une demi-douzaine de pays d'Europe, dont un tiers en France. Cette émigration est capitale pour le royaume. Non seulement elle permet à des régions pauvres de survivre, mais elle contribue aussi fortement à l'équilibre de la balance des capitaux du Maroc. Après l'indifférence de son père à ce phénomène, le roi Mohammed VI a compris tout le profit qu'il pouvait en retirer

Hérodote, n° 174, La Découverte, 3e trimestre 2019.

dans le cadre de son *soft power*. Mais les élites de l'immigration marocaine en Europe sont si choyées par le royaume que cela nuit à leur bonne intégration en Europe.

Mathilde Costil et Francesca Fattori, *Cartographier les migrations dans un grand quotidien*

Depuis l'apparition, dans les médias et notamment dans ses colonnes, de l'expression « crise de migrants », le quotidien *Le Monde* a traité de façon extensive ce phénomène complexe, sous forme de reportages, d'analyses, de débats, mais aussi de cartes. Représentation graphique synthétique de phénomènes géographiques complexes, la carte est un outil incontournable pour appréhender la réalité mouvante des migrations, dans plusieurs régions et à plusieurs échelles. C'est aussi, dans la pratique du service infographie du journal *Le Monde*, un produit éditorial qui propose plusieurs niveaux de lecture, résultant du choix entre données statistiques, analyse qualitative et récits sensibles.

Hérodote, n° 174, La Découverte, 3e trimestre 2019.

Abstracts

Béatrice Giblin, *Nations and Migrations*

For the past 26 years, *Hérodote* has studied the complex geopolitical question of the North-South relations, but also the sometimes neglected relations between southern Nations, in borders, foreigners and domestic terms. Immigration also rises power rivalries and is a source of debates between citizens through media. It is also a source of mobilizing representations, one of them being that the so-called threat on a national identity is powerful enough to force politicians to change their migration policy, especially by strengthening border controls. This issue is not just about the European Community situation, but about the migration question in order to analyze the consequences for some countries. For the different countries observed in this issue, the difference is the possibility (or not) to obtain citizenship, to become full citizens, whether you are looking for asylum or an economic migrant. This possibility to become a citizen changes the way to address immigration and the idea of Nation, for we can consider a temporary working emigration to become a permanent population swelling immigration.

Frédérick Douzet, *Running Into a Stone Wall: Trump's Immigration Policy and the Nation in the United States*

On February 15, 2019, President Donald Trump declared a National Emergency about the Southern Border of the United States to redirect financial funds for the construction of a wall along the Mexican Border. He therefore circumvented Congress opposition and public opinion doubts about the relevance, realism and efficiency of the construction of a wall to fight illegal immigration to the United States. This paper argues that building a wall is first and foremost a domestic political issue designed to mobilize the electoral base of President Trump by exploiting representations of the nation and resentments linked to the demographic diversity explosion. Meanwhile, his anti-immigration policy could alienate a new and increasingly diverse electorate, hurting the Republican Party in the long run.

Rodrigo Nieto-Gómez, *Through it, over it or around it: the geopolitical futures of border walls*

This paper studies how geopolitical representations and geopolitical stimulus influence the future of border security deployments in the US/Mexico borderlands. It explores the way in which adversaries confront those security deployments by going "through, over or around" the walls,

Hérodote, n° 174, La Découverte, 3e trimestre 2019.

following a stigmergic adaptation process of coordination. By applying future-thinking methodologies, it demonstrates these dynamics using two case studies: the first one explores how criminal smugglers have adopted drone technologies to defeat border walls and the second one describes the geopolitical pressure that current strategy place on coastal and submarine operations. The paper concludes by demonstrating that while the true function of border walls is to send signals to a domestic audience in order to build geopolitical representations based on the fear of "the other", their deployment is nevertheless impacting the future shape of smuggling, providing incentives to organized crime to improve and adapt.

Philippe Pelletier, *Immigration, postcolonialism and biopolitics of Japanese identity*

Japanese State implements its migration policy under a conception of Japanese identity, from late 19 th century onward. Beyond the contradictions toward economic needs and colonial then postcolonial situation (mostly Korean minority), it promotes fear of mixing and national dissolution in order to push restrictive measures, with arguments seducing a lot of Japanese people. On the contrary, it must build "what and who is Japanese" by a legal framework defining "Japanese nationality", "Japanese citizenship" and "household registers" based on a new patriarchal conception of family (*ie*). Making difficult to obtain Japanese nationality otherwise than by patrilineality, granted by *jus sanguinis*, it offers a quasi-racialist and gendered approach of Japaneseness, allowing a biopolicy of immigration corresponding to the nationalist idea of *kokutai* (body-country).

Jeanne Bouyat, *How postapartheid schools mediate xenophobia. Site effects on learners' subjectivities towards foreignness in low-income schools of Johannesburg*

The paper explores how notions of foreignness and belonging among high school learners vary according to the location of their schools, based on a comparison of three low-income areas in Johannesburg. Conceptualizing xenophobia as a political discourse, it demonstrates that the hegemonic conception of citizenship based on indigeneity taken by the South African national trajectory is locally mediated through site effects and the schools' organizational habitus. Learners develop more inclusive attitudes towards international migrants in pan-African Yeoville, and more exclusive attitudes towards international and some internal rural migrants in the townships of Alexandra and Orlando East. This is due to differential local demographic transformations and (anti) xenophobic mobilisations, interactions with migrants, institutional filtering in schools, and the practices of the school staff.

Thibaud Harrois, *Immigration and free movement in the referendum on British membership of the European Union*

At the start of the 2000s, the demands of the British economy, specifically in terms of manpower, led Tony Blair's Labour government to open the United Kingdom's (UK) borders more widely to non-EU (European union) migrants, while allowing workers from the new EU member states to move to Britain without restriction. This article seeks to show that this migration policy was accused of placing an unbearable burden on public services. It became the target of hostility from a growing share of the British

Hérodote, n° 174, La Découverte, 3e trimestre 2019.

population and was cleverly associated with the debate on British membership of the EU by those who were the most hostile to the European project. The successive electoral victories of UKIP, the main Eurosceptic party, led both the Labour and Conservative parties to change their attitudes on these issues. The latter were back in power and 2010 with the promise of cutting the number of immigrants, before committing to organising a referendum on the country's membership of the EU. But the government was divided and did not manage to convince voters that leaving the EU would not be sufficient to solve the social and economic issues that faced Britain. Since 23 June 2016 one of the challenges for British leaders has been to negotiate an exit that would have the least negative consequences for the country's economy despite the fact that ending free movement will harm it directly.

Jérémy Robine, *A crisis of the representation of the nation in France*

The 2015 "migration crisis" did not affect France where, unlike its neighbors, the flows did not significantly increase. This has not prevented the representation of a migration crisis, or even of an invasion, from having significant geopolitical effects on the country. If there is an immigration crisis in France, it actually deals with the fact that France has been transformed into a multicultural nation by generations of citizens born out of an immigration from the former colonies and yet, the dominant representations of the nation didn't take notice of that. Apart from the far right, no political force has put at the center of its discourse what exactly the French nation should become, and an inclusive and positive discourse on this subject is sorely lacking. Racial segregation plays a major role in this stalemate, strongly aggravated by the rejection of the new visibility taken by the religious practice of Islam, a prejudice reinforced by the jihadist attacks that have unfolded since 2012, in 2015 especially.

Jérôme Fourquet and Sylvain Manternach, *A hundred years of immigration told through first names*

Studying given names is an extremely fruitful method for examining migratory movements that France has and is experiencing. The Insee file of first names given to newborns each year in France, which is also available at a departmental level, creates an opportunity to follow the history of immigration in France since 1900. The rapid disappearance of Polish and Portuguese first names, especially once the migratory movements had ended, shows the strength of France's assimilation apparatus. An analysis of lists of voters in the 13 th arrondissement of Paris shows that 75 % of French people of Asian descent (whose families immigrated from Vietnam, Laos, Cambodia, and China) had a French or otherwise European first name. This is a pragmatic choice for facilitating integration.

An anthroponomic analysis further assists with examining and measuring the rise of the Arab Muslim ethnocultural group (which tends to be highly heterogeneous) within France since the Second World War, specifically its spread across the country over the decades and its very unequal countrywide distribution.

Counts of Marseilles voter lists shows that at a local level, there is even greater segregation with some voting stations having over 50 % of registered voters with an Arab Muslim first name. These voting stations are primarily located north of the city center and

Hérodote, n° 174, La Découverte, 3e trimestre 2019.

in the northern arrondissements of Marseille. At the same time, this proportion is under 5 % in many voting stations in the southern parts of the city. This unequal distribution of Arab Muslim first names at voting stations corresponds almost perfectly with poverty rates at a local level (using the Insee 200-m grid patterns). Finally, significant concentrations of groups (such as immigrants from the Comoros and Armenia) depending on various circumstances and time periods or dispersal (as with the Pieds-Noirs) shows that immigrants had very different individual and group journeys in Marseille.

Sophie Hohmann, *Post-sovietic migrations in Russia and the affirmation of Nation*

More than two decades after the dissolution of the USSR (Union of Soviet Socialist Republics), Russia has become the second (in 2010), then the fourth country in the world in terms of immigration (stock) behind the United States, Saudi Arabia and Germany. In the 2017, the number of international migrants on the Russian territory reached 12 million people, mostly coming from the former soviet republics and more specifically from Central Asia. Over 5 million people from Central Asia and North Caucasus (Armenia and Azerbaijan) allegedly settled in the Russian federation, the main working force providers being Uzbekistan, Tajikistan and Kirghizstan. The South Caucasus countries are also affected, but at different rates. Since the 2014 crisis and the conflict in the eastern separatist regions, Ukraine became a country of emigration whose flows are different from the other countries because it is mostly made of refugees and of "compatriots" supported by Russian authorities. The immigration debate is eclectic and requires to understanding the different contexts leading people to search for better places, and the conditions that make these migrations respond to real needs for Russia who, in turn, put composite migration policies into place.

Frédéric Encel, *The* aliya: *primary condition and quintessence of the Isreali nation*

Since the first *aliya* in 1881-1882, over three million of Jews joined the *Yishuv*, the settlement, and then the sovereign State of Israel. But the Jewish immigration towards the biblical space of *Eretz Israel* is not limited to a demographic or social phenomenon as it is, even more, the central feature of the Jewish nation construction project, *sionism*. So much so that astronomical budgets and diplomatic positions have always been sacrificed to the *aliya*, including when the newcomers, the *olim*, were no longer reflecting the idealized figure of the early times of sionism: Ashkenazi, secular and labor. Two massive *aliyot* contributed to push the Israeli political cursor to the right: the Moroccans – very conservative, they were not well accepted by the Ashkenazi elite – and the anticommunist Russians. Soon, the positive net migration added to a strong birth rate will propel Israel as the worldwide home of the absolute majority of Jews.

Carine Lahoud-Tatar, *The policy of denial towards the multiple challenges raised by Syrian displacement in Lebanon*

As the war in Syria entered its ninth year, Lebanese political leaders still disagree on managing the outcome of the conflict. Paralyzed by historical tensions with the Al Assad regime and previous experiences with Palestinian refugees, the political forces are polarized around two diametrically

Hérodote, n° 174, La Découverte, 3e trimestre 2019.

opposed blocs coexisting in the decision-making bodies. The political system blockage makes any search for a consensus impossible in a context of growing economic crisis and social discontent, worsened by a leading class inaction and laxness whose demagogic discourses and sectarian competition make displaced Syrians the scapegoat for its inaction and all the difficulties the country is facing.

Marc Lavergne, *"Arab-Persian" Gulf: from segregation to coexistence?*

The "Arab-Persian" Gulf is today largely, if not mainly populated by migrants. They live there under a system of statutory segregation which forbids any final settling. Nevertheless, the Arabic peninsula is since Antiquity a land of internal and external migration and mixing, in connection with Africa, Central Asia and the Indian Subcontinent, which shaped its human landscape. The oil era triggered a new inflow of manpower, emanating at first from the Middle East, then increasingly from the Indian Subcontinent and the Far East, while the independence of the riverine states of the Gulf froze the integrating mechanisms. Still, the crossed influences between sending and receiving countries are intensifying, not merely in terms of financial remittances and their economic driving effects, but also on the urban cultures and ways of life.

Pierre Vermeren, *The kingdom of Morocco linked its destiny to migrations*

Morocco has become one of the major emigration countries to Europe. Even if emigration to foreign countries began at the beginning of the 20 th Century and accelerated for a time at the end of colonization with the departure of minorities, it was really in the 1980s that mass Moroccan migration developed. Morocco now has a diaspora of between 6 and 7 million people over three generations, mainly in half a dozen European countries, a third of them in France. This emigration is crucial for the kingdom. Not only does it enable poor regions to survive, but it also contributes significantly to the balance of Morocco's capital balance. After his father's indifference to this phenomenon, King Mohammed VI understood all the benefits he could gain from it as part of his soft power. But the Moroccan immigration elites in Europe are so blessed by the kingdom that it hinders their successful integration in Europe.

Mathilde Costil et Francesca Fattori, *How* Le Monde *newspaper treats the refugees and migrants topic in maps*

Since the expression "crisis of migrants" appeared in the European media coverage, as well as in its own columns, French daily and national newspaper *Le Monde* choose to give a broad coverage to this complex topic. As a synthetic representation of complex geographic phenomena, maps are a powerful tool to transmit a message and represent the changing reality of migrations. But according to the sensitive political nature of migrations, maps are also to be realized giving a special attention to the choose of the frame, scale, colors and pictograms, to avoid a simplifying representation. In the practice of *Le Monde* infographic department, maps – especially those treating migrations topics – are the result of complex series of editorial choices, between statistical data and qualitative analysis.

Hérodote, n° 174, La Découverte, 3e trimestre 2019.

BULLETIN D'ABONNEMENT

Hérodote : prix en vigueur à compter du 1er janvier 2015

Nom ....

Prénom ....

Adresse ....

Code postal .... Ville ....

Pays .... E-mail ....

Tél. .... Fax ....

❑ Je m'abonne pour 1 an à *Hérodote* à partir du numéro

- **Particuliers**

❑ France et Dom-Tom 70 € ❑ UE et Suisse 72 € ❑ Autres pays 76 €

- **Institutionnels**

❑ France et Dom-Tom 100 € ❑ UE et Suisse 112 € ❑ Autres pays 140 €

- **Abonnement de soutien**

❑ Tous pays 150 €

❑ Ci-joint mon règlement :

❑ Chèque libellé à l'ordre de Alternatives économiques

❑ Carte bancaire (Carte bleue, Visa et Master-Eurocard, uniquement) :

Numéro de carte :

Date de validité : – – / – – – – Date et signature :

Cryptogramme (au dos de la carte) : – – –

Votre commande ne vous sera envoyée qu'après réception de votre paiement

❑ Besoin d'une facture

Bulletin à retourner à :

***Hérodote*, Éditions La Découverte Service client**

12, rue du Cap Vert. CS 40010

21801 Quetigny Cedex

En application de la loi du 6 février 1978,
vous disposez d'un droit d'accès et de rectification des informations vous concernant
et vous pouvez vous opposer auprès d'Alternatives économiques à leur cession.

Mis en pages par DV Arts Graphiques à La Rochelle.
Achevé d'imprimer en septembre 2019 sur les presses de l'imprimerie Laballery à Clamecy
Dépôt légal : septembre 2019 – N° d'impression : 908375

Imprimé en France